對本書的讚譽

依然是最好的 Perl 學習管道：友善、正確、鼓舞人心。

—*Nathan Torkington*
Perl 錦囊妙計共同作者

我認為「駱馬書」是 Perl 程式語言入門書的業界標準。它的條理清楚、容易上手且涵蓋內容廣泛，囊括了傳統基礎到最新功能。

—*Grzegorz Szpetkowski*
Intel 波蘭分公司軟體工程師

《*Perl* 學習手冊》是幫你釋放這個強大程式語言全部潛力的一項投資。作者們有條不紊地解析令人興奮的新觀念時，有著獨一無二的洞見。

—*André Philipp*
自由軟體工程師

《*Perl* 學習手冊》（第四版）被認為是 Perl 程式設計師在他的工作生涯中必讀的經典之一。本書充滿了實用的資訊，即使是 Perl 程式設計老手，都能從書中的範例獲益良多。

—*Craig Maloney*
Slashdot 評論家

Perl 學習手冊 第八版
讓簡單的事更加容易，讓困難的事成為可能

EIGHTH EDITION

Learning Perl
Making Easy Things Easy and Hard Things Possible

Randal L. Schwartz, brian d foy, and Tom Phoenix 著

俞瑞成 譯

O'REILLY®

目錄

前言

歡迎來到《*Perl 學習手冊*》第八版，本版本針對 Perl 5.34 版的最新功能做了更新。即使你使用的是 Perl 5.8，本書對你仍然很有幫助（然而這個版本是很久以前發布的，難道你真的不考慮升級嗎？）

如果你在尋找一個花 30 到 45 小時時間來學習 Perl 程式語言的最佳方式，那你已經找到了。接下來的頁面裡，你會看到我們為這個在網際網路擔當重責大任的程式語言所仔細安排的入門簡介，它也是最受系統管理者、網路駭客和業餘程式設計師青睞的程式語言。本書基於我們親身授課的課程來設計，所以我們設計本書為一週的時間。

希望你在購買本書之前有先讀過這篇前言，因為有一個可能會讓你造成某些混淆的歷史上小波折。有另一個程式語言叫 Perl 6，它本來要來取代 Perl 5，最後卻走了自己的路，現在它的新名字叫「Raku」（然而 brian 有一本該程式語言的書仍然叫做 *Perl 6 學習手冊*）。

後來的新進展是，Perl 即將有全新的大改版——Perl 7。一般認為它是 Perl 5.34 加上不同的預設值來謹慎向前地演進這個語言。它本質上是 Perl 5，所以應該可以執行 Perl 5 的程式，然而或許會有一些相容性的切換選項。在執筆當下，我們不確定它會如何演進。當你讀完本書後，你可能會想讀 brian 的另一本書《*Preparing for Perl 7*》。因為當中有許多忠告都是現代的良好做法，我們也會試著在本書中給你相同的忠告。

當我們執筆至此，Perl 5 可能就是你要的版本。當人們只說「Perl」的時候，他們就是指這個被廣泛安裝和使用的程式語言。它仍將受歡迎與被廣泛使用很長一段時間。如果你不知道為什麼有這一段，那它就是你要的版本。

我們無法在幾個小時內傳授給你全部的 Perl。作這樣保證的書多半撒了點小謊。相對地，我們仔細選擇了 Perl 中對你有用的部分教你，通常足以寫出 128 行內的程式，大約有 90％的程式都在這個範圍。當你準備好繼續研究下去，你可以去讀《*Intermediate Perl*》，它補足了本書沒有提到的部分。我們也提供了你可以繼續深入研究的切入點。

本書每個章節的長度不長，能讓你在一兩個小時內讀完。每一章結束有一些習題讓你可以練習剛剛學到的觀念，附錄 A 備有習題解答供你參考。因此，本書非常適合當作「Perl 入門」課程的教材。我們非常清楚這一點，因為本書的內容幾乎是逐字從我們的旗艦課程「Learning Perl」搬移過來的，它是我們傳授給全世界上千名學生的課程。我們也為自學的學生設計本書。brian 還在另一本姐妹書《*Learning Perl Exercises*》提供了額外的習題和詳細的解答。

Perl 被稱為 Unix 的工具箱，但是閱讀本書的你，並不需要是一位 Unix 專家，甚至不必會 Unix。除非有特別註明，一切我們所提到的都可以應用到 ActiveState 的 WindowsActivePerl 和 StrawberryPerl 以及許多其他的現代 Perl 實作上。

儘管你閱讀本書之前，不需要知道 Perl 的知識，我們還是建議你能對基本的程式設計觀念有所了解，像是變數、迴圈、副程式和陣列，以及最重要的「用你最喜愛的文字編輯程式來編輯原始碼」。我們不會花時間解釋這些觀念。我們很高興有許多人回報說他們第一次學會程式設計就是閱讀本書，Perl 是他們學會的第一個程式語言，但是我們不保證每個人都能如此。

本書編排慣例

本書具有如下的字型慣例：

定寬字（Constant width）
> 套用於方法名稱（method name）、函式名稱（function name）、變數（variable）、屬性（attribute）以及程式範例。

定寬粗體字（**Constant width bold**）
> 套用於使用者所輸入的內容。

定寬斜體字（*Constant width italic*）
> 套用於程式碼中可被替換的項目（例如：*filename*，你可以將它替換成實際的檔案名稱）

斜體字（*Italic*）

套用於內文所提到的檔案名稱、網址（URL）、主機名稱以及命令。

楷體字

套用於初次提到或強調的重要語句。

［ *37* ］

在每個習題開頭，我們提供一個你預期會花的估計（粗估的）時間。

範例程式碼

本書的目的在協助你完成工作。歡迎你複製本書的程式碼，並依需要自行修改。然而，你不必自己動手輸入本書的程式碼，你可以到 *https://www.learning-perl.com* 下載程式碼。除非重製重要的部分，否則你不需要與我們聯繫取得授權。例如，開發程式時使用本書的幾段程式碼並不需要取得授權。販售和散布 O'Reilly 書籍中的程式碼範例則需要授權。引用本書的內容和範例程式碼來回答問題不需要授權。把書中大量的程式碼放到你的產品文件中就需要授權。

我們會很感謝你在使用範例程式碼時註明出處，但這並非必要。出處說明通常包括書名、作者、出版社以及 ISBN 書號。例如：「*Learning Perl*, 8th edition, by Randal L. Schartz, brian d foy, and Tom Phoenix, 978-1-492-0945-1.」如果你認為你對範例程式碼的使用超出了上述合法授權的範圍，請隨時透過 *permissions@oreilly.com* 與我們聯繫。

本書的歷史

為了滿足大家的好奇，讓 Randal 來告訴大家本書的由來：

在我和 Larry Wall 完成第一本《*Perl 程式設計*》（*Programming Perl*，1991 年）後，矽谷的 Taos Mountain Software 找我製作一個訓練課程。這涵蓋讓我傳授頭十幾堂課程和訓練他們的員工繼續開設課程。我依承諾幫他們[1] 寫了這個課程。

---

1 合約內，我保留了習題的權利，希望有一天能在某處重新利用它，例如我當時所寫的雜誌專欄裡。習題是本書唯一來自當時 Taos 課程的材料。

在第三或第四期課程後（1991 年底），有人來跟我說：『我很喜歡《*Perl 程式設計*》這本書，但是這個課程的教材更容易理解——你應該寫一本像這個課程的書。』這聽起來是我的好機會，所以我認真思考這件事。

我寫信給 Tim O'Reilly，附上基於 Taos 課程大綱的企畫書，並依課堂上的觀察而重新編排調整部分章節。我想這是我有史以來最快被接受的企劃書——我在 15 分鐘內就收到 Tim 的回信：「我已經等你的第二本書很久了，《*Perl 程式設計*》賣得超好的。」經過 18 個月的努力，我完成了《*Perl 學習手冊*》第一版。

這些日子裡，我開始尋找在矽谷以外 [2] 教授 Perl 課程的機會，所以我開了一門課程，內容基於我正在寫作本書的內容。我為不同的客戶傳授課程（包括我的主要簽約者——Intel Oregon），並且利用課程學員的回饋微調本書草稿。

第一版在 1993 年 11 月 1 日發行 [3]，銷售非常成功，還常常超越《*Perl 程式設計*》的銷售量。

第一版的書背上寫著：「由首席 Perl 訓練講師撰寫。」這成為自我滿足的預言。幾個月內，我就收到全美各地要求我去開課的 email。接下來七年，我的公司成為全球領先的 Perl 教育訓練公司。我個人也累積了一百萬英里的飛行里程。隨後網路興起，許多站長選擇 Perl 當作內容管理、CGI 互動程式和網站維護的程式語言。

有兩年的時間，我和 Stonehenge 的首席訓練講師兼內容管理者 Tom Phoenix 密切合作，授權他更動「駱馬」課程的順序和拆散一些內容來做實驗。當我們提出了心中最棒的課程改版後，我聯絡了 O'Reilly，跟他們說：「是時候該出新版了！」接著第三版就問世了。

在第三版完成後兩年，Tom 和我決定將進階課程出版成書，專為寫「100 到 10000 行程式」的人們而寫。於是我們合寫了第一本羊駝書《*Learning Perl Objects*》（*References, and Modules*），於 2003 年發行。

我們的講師同事 brian d foy 注意到課程教材為了反映學生的需求改變，我們需要對這兩本書進行部分重寫。所以他將點子提出給 O'Reilly，並接手重寫駱馬書和羊駝書。這一版的駱馬書反映了這些改變。brian 真的是我們的首席寫手，我不太需要給他建議，他把難搞的工作處理得很好。

2　我和 Taos 公司的合約有競業禁止條款，所以我只能在矽谷以外教授類似課程，我也遵守了此條款許多年。

3　我對此日期印象深刻，因為那也是我因為和 Intel 相關合約的電腦行為，在家中被逮補的日期，後來我被判了許多重罪。

2007 年 12 月 8 日，Perl Porters 發行了 Perl 5.10，這是個很重要的新版本。之前的 5.8 版著重在加強 Perl 對 Unicode 的支援。基於 5.8 版的最新版本增加了全新功能，有些是從 Perl 6 借來的。有些新功能，像是正規表達式的具名擷取，比舊方法好很多，對 Perl 新手尤其有幫助。我們本來沒有想過要發行第五版，但是 Perl 5.10 好到讓我們無法拒絕。

從那時起，Perl 就持續改進，並定期發布新版本。每次 Perl 新版本發布都帶來令人興奮的新功能，很多都是程式設計師引頸期盼多年的功能。只要 Perl 持續這樣做，我們就會繼續更新本書。

與前一版的差異

本書內文已更新到最新的版本，Perl 5.34，有一些程式碼只能用於該版本。在提到 Perl 5.34 的新功能時，我們會在內文提醒。我們也會在程式碼中使用特別的 use 敘述來確保你使用正確的版本：

```
use v5.34; # 此命令稿需使用 Perl 5.34 或更新的版本
```

如果你在程式碼範例中未看到 use v5.34（或其他不同版本的類似敘述），那應該可以在 Perl 5.8 版使用。想查看你的 Perl 版本，可以輸入 -v 命令列選項：

```
$ perl -v
```

在某些範例中，我們會指出最低支援的 Perl 版本，因為那就是整個程式的執行需求。例如，say 是在 Perl v5.10 加入的功能：

```
use v5.10;

say "Howdy, Fred!";
```

在大部分情況，我們可能會放棄新功能，來盡可能讓更廣泛不同的 Perl 版本都可以執行範例程式。但這並不表示你不應該使用新功能，或是我們不認可它，只是因為我們考量到本書有廣大的讀者群。

當需要時，我們會涵蓋 Unicode 的範例和功能。如果你對 Unicode 尚不熟悉，你可以參考我們在附錄 C 提供的 Unicode 入門。或許現在就是一個了解 Unicode 的好時機。Unicode 在本書隨處可見，尤其是在純量（第 2 章）、輸入／輸出（第 5 章）和排序（第 14 章）的章節。

以下是這個版本新增內容的摘要：

- 我們將 Perl 6 改成它的新名字「Raku」。

- *search.cpan.org* 已納入 MetaCPAN，所以我們移除了舊網址。

- ActiveState 已不支援它的 Perl Package Manager——PPM，所以我們移除了它。

致謝

來自 Randal

我要感謝 Stonehenge 過去和現在的講師（Joseph Hall、Tom Phoenix、Chip Salzenberg、brian d foy 和 Tad McClellan）每週上課並帶回他們的筆記，記錄什麼方式可行（和什麼不可行），讓我們可以微調本書的材料。我要特別提到我的共同作者和商業夥伴 Tom Phoenix，他投入大量時間來改善 Stonehenge 的駱馬課程和提供本書大部分的核心內容。而 brian d foy 則是第四版以來的首席作者，將我收件夾的代辦事項一一完成並實現。

我也要感謝 O'Reilly 的每個人，特別是最有耐心的前編輯 Allison Randal（雖然和我同姓，但是我們沒有親戚關係），編輯 Simon St. Laurent，還有 Tim O'Reilly 本人，他是我的伯樂，讓我可以撰寫駱駝和駱馬書。

我也由衷感謝購買先前版本的上千名讀者，讓我有錢免於流落街頭和監獄。也謝謝我課堂上的學生使我成為一位更好的講師。還有購買過我們課程的財星 1000 企業，和未來繼續支持的客戶。

和以往一樣，我特別感謝 Lyle 和 Jack，他們教我寫作的所有知識，我永遠不會忘記你們。

來自 brian

我首先要感謝 Randal，我從本書的第一版學習 Perl，然後他在 1998 年要我到 Stonehenge 授課時又讀了一遍。學習的最好方法就是去教人。自此，Randal 不只指導我 Perl，也教我他認為我該學習的事，例如有次在一場網路研討會，他決定不要用 Perl，改用 Smalltalk 來做示範。我總是驚訝於他的淵博學識。一開始就是他要我寫關於 Perl 的東西。現在我回到原點，幫忙出版本書。Randal，我感到非常榮幸。

在 Stonehenge 任職期間，我或許只見過 Tom Phoenix 不到兩週的時間。但是我以他的教材授課多年。這個版本後來成為本書的第三版。在講授 Tom 的新教材時，我發現了解釋一切的新方法，也學習到 Perl 更多的面向。

當我說服 Randal 我可以協助駱馬書改版後，我負責提出企畫書給出版社、維護大綱和控制版本。我們的編輯 Allison Randal 幫我統整了這些事物，並忍受我的 email 轟炸而毫無怨言。後來 Allison 有其他要務，Simon St. Laurent 接手編輯，他和 O'Reilly 的人幫了很大的忙，耐心等候適切的時機提出改版的建議。O'Reilly 的 Zan McQuade 和 Jill Leonard 對於本版的發行也提供熱心的支援。

來自 Tom

我要附和 Randal 對 O'Reilly 所有人的感謝。Linda Mui 是本書第三版的編輯，我很感謝她，她耐心地指出哪些笑話或註腳太超過了，而那些還留著的當然也不是她的錯。她和 Randal 都在寫作過程引導我，我很感謝他們。接著的版本，Allison Randal 接手編輯，後來編輯換成了 Simon St. Lauren。我謝謝他們每一位對本書的特別貢獻。

另外要感謝 Randal 與 Stonehenge 的講師們，在我不預期地更新課程教材來嘗試新的教學技巧時沒有任何怨言。在教學方法上，你們貢獻了許多我從未見過的觀點。

我曾經為奧勒崗科學與工業博物館工作多年，我要謝謝那裡的人們在我試著將笑話加進每個活動或講解時，幫助我磨練教學技巧。

謝謝在 Usenet 新聞群組的各位朋友對我的貢獻給予賞識與鼓勵。一如往常，我希望這些能對你有所幫助。

也謝謝在我嘗試用新方法表達觀念時，提出問題（或露出疑惑表情）的學生們。我希望現在的新版本能解決剩下的難題。

當然也要深深地感謝共同作者 Randal 給我在課堂上和本書中自由發揮的空間，並在一開始就逼著我將這些材料寫進本書。我務必要說的是，我被你深深地感動，你持續努力不讓其他人也和你一樣受到耗費大量時間精力的官司麻煩；你是最佳的典範。

給我的妻子 Jenna，謝謝妳成為一個喜歡貓的人，以及之後發生的所有事。

來自我們

我們要謝謝我們的「糾正者」。O'Reilly Media 是一間持續出版的公司。當人們發現錯誤時，我們會試著立刻修復它們。當需要印刷更多書籍，或是發行新的電子書時，你將受惠於出版後的修正。為此，我們要感謝 Egon Choroba、Cody Cziesler、Kieren Diment、Charles Evans、Keith Howanitz、Susan Malter、Enrique Nell、Peter O'Neill、Povl Ole Haarlev Olsen、Flavio Poletti、Rob Reed、Alan Rocker、Dylan Scott、Peter Scott、Shaun Smiley、John Trammel、Emma Urquhart、John Wiersba、Danny Woods 和 Zhenyo Zhou。此外，David Farrell、André Philipp、Grzegorz Szpetkowski 和 Ali Sinan Ünür 仔細閱讀整本書，發現所有的（我們希望如此）錯誤和謊言。我們從他們每個人身上學到很多。

也謝謝多年來讓我們知道課程教材哪裡需要改進的眾多學生們。因為你們，讓我們如此自豪。

謝謝在我們造訪你們城市時，讓我們感到賓至如歸的 Perl Mongers。將來有機會一定要再次拜訪。

最後，要誠摯地感謝我們的朋友 Larry Wall，這麼睿智地和全世界分享他又酷又強大的工具，使我們能更快速、更簡單、更有趣地完成我們的工作。

## 第一章

簡介

歡迎來到駱馬書，這是對我們 Perl 5 的書之暱稱。

本書自 1993 年首次出版至今（第八版）已累積上百萬讀者。我們期盼他們都會喜愛本書。可以確定的是，我們寫作時樂在其中。至少這是我們交稿並等待數個月，看到書本上架（在網路上）後回味的心情。

這是 Perl 6 發行後，我們最受歡迎之 Perl 5 書籍的第二個版本。Perl 6 基於 Perl 開始它的新生命，現在已經走出自己的路，並有了新的名字「Raku」。不幸地，這段歷史意味著雖然這兩種程式語言只有一點點相關，但是它們的名字裡都有 Perl。你想要的應該是 Perl 5，除非你確定你不是這樣想。現在，Perl 就是指 Perl 5，也就是已經存在數十年的 Perl。

問答集

你或許有許多關於 Perl 的問題，如果你已經快速瀏覽過本書，大致了解內容，也可能有一些關於本書的問題。所以，我們將利用本章來回答這些問題，包括對於我們未提到的問題，要如何找尋答案。

這是寫給你的書嗎？

這不是一本參考手冊。它是介紹 Perl 基礎的入門教材，足以讓你建立你自己要用的簡單程式。我們不會提及每個主題的所有細節，我們將幾個主題散佈在各章，你可以照你的需求來選擇閱讀。

我們的目標讀者是至少懂一點程式設計，只是需要學習 Perl 的人。我們假設你至少有使用終端機、編輯檔案和執行程式的基礎，只是不會 Perl。你已經知道變數和副程式之類的東西，只是想知道如何用 Perl 來處理。

這不意味從沒碰過終端機或沒寫過一行程式的絕對初學者會迷失其中。你初次閱讀本書時可能無法理解所有內容，但是使用本書的許多初學者也沒有遇到太多挫折。訣竅是不要擔心你可能遺漏細節，專注在我們教你的核心概念上。你可能會比有經驗的程式設計師多花上一點時間，但你總得從某處開始。

我們假設你懂一點 Unicode，我們不會著墨於細節，但是我們會在附錄 C 詳加說明。在讀本書前，可以先瀏覽，並在需要時查閱。

我們納入了介紹實驗性功能的附錄（附錄 D）。有一些令人興奮的新功能等著你，但是我們不會強迫你使用它。可能的話，我們會向你展示如何用無聊的老方法做同樣驚奇的事。

這本不應該是你唯一閱讀的 Perl 書。它只是入門。它並非全面涵蓋。我們引導你走對的方向，你準備好後，可以繼續閱讀我們其他本書，《*Intermediate Perl*》和《*Mastering Perl*》。Perl 的權威參考書是《*Perl 程式設計*》，也被稱為駱駝書。

儘管本書內容涵蓋到 Perl 5.34，但它仍然適用於舊版本。你可能無法使用一些很酷的新功能，但是你仍然可以學習如何使用基本的 Perl。我們考慮到最早的版本是幾乎 20 年前發布的 Perl 5.8。

習題與解答呢？

在每章的最後都提供了習題，作者們已經用這樣的教材指導了數千名學生。我們知道從練習中犯錯是最好的學習方式。我們詳細地設計這些習題，讓你有機會犯錯。

不是我們想要你犯錯，而是你需要有這樣的機會。你將會在你的 Perl 程式設計生涯中犯下這些大部分的錯誤，那最好是現在就先知道。任何你在閱讀本書時犯下的錯誤，不會讓你在未來最後提交期限前趕著寫程式時重蹈覆徹。如果遇到錯誤，我們總是會以附錄 A 的形式從旁協助，這是我們每個習題的詳解。當你完成習題時，可以核對答案。

在你尚未好好嘗試解決問題時，請不要先偷看答案。自己完成習題會比只是看答案學得更好。如果你真的想不出答案，也不要停在那裡想破頭，先跳到下一章閱讀，別想太多。

即使你沒有犯任何錯誤,也請在做完習題後看一下解答;其中的內容可能會指出一些一開始看起來不明顯的程式細節。

當你看了我們的解答,請謹記你可以用不同的方法來完成一樣正確的結果。你不需要跟我們做的一樣。某些情況下,我們會提供多種解答。不只如此,你可能在完全讀完本書後,對同樣的任務有不同的做法,因為我們僅會提供我們目前教過的方式。你之後學到的功能可能可以用更簡潔的方式解決問題。

每個習題前都有一個以方括號包圍的數字,例如:

1. [37] 方括號內的數字 37 出現在習題開頭是什麼意思?

這個數字是我們預估(非常粗略地)這個習題會花你多少時間。這是粗估的,所以如果你完成所有工作(寫程式、測試和除錯)只花了一半的時間,或是用了超過兩倍的時間還沒有完成,請不要太驚訝。另一方面,如果你真的卡住了而偷瞄附錄 A 的解答,我們不會告訴任何人的。

如果你想要額外的習題,請看《*Learning Perl Exercises*》,它為每一章節提供了許多習題。

如果我是 Perl 課程的講師呢?

如果你是決定使用本書當作教科書的 Perl 講師(如同多年來的許多講師一樣),你應該知道,我們嘗試的設計,能讓大部分學生在 45 分鐘到一小時內能完成每組習題,還留有一點下課休息時間。有些章節的習題可能短一些,有些可能需要更長的時間。這是因為當我們完成這些方括號內的數字後,才發現我們竟然不會計算加法(幸好電腦可以幫我們計算)。

我們也提供姐妹書,《*Learning Perl Exercises*》,為每章提供更多的習題。如果你拿到的是之前版本的作業簿,請自行調整章節順序。

「Perl」這個字是什麼意思?

Perl 有時候被稱為「實用摘錄與報告語言」(Practical Extraction and Report Language),但是它也有其他展開全名,像是被稱為「病態折衷垃圾製表者」(Pathologically Eclectic Rubbish Lister)。它其實不是縮寫,而是一個反向縮寫字(backronym)——Perl 之父 Larry Wall 先想出 Perl,後來才想展開的全名。這也是「Perl」不是全都大寫的原因。無須爭論哪一個解釋是對的,Larry 都認可。

你可能也看過 p 是小寫的「perl」。通常大寫 P 的「Perl」是指這個程式語言，而小寫 p 的「perl」是指編譯和執行程式的編譯器。

Larry 為什麼創造了 Perl？

1980 年代中期，Larry 要為一個 bug 回報系統從類似新聞群組檔案階層中製造報表，awk 無法處理，所以他創造了 Perl。身為一位懶惰的程式設計師，Larry 決定更進一步寫一個在其他地方也可以使用的通用工具來解決問題。Perl 第零版就此誕生。

我們不是無禮地批評 Larry 懶惰；懶惰是一種美德。如同 Larry 在《Perl 程式設計》第一版所寫的，不耐煩和傲慢也是。手推車是由懶得搬運東西的人所發明，書寫是由懶得記憶的人所發明；Perl 是由若不發明新程式語言，則懶得將事情完成的人所發明。

Larry 為何不使用其他程式語言就好？

電腦程式語言並不缺乏，不是嗎？當時 Larry 並沒有看到真正符合他需求的程式語言。如果現代的某個程式語言出現在當年的話，Larry 也許就會使用它了。他需要能像 sehll 或 awk 程式一樣快速撰寫的語言，也要像 grep、cut、sort 與 sed 這些工具一樣有進階能力的，且不用寫像 C 語言一樣難寫的。

Perl 試著去填補低階程式語言（像是 C、C++ 或組合語言）和高階程式語言（像是 shell 程式）之間的缺口。低階程式語言既難寫又難看，但是執行速度快，且不受限制。在任何機器上，很難比得上寫得好之低階程式語言的執行速度。它們幾乎什麼都可以做。另一個極端的高階程式語言則是速度慢、難寫又難看，還很多限制。如果沒有你作業系統裡的指令提供所需功能，那 shell 或批次檔程式很多事都不能做。Perl 則是容易、幾乎無限制、通常速度很快，也有一點點難看。

讓我們來看看上述 Perl 的四項描述。

首先，*Perl 是容易的*。你將會看到，Perl 是容易使用的，但學習起來並不特別容易。如果你會開車，你應該花了數週或數個月學習如何開車，現在就覺得開起來很容易。如果你像學開車一樣，花很多時間寫 Perl 程式，那你也會覺得 Perl 很容易。

Perl 幾乎沒有限制。只有很少的事你無法以 Perl 完成。你不會用 Perl 去寫「中斷 —— 微核心——層級」的裝置驅動程式（即使真有人寫過），但是一般人日常工作大部分的事，Perl 都能勝任，從只用一次的小程式，到產業級的大型應用程式都適合。

Perl 的速度通常很快。因為開發 Perl 的人自己也會使用，所以我們都希望它夠快。如果有人想加入一個很酷的新功能，但是會拖累其他程式的速度，Perl 的開發者幾乎可以確定會否決這個新功能，直到我們找出使它夠快的方法。

Perl 有一點點醜。這是真的。Perl 的吉祥物是駱駝，他是從駱駝書來的（也就是知名的《*Perl 程式設計*》），他是這本駱馬書的表兄弟（和她的姐妹羊駝書）。駱駝也是有點醜。但是即使在艱難的環境他們仍然努力工作。儘管很困難，駱駝也會將事情完成，即使他們長得不好看，氣味不太好，甚至有時候會對你吐口水。Perl 就有一點像那樣。

Perl 是容易還是困難呢？

Perl 易用，但有點難學。當然這只是一般說法而已。Larry 設計 Perl 時做出很多權衡。當他有機會讓程式設計師更方便，但是代價是會讓學習 Perl 的人覺得更困難時，他幾乎每次都站在程式設計師這邊，因為你只會學習 Perl 一次，但是卻會一直使用它。

如果你只會每週或每個月使用某個程式語言一次，那你會希望他很好學，因為你可能會完全忘記怎麼使用它。Perl 是設計給每天至少寫 20 分鐘程式，而且以使用 Perl 為主的程式設計師。

Perl 有很多幫程式設計師節省時間的便利設計。例如，大部分函式都有預設行為；通常預設行為就是你想要它去做的方式。所以你會看到像這樣的幾行 Perl 程式：

```perl
while (<>) {
  chomp;
  print join("\t", (split /:/)[0, 2, 1, 5] ), "\n";
}
```

現在還別擔心你看不懂這段程式碼。如果不使用 Perl 預設行為和縮寫來寫上述程式，程式碼會增長 10 或 12 倍，就會花更長的時間讀和寫。有更多的變數也會更難維護和除錯。如果你懂一點 Perl，你會發現上述程式碼裡沒有變數。這是其中一個重點，它們都使用預設行為來達成。但要使程式設計師的工作變容易是要在學習時付出代價的，你必須學習這些預設行為和縮寫。

好比說，英文中的常用的縮寫。是的，「will not」和「won't」的意思一樣。但是大部分人會說「won't」，而不是「will not」。因為它比較節省時間，而且每個人都知道，也很合理。同樣的，Perl「縮寫」了常用的片語，讓它們可以讓維護人員「講」得更快，並用單一慣用語以助於理解。

一旦你熟悉了 Perl，你會發現你會花更少的時間去搞懂 shell 程式的引號（或 C 語言的宣告），而可以花更多時間上網，因為 Perl 是一個事半功倍的工具。Perl 簡明的結構讓你可以（用最少的煩惱）建立一些很酷又略勝一籌的解決方案或通用工具。你還可以將這次做的工具在下次的工作沿用，因為 Perl 具有高度可移植性且立即可用，所以你又有更多時間可以上網了。

Perl 是非常高階的程式語言。這意味者程式碼的密度很高；一個 Perl 程式可能只有同樣功能 C 語言程式長度的四分之一到三分之一。這使得 Perl 可以寫得更快、讀得更快、除錯更快和維護更快。只要會一點程式設計，你就知道整個副程式小到可以全部放進一個螢幕裡，你不用來回捲動就能了解狀況。而且一個程式裡的 bug 數量和原始碼長度（而不是程式的功能）約略成正比，一般來說，Perl 較短的程式碼也意謂著 bug 較少。

像任何語言一樣，Perl 也可以是「唯寫語言（write-only）」──可以寫出別人完全看不懂的程式。但是只要適當地留意，你可以避免這常見的指控。對外行人來說，Perl 像是線路雜訊，但是對老練的 Perl 程式設計師來說，它像是交響樂音符。只要你遵循本書的指引，你的程式就能易讀易維護，它就不會贏得 Perl 混淆程式大賽（Obfuscated Perl Contest）。

Perl 怎麼變得這麼流行的？

Larry 玩了一下 Perl，到處添加一些功能後就將它釋出到 Usenet 的讀者社群，也就是所謂的「網路」。在這個龐大系統裡散居世界各地的上萬名使用者給他一些回饋，要求 Perl 做這個、做那個，大部分要求是 Larry 從未想過他的小 Perl 會去處理的。

結果，Perl 不斷地成長，增加了新功能，也擴充了可移植性。原本只是個在少數 Unix 系統執行的程式語言，現在成長為有數千頁免費線上文件、數十本書、數個主流 Usenet 新聞群組（及數十個小眾新聞群組和郵件論壇）、無數的讀者和現代幾乎每個系統都有的實作版本──別忘了還有這本駱馬書。

Perl 現在如何呢？

當大多數人在等待 Perl 5 的繼任者──Perl 6 時，Perl 5 的發展經歷了驚人的復興。它們現在其實是不同的程式語言，而 Perl 5 仍然相當出色，穩步前行。它們曾經共享相同的名字一段時間，現在 Perl 6 有了自己的名字「Raku」（雖然 brian 的書仍然叫做《*Perl 6 學習手冊*》）。

從 v5.10 開始，Perl 發展出一個增加語言新功能又不影響舊程式的方法。我們將會向你展示當需要那些新功能時如何使用，以及啟用實驗性功能的方式。詳情你可以偷看一下附錄 D。

Perl 5 Porters 也採行一個官方支援政策。經過 20 年輕率的支援策略後，他們決定支援最新兩版的穩定版本，在本書英文版完成時，應該是 v5.32 與 v5.34。小數點後奇數的版本保留給開發版本使用。

2019 年，Perl 的開發轉移到 GitHub。這表示你可以輕易地提出問題、發出拉取請求（pull request）並下載最新的原始碼。這緩解了先前維護老舊基礎設施所耗費的許多心力。

也有關於新的 Perl 主要版本——Perl 7 的討論，它主要是 v5.34 加上不同的預設值設定。學習現在的 Perl 版本也可以讓你對於 Perl 7 快速上手。brian 的《*Preparing for Perl 7*》涵蓋了一些預期的新功能，我們也會適時地在本書標註。

什麼是 Perl 最擅長的？

Perl 很適合寫需要三分鐘內匆忙完成的臨時程式。Perl 也適合需要一打程式設計師花三年寫的大型廣泛用途程式。當然你或許會發現你寫的許多程式從構思到完整測試只花你不到一個小時的時間。

Perl 適合處理的問題是 90% 與文字處理相關，10% 與其他事務相關。這似乎符合目前大部分的程式設計任務。在理想的世界，每個程式設計師都會所有程式語言；你總是可以為每個計畫選出最適合的程式語言。大部分時候，我們希望你會選擇 Perl。

什麼是 Perl 不擅長的？

如果 Perl 擅長這麼多事，那什麼是 Perl 不擅長的呢？嗯，如果你要寫出一個不透明的二進位執行檔，你不應該選擇 Perl。這種程式是在你交付或賣給某人後，他無法看到你原始碼中的秘密演算法，也無法幫你維護和除錯。當你交付你的 Perl 程式，通常會給出原始碼，而不是不透明二進位執行檔。

如果你想要不透明二進位執行檔，我們必須告訴你那並不存在。如果有人能安裝和執行你的程式，他們就能將它還原成原始碼。的確，這不一定和你的原始碼一樣，但是他總是某種原始碼。真正可以保護你秘密演算法的方法是請一大票律師；他們可以寫出這樣的授權條款：「你可以用本程式做這些事，但是不可以做那些事。如果你違反了授權條款，我們有一大票律師會讓你後悔莫及。」

我該如何取得 Perl？

你可能已經有 Perl 了。至少，我們不管到哪裡都可以找到 Perl。許多系統都會內建 Perl，系統管理員也常常會在他們工作現場的每台機器安裝它。但是如果你在系統內沒有找到 Perl，你仍然可以免費取得它。大部分 Linux 或 *BSD 作業系統、macOS 等其他系統預設都會安裝 Perl。有些公司，像是 ActiveState 在許多平台（包括 Windows）提供編譯好與強化過的版本。你也可以取得 Windows 版的 Strawberry Perl，它提供一般的 Perl 加上用來編譯和安裝第三方模組的額外工具。

Perl 有兩種不同授權條款。對一般人來說，你只是使用它，這兩種條款都沒有差別。然而如果你要修改 Perl，你要仔細閱讀授權條款，因為它們對於散佈修改過的 Perl 原始碼有些限制。對於不會去修改 Perl 的人來說，授權條款基本上是在說：「這是自由軟體——玩得愉快。」

事實上，Perl 不只是自由軟體，它還在所有自稱是 Unix 且有 C 編譯器的作業系統中運作得非常好。你只要下載它，執行一兩個指令，Perl 就會自動設定好並編譯。或是更簡單地，你可以讓套件管理程式來幫你完成。除了 Unix 和 Unix-like 系統，對 Perl 上癮的人們將它移植到其他系統上，像是 VMS、OS/2，甚至是 MS-DOS 和所有現代版本的 Windows——甚至在你看到本文時，又有更多平台有 Perl 了。大部分這些 Perl 的移植版本都附有安裝程式，它們甚至比在 Unix 上的 Perl 安裝程式更簡單。請見 CPAN 關於「移植（ports）」的部分。

在 Unix 系統上，最好也能夠從原始碼自行編譯 Perl。其他作業系統可能不一定有編譯所需的 C 編譯器和相關工具，所以 CPAN 提供了二進位執行檔。當你使用本地端套件管理程式時，你會改變作業系統要用的 *perl*。你可能會搞得一團亂。我建議你自行安裝你自己要用的 *perl*，但是這對本書來說並非必要。

什麼是 CPAN？

CPAN 是「綜合 Perl 典藏網（Comprehensive Perl Archive Network）」，Perl 的一站式商店，裡面有 Perl 的原始碼，移植到非 Unix 系統的 Perl 安裝程式、範例、文件、Perl 延伸模組和 Perl 相關訊息的庫存檔案庫。簡而言之，CPAN 無所不包。

CPAN 在全世界有幾百個鏡像站，可以從 metacpan 來瀏覽和搜尋。

Perl 有提供任何支援嗎？

當然有！其中一個我們最愛的是 Perl 推廣組（Perl Mongers）。這是 Perl 使用者的全球性組織。你附近可能就有一個，可以找到專家或認識專家的人。如果你附近沒有，你自己就可以發起一個。

當然，對於第一線支援，你應該先看文件。除了內附文件，你也可以閱讀 CPAN、MetaCPAN 或其他網站上的 Perl 文件。並查看最新的 perlfaq。

另一個權威性的資料來源是《Perl 程式設計》這本書，常被稱為「駱駝書」，因為他的封面動物是駱駝（如同本書被稱為駱馬書一樣）。駱駝書包含完整的參考資訊、教學材料和許多其他 Perl 資訊。還有另一本 O'Reilly 出版，Johan Vromans 寫的口袋書《Perl 5 Pocket Reference》，很適合隨身閱讀（或放進口袋裡）。

如果你想問問題，有許多郵件論壇可以詢問——https://list.perl.org 有列出許多。也可以到 The Perl Monastery 和 Stack Overflow。無論何時，在某處某個時區都會有位 Perl 專家醒著回答問題——這是 Perl 日不落帝國。也就是你問一個問題，通常在幾分鐘內就會得到答案。但如果你不先看文件或常見問答集，你在幾分鐘內就會被砲轟。

你也可以查看 https://learning.perl.org 和它的相關郵件論壇——beginners@perl.org。許多知名的 Perl 程式設計師都有部落格定期發表 Perl 相關貼文，大部分你可以透過 Reddit 上的 /r/perl 看到。

如果你需要簽一份 Perl 支援合約，有許多公司都樂意收費接受。通常其他免費的管道就綽綽有餘了。

如果我發現 Perl 有 bug 怎麼辦？

身為一位新的 Perl 程式設計師，你可能會造成一個你覺得 Perl 有問題的情況。你使用的是一個你還不會的龐大語言，你不知道遇到這種異常行為該找誰。這很常見。

當你發現 bug 的第一件事就是再次檢查文件，甚至看個兩三次。很多時候，當我們查看文件中對於特定異常行為的解釋時，會發現 Perl 一些新的小細節，最後甚至將它寫進投影片或雜誌中。Perl 有許多特殊功能和規則例外，你發現的可能是一個功能而不是 bug。你也可以檢查確定你不是用舊版的 Perl；或許你會發現問題在新版已經修復好了。

一旦你 99% 確定真的找到一個 bug，先問問周遭的人。問工作的同事、在當地 Perl 推廣組聚會上問人，或是在 Perl 會議上提問。很有可能它仍然是一個功能，而不是 bug。

當你 100% 確定真的找到一個 bug，請寫一個測試案例（什麼！你還沒這樣做？）理想的測試案例是一個任何 Perl 使用者都可以執行，並重現你發現之異常行為的自給自足小程式。一旦你已完成清楚展示 bug 的測試案例，請在 GitHub 的 *https://github.com/Perl/perl5/issue* 建立一個問題。

當你正確地送出 bug 回報，一般在幾分鐘內就會得到回應。通常你可以送出簡單的修正檔來修復 bug。當然最糟的情況是你可能沒有得到任何回應。Perl 開發團隊沒有義務回覆你的 bug 回報。但是我們都熱愛 Perl，所以沒有人會讓 bug 逃出我們的視線內。

我要如何建立一個 Perl 的程式？

是時候問這個問題了（即使你沒有問）。Perl 程式是純文字檔；你可以用你最愛的文字編輯器建立和編輯它。雖然有廠商推出開發環境的商用軟體，不過你不需要使用任何特別的開發環境。我們使用這些軟體的經驗不足，無法推薦他們（但也夠久，所以不想再用他們了）。此外，開發環境是個人的選擇。如果你去問三個程式設計師，你會得到八個答案。

你應該用程式設計師用的編輯器，而不是一般的編輯器。有什麼差別呢？嗯，程式設計師的編輯器能符合程式設計師所需，例如調整程式碼區塊的縮排或是找出成對的大括號。

在 Unix 系統，最受歡迎的兩個程式設計師專用編輯器是 *emacs* 和 *vi*（以及它們的衍生版本）。macos 上的 BBEdit、TextMate 和 Sublime Text 都是不錯的編輯器，也有許多人在 Windows 使用 UltraEdit、SciTE、Komodo Edit 和 PFE（Programmer's File Editor）。perlfaq3 文件也有列出許多其他的編輯器。關於你的系統上有哪些文字編輯器，你可以問問你附近的專家。

本書習題中你要寫的簡單程式，都不會超過二三十行，任何文字編輯器都可以勝任。

有些初學者會使用文書處理程式，而不是文字編輯器。我們並不建議——它用起來很不方便，甚至是很糟糕。不過我們並不會阻止你這樣做。請讓文書處理程式以純文字來儲存檔案；文書處理程式本身的格式幾乎是無法使用。大部分文書處理程式會告訴你，你的 Perl 程式內的拼字不正確，你應該少用分號。

某些情況下，你需要在一台機器上寫程式，然後傳送到另一台機器去執行。如果是這樣，請確保使用「純文字」或「ASCII」模式傳送，而不是「二進位」模式。這是必要的步驟，因為不同機器有不同的文字格式。如果沒有這樣做，你可能會得到不一致的結果——有些版本的 Perl 在偵測到行尾字元不符合時會直接中斷執行。

一個簡單程式

根據一個古老的規則，任何和 Unix 起源相關之程式語言的書都要從顯示「Hello, World」起頭。所以，這就是它在 Perl 的寫法：

```
#!/usr/bin/perl
print "Hello, world!\n";
```

假設你已經將它在文字編輯器輸入了。（別擔心你不了解程式碼的意思和如何運作。你很快就會學到。）你可以將它儲存成任何你想要的名字。Perl 並不要求特別的檔名或副檔名，甚至不要用副檔名比較好。不過有些系統會要求要有像是 *.plx* 的附檔名（意思是 PerL eXecutable）。

你還需要讓系統知道它是一個可執行程式（也就是一個指令）。要怎麼做取決於你是用哪個作業系統。也許你只要將程式存檔在特定位置就好。（通常在你目前工作目錄就可以了。）在 Unix 系統上，你要用 *chmod* 指令將程式標記為可執行：

```
$ chmod a+x my_program
```

行首的錢符號（和空白）表示 shell 的提示符號，可能在你的系統上看起來不一樣。如果你習慣用數字參數，像是 755 來執行 *chmod*，而不是像 a+x 的符號，當然也沒問題。不管哪一種方法，它都是告訴作業系統這個檔案是一支程式。

現在你可以執行它了：

```
$ ./my_program
```

指令開頭的點號和斜線表示在目前工作目錄尋找這個程式，而不要去 PATH 的路徑找。不是每次都需要這樣用，但是在你完全了解之前，請在每次執行指令前都加上去。

你也可以明確地透過 *perl* 來執行這個程式。如果你是用 Windows，你必須在命令列指定 *perl*，因為 Windows 不會猜測你要執行的程式：

```
C:\>perl my_program
```

如果一切都沒問題，那真是個奇蹟。更常見的是，你會發現程式有 bug。然後要編輯，再試一次 —— 但是你不必每次都執行 *chmod*，因為先前設定的屬性應該會「黏」在檔案上。（當然，如果你並沒有正確用 *chmod* 設定成功，那執行程式時 shell 會顯示「permission denied」的錯誤訊息。）

v5.10 以後的版本，這個簡單的程式有另一種寫法。我們現在就告訴你。以 say 來代替 print，功能幾乎一樣，但是少打一點字。say 會幫我們添加換行字元，這表示如果我們忘了加上去，可以幫我們節省一點時間。因為它是新功能，所以我們使用 use v5.10 敘述來告訴 Perl 我們要使用新功能：

```
#!/usr/bin/perl
use v5.10;

say "Hello World!";
```

這個程式只能在 v5.10 以後的版本執行。當我們在本書介紹 v5.10 以後版本的新功能時，我們會明確於文中說明它是新功能，並使用 use v5.10 敘述來提醒你。

通常 Perl 最早的版本就有我們所需的功能。本書涵蓋至 v5.34，當使用新功能時，我們會在範例的開頭提醒你所需最低的 Perl 版本：

```
use v5.34;
```

我們也可以不寫版本號的 v，但這樣就必須包含次版號的三位數字：

```
use 5.340;
```

不過本書都會使用 v 的形式。

程式內寫些什麼呢？

就像其他「自由風格」的程式語言，Perl 通常會讓你任意使用無關緊要的空白（像是空格、tab 字元或是換行字元）來使程式碼容易閱讀。大部分 Perl 程式使用相當統一的格式，就像本書所採用的一樣。perlstyle 文件中有一般的建議（但不是規定！）。我們強烈地鼓勵你為程式進行適當縮排，這會使你的程式更好閱讀；好的編輯器能為你做大部分的工作。好的註解也能讓程式更好閱讀。Perl 的註解是從井字號（#）開始，直到行尾。

Perl 沒有區塊註解，但是有一些模擬區塊註解的方法，請參閱 perlfaq 文件（ *https://perldoc.perl.org/perlfaq* ）。

我們不會在本書的程式中使用太多註解，因為前後文就能解釋它們的運作方式，但是你在你自己的程式中應該加上註解。

所以，另一種寫「Hello, World」程式的方式（必須說這是很奇怪的方式）像是這樣：

```
#!/usr/bin/perl
    print    # 這是一個註解
"Hello, world!\n"
;        # 別把你的 Perl 程式寫成這樣！
```

此程式的第一行其實是一個很特殊的註解。在 Unix 系統，如果一個文字檔第一行的頭兩個字元是 #!（讀做「sh-bang」或 SHəˈbaNG），接著是實際執行剩下檔案內容的程式名稱。本例中，執行的程式是 */usr/bin/perl*。

#! 這一行其實是 Perl 最不具移植性的一行，因為你要找出程式在每台機器的位置。幸運的是，幾乎總是 */usr/bin/perl* 或 */usr/local/bin/perl*。如果不是，你必須找出 *perl* 藏在系統的哪裡，並使用該路徑。在某些 Unix 系統中，你可能可以使用這樣的 shebang 來幫你自動找出 *perl*：

```
#!/usr/bin/env perl
```

請注意，第一個找到的 *perl* 不一定是你想執行的那個。如果 *perl* 完全不在你的搜尋路徑內的任何目錄裡，那你要詢問你的系統管理員或其他和你用一樣系統的人。

在非 Unix 系統，傳統上（也有實用價值）第一行會寫 #!perl。至少它可以讓維護工程師馬上知道這是 Perl 程式。

如果 #! 這行是錯的，shell 會發出錯誤訊息。內容可能出乎意料，像是「找不到檔案（file not found）」或是「不良的編譯器（bad interpreter）」。不是沒找到你的程式，而是 */usr/bin/perl* 沒有在應該在的位置。如果可以，我們會儘量讓訊息更清楚，但是這不是 Perl 發出的訊息；它是 shell 在抱怨。

你可能遇到的另一個問題是你的系統完全不支援 #! 行。這種情況下，你的 shell（或是你系統用的其他機制）可能會嘗試自己去執行你的程式，結果可能會令你失望或是讓你嚇一跳。如果你看不懂顯示的錯誤訊息，可以在 perldiag 文件中搜尋看看。

「主」程式（"main" program）全部都是一般的 Perl 敘述所組成（副程式內的除外，稍後會說明）。和 C 或是 Java 語言不一樣，Perl 沒有「主」函式（main routine）。事實上許多程式根本沒有所謂的程式（routine）（以副程式的形式而言）。

也不用像其他程式語言一樣有變數宣告段落。如果你過去總是必須宣告變數，你可能會嚇一跳或是感到不安。但這能讓我們寫出臨時急用的 Perl 程式。如果你的程式只有兩行，那你不會想要多寫幾行只是為了宣告變數。如果你真的想要宣告變數，那很好；你可以在第四章看到該怎麼做。

大部分敘述都是運算式加上分號。這個敘述，我們已經看過幾次了：

```
print "Hello, World!\n";
```

你只需要用分號來分隔敘述，而不是用來結束它們。如果後面沒有敘述了（或是它是作用範圍的最後一個敘述），你可以不加上分號：

```
print "Hello, World!\n"
```

你應該已經猜到了，這行程式會印出「Hello, World!」的訊息。訊息最後是縮寫 \n，如果你使用過其他程式語言，像是 C、C++ 或 Java，那你應該很熟悉。它代表一個換行字元。當他被印出在訊息後面，列印的位置會移到下一行的開頭，使接下來的 shell 提示訊息出現在新的一行，而不會接在訊息後面印出。每一行輸出最後都應該加上換行字元。我們會在下一章看到關於換行字元縮寫和所謂的反斜線脫逸的更多資訊。

我要如何編譯我的 Perl 程式？

只要直接執行你的 Perl 程式就好。只要一個步驟，*perl* 直譯器就會編譯和執行你的程式：

```
$ perl my_program
```

當你執行程式時，Perl 內部編譯器會處理你程式整個原始碼，將它轉換為內部的位元碼（*bytecodes*），這是 Perl 內部用來表示程式的資料結構。接著 Perl 內部的位元碼引擎會接手並執行位元碼。如果在第 200 行有一個語法錯誤，你會在執行第二行程式前就收到錯誤訊息。如果你有一個執行 5000 次的迴圈，他只會編譯一次；實際的迴圈會以最快的速度執行。無論你用了多少註解或空白來讓程式容易理解，都不會增加執行期的代價。你甚至可以使用常數組成的計算式，其結果只會在程式開始執行時計算一次——而不會在每次迴圈執行時都再計算一次。

無可否認地，編譯一定會花時間——寫一個只為了做一件小事（而不是一次做很多事）的冗長龐大 Perl 程式是很沒效率的，因為程式的執行時間相對於編譯時間來說很短。但 Perl 的編譯器速度很快；編譯在執行時間的佔比很少。

如果你想先把位元碼存下來，以避免編譯的開銷呢？或更好的是，如果可以將位元碼轉換成其他程式語言，像是 C，然後再編譯呢？這兩種情況在某些案例是有可能的，但是這通常不會讓大部分程式更容易使用、維護、除錯或是安裝，甚至有可能讓你的程式跑得更慢。

快速瀏覽一下

你現在應該想看看真正有料的 Perl 程式長什麼樣子吧？（如果你不想，那請配合一下。）請看：

```
#!/usr/bin/perl
@lines = `perldoc -u -f atan2`;
foreach (@lines) {
  s/\w<(.+?)>/\U$1/g;
  print;
}
```

 如果無法使用 *perldoc*，表示你的系統或許沒有命令列模式，或者它是在系統的其他套件裡。

現在，你第一次看到像這樣的 Perl 程式碼，它看起來非常奇怪（事實上，每次你看到像這樣的 Perl 程式碼時，看起來都會非常奇怪。）讓我們逐行說明這段範例程式碼在做些什麼。這個說明很簡短，畢竟這是快速瀏覽。我們會在後續章節詳細說明這個程式的功能。你不需要現在就全部搞懂。

第一行是你之前看過的 #! 行。如之前介紹過的，你可能需要為你的作業系統修改這行。

第二行執行以倒引號括住的外部指令（` `）。（倒引號鍵通常位於全尺寸美式鍵盤的數字 1 鍵旁。請確定你沒有把它和單引號混淆了，「 ' 」。）我們使用的指令是 *perldoc -u -f atan2*；請試著在命令列輸入這個指令看看會有什麼輸出。在大部分系統上，通常都可以使用 *perldoc* 指令來閱讀和顯示 Perl 文件和它相關的延伸模組與應用程式。這個指令告訴你關於三角函數 atan2 的資訊；我們只是將它拿來當作外部指令的範例，也想針對它的輸出進行處理。

倒引號內指令的輸出存進一個叫 @line 的陣列變數。下一行程式是一個迴圈，會處理每一行輸出。迴圈內，敘述都會縮排。雖然 Perl 沒有強制要求這麼做，但是一個好的程式設計師會如此自我要求。

迴圈本體的第一行是最可怕的：S/\w<(.+?)>/\U$1/g;。現在不會詳述細節，這會改變任何含有角括號（<>）記號的一行，*perldoc* 指令的輸出裡至少會有一行會符合。

下一行，出乎意料地，印出（可能被修改過的）每一行。輸出的結果很類似 *perldoc -u -f atan2*，但是在角括號標記處被程式修改過。

在這簡短數行程式碼中，你執行了另一個程式，將它的輸出儲存到記憶體，更新記憶體內容並輸出它。這類程式是 Perl 很常見的應用，將一種類型資料轉換成另一種類型。

習題

通常每一章結尾都會幾題習題，答案則在附錄 A。但是本章並不需要你再寫程式，它其實已經在本章內容出現過了。

如果在你的機器上無法執行這些習題，請再次檢查並就近詢問專家。記住你可能需要如前述內容來稍微修改你的程式：

1. [7] 輸入「Hello, World」程式，並執行！程式可以隨意命名，但是名字像是「*ex1-1*」可能比較好，代表第一章習題 1 的縮寫。任何有經驗的程式設計師都會寫這個程式，它常被用來測試系統的設定是否成功。如果你可以執行它，表示你的 Perl 已經設置好了。

2. [5] 在命令列提示字元後輸入 *perldoc -u -f atan2*，並留意它的輸出。如果無法執行，請詢問系統管理員或查看你使用 Perl 版本的文件，找出如何執行 *perldoc* 或相對應的指令。下一個習題需要用到 *perldoc*。

3. [6] 執行第二個範例程式（參閱上一節），看看它列印出什麼。提示：請對照書上的標點符號小心輸入！你看得出來輸出有什麼改變嗎？

## 第二章

純量資料

Perl 的資料型別很簡單。純量（*scalar*）就是指單一事物（a single thing）。你可能在物理、數學或是其他學科聽過純量這個詞，但是 Perl 有自己的定義。這很重要，所以我們必須再說一次。純量就是單一事物，使用事物（*thing*）這個詞是因為我們沒有更好的方法來描述 Perl 的純量。

純量是 Perl 所能操作的最簡單資料。大部分純量是數值或是字元組成的字串（像 hello 或是林肯總統的蓋茲堡演說）。你可能認為數值和字串是完全不同的，但是對 Perl 來說，它們幾乎是可以互換的。

若你曾經使用過其他程式語言，你可能習慣有不同的資料型別，例如 C 有 char、int 等等。Perl 並沒有這樣的區別，這是有些人無法適應的一點。然而你將會在本書中見到，這使我們在處理資料的時候有很大的彈性。

在本章我們會展示純量資料（scalar data）—— 就是值本身，與純量變數（scalar variables）—— 可以儲存純量值。兩者的區別很重要。值本身是固定的，我們無法改變它。但是我們可以改變儲存在變數中的值（這就是為什麼他叫變數）。有一些程式設計師有點懶散，他們只說「純量」。除非至關重要，不然我們也是有點懶散。這在第 3 章將更加重要。

數值

雖然純量大部分常常指的不是數值就是字串。此刻我們還是先將數值和字串分別來看。我們先討論數值，再來討論字串。

所有數值的內部格式都一樣

Perl 靠底層的 C 程式庫處理數值，以雙精度浮點數值來儲存數值。對此你無需了解太多，但是這表示 Perl 在數值的精確度和大小上有一些限制。這些和你如何編譯與安裝 *perl* 直譯器有關，而不是語言本身的限制。Perl 會透過平台和程式庫的最佳化來盡快完成數學運算。

接下來幾個小節裡，你會看到整數（例如 255 或 2001）與浮點數（帶有小數點的實數，例如 3.14159 或 1.35×1025）兩者的分別。但是在內部，Perl 都是以雙精度浮點數來做運算。

這表示 Perl 內部並沒有整數值——程式中的整數常數被當作浮點數看待。在 Perl 中，數值就是數值，不像其他程式語言要你決定數值的大小和型別。

整數字面值

字面值（literal）就是值在原始碼中的表達方式。字面值不是計算結果或 I/O 操作；它是你直接輸入進程式碼的資料。整數字面值很簡單，就像：

```
0
2001
-40
137
61298040283768
```

最後一項有點不容易閱讀。Perl 允許你在整數字面值加上底線來讓它清晰易懂，所以上面的數值可以寫成：

```
61_298_040_283_768
```

這是相同的值；他只是對我們人類來說看起來不太一樣而已。你可能會認為應該用逗號才對，但是逗號在 Perl 中已經有更重要的用途了（你在第 3 章會看到）。即便如此，也不是每個人都用逗號來分隔數值。

非十進位字面值

就像其他程式語言，Perl 允許你以十進位（base 10）以外的方式指定數值。八進位（base 8）字面值以 0 開頭，使用數字 0 到 7：

```
0377        # 相當於十進位的 255
```

自 v5.34 起，你也能以 0o 開頭來表示八進位數值，這能使八進位數值和你即將看的其他進位數值對齊：

```
0o377        # 相當於十進位的 255
```

十六進位（base 16）字面值以 0x 開頭，使用數字 0 到 9 和字母 A 到 F（或 a 到 f）來表示 0 到 15 的值：

```
0xff         # 十六進位的 FF，相當於十進位的 255
```

二進位（base 2）字面值以 0b 開頭，只使用數字 0 和 1：

```
0b11111111 # 也是十進位的 255
```

雖然對我們人類來說這些數值看起來不同，但是對 Perl 來說它們三個都一樣。你寫 0377、0xFF 或 255 對 Perl 來說都沒有差別，所以請選一個對你的任務最有意義的表示法。例如，Unix 世界很多 shell 命令都用八進位，所以使用對 Perl 來說等價的八進位就有意義，你在第 12、13 章會看到。

> 「前置零（leading zero）」表示法只對字面值有效——無法用於字串自動轉換為數值，你將在第 24 頁的「數值與字串間的自動轉換」看到。

當非十進位字面值超過四個字元時看起來可能不好讀，這時可以加上底線方便辨識：

```
0x1377_0B77
0x50_65_72_7C
```

浮點數字面值

Perl 的浮點數字面值對你來說應該很熟悉。數值是否有小數點或前置正負號皆可，也可以使用以「e」或「E」表示十的次方之指數表示法。

例如：

```
1.25
255.000
255.0
7.25e45  # 7.25 乘以 10 的 45 次方（很大的數值）
-6.5e24  # 負 6.5 乘以 10 的 24 次方
         # （很大的負數）
-12e-24  # 負 12 乘以 10 的 -24 次方
         # （很小的負數）
-1.2E-23 # 另一種表示法：E 可以為大寫
```

Perl v5.22 加入了十六進位浮點數字面值。以 p 來表示二的次方,而不是用 e。就像十六進位整數一樣,以 0x 開頭:

```
0x1f.0p3
```

十六進位浮點數字面值在 Perl 儲存格式中是精確的數值表示法。它的數值並不含糊。十進位浮點數如果不是 2 的次方,Perl(C 或其他使用雙精度的任何程式語言)將無法精確表示其數值。大部分的人甚至沒有注意到這點,只有一些人看到些微的捨入誤差。

數值運算子

運算子是 Perl 的動詞。它們決定如何處理名詞。Perl 提供了典型的加、減、乘、除等運算子。這些數值運算子將運算元視為數值,並以符號來表示:

```
2 + 3      # 2 加 3,也就是 5
5.1 - 2.4  # 5.1 減 2.4,也就是 2.7
3 * 12     # 3 乘以 12 等於 36
14 / 2     # 14 除以 2,也就是 7
10.2 / 0.3 # 10.2 除以 0.3,也就是 34
10 / 3     # 除法都是浮點數運算,所以是 3.3333333...
```

Perl 的數值運算子回傳的結果就如你在計算機上進行同樣的運算。Perl 不會區分數值是整數,分數或浮點數。這惹惱了在其他程式語言中仔細區分的人。例如,習慣純整數運算的人會預期 10/3 的結果會是另一個整數(3)。

Perl 也支援模數(*modulus*)運算子(%)10 % 3 的結果是 10 除以 3 的餘數,也就是 1。運算子兩側的值會先取整數,所以 10.5 % 3.2 和 10 % 3 是一樣的。

模數運算子兩側或單側的數值是負數時,在不同的 Perl 直譯器的結果會不同,因為底層的程式庫有不同的做法(因為人們對捨入的看法不同)。例如 -10 % 3 餘數是 2(因為 -10 和 -12 差了 2)或 -1(因為 -10 和 -9 差 1)?寫程式時最好是能避免這樣的意外誤差。

此外,Perl 也提供類似 FORTRAN 的取冪(*exponentiation*)運算子,以兩個星號表示。例如,2**3 是 2 的 3 次方,也就是 8。至於其他的數值運算子,我們會在用到時向你介紹。

字串

字串是一串字元，像是 hello 或是☃★๛。字串可以包含任何字元組合。最短的字串是不含任何字元的**空字串**。最長的字串可以填滿所有可用的記憶體（雖然這樣做沒什麼意義）。這符合 Perl 盡可能遵循的「無內建限制」原則。典型的字串是一連串可列印字元序列，字母、數字、標點符號和空白。然而字串可包含任何字元這個特點，表示你可以將二進位資料視為字串一般，進行建立、掃描和操作，這是其他公用程式很難做到的功能。例如你可以將資料當作字串讀取進 Perl 來更新圖形檔或已編譯程式，再將修改後的結果寫回去。

Perl 對 Unicode 提供了完整的支援，你的字串可以包含任何合法的 Unicode 字元。然而由於 Perl 的歷史因素，它不會自動將你的程式碼以 Unicode 解釋。如果你要在程式中按字面使用 Unicode，你必須加上 utf8 指示詞。除非你知道你為何不要把這個指示詞加上去，不然每次都加上它是一個好習慣：

```
use utf8;
```

本書的其餘部分，我們都假設你已經使用此指示詞。某些情況下，不使用也沒有問題，但是如果你在原始碼中看到非 ASCII 字元，那你就需要它。你也應該確保你以 UTF-8 編碼儲存你的檔案。如果你錯過了我們在第一章對 Unicode 的建議，你可能會想閱讀附錄 C 來了解更多細節。

> 指示詞（*pragma*）可以指示 Perl 編譯器該如何運作。

就像數值一樣，字串也有字面值表示法。，也就是你在 Perl 程式中表示字串的方式。字串字面值有兩種表示方法：**單引號字串字面值**（*single-quoted string literals*）與**雙引號字串字面值**（*double-quoted string literals*）。

單引號字串字面值

單引號字面值是以單引號（'）包圍的一串字元。單引號不是字串的一部分——它們只是讓 Perl 可以辨識字串的開頭和結尾：

```
'fred'      # 四個字元：f、r、e 和 d
'barney'    # 六個字元
''          # 空字串（沒有字元）
'⅚∞☃☠'      # 若干 Unicode「寬」字元
```

除了單引號（'）和反斜線（\）以外，字串內的任何字元都代表其本身。如果你在字串內想用單引號或反斜線，你要用反斜線來做脫逸（*escape*）：

```
'Don\'t let an apostrophe end this string prematurely!'
#譯註：使用英文時請留意不要讓單引號提早結束這個字串！
' 最後一個字元是反斜線： \\'
'\'\\'     # 單引號接著反斜線
```

你可以將字串跨越兩行以上。單引號字串內將會增加換行字元（newline）

```
'hello
there'  # hello、換行字元、there （共 11 個字元）
```

請注意 Perl 並不會將單引號字串內的 \n 解釋為換行字元，而是解釋為反斜線和 n 兩個字元：

```
'hello\nthere'   # hello\nthere
```

只有在後面是反斜線或單引號時，前面的反斜線才有特殊意義。

雙引號字串字面值

雙引號字串字面值是一串雙引號包圍的字元。但現在反斜線有完整的能力表示特定的控制字元，或甚至可以表示以八進位或十六進位表示的任意字元。這裡是一些雙引號字串：

```
"barney"         # 和 'barney' 一樣
"hello world\n" # hello world 和一個換行字元
" 本字串最後一字元是雙引號： \""
"coke\tsprite"   # coke、tab 字元和 sprite
"\x{2668}"       # Unicode 溫泉字元碼點
"\N{SNOWMAN}"    # 以名稱表示的 Unicode Snowman（雪人）符號
```

請注意雙引號字串字面值 **"barney"** 和單引號字面值 **'barney'** 對 Perl 來說是一樣的。

反斜線（backslash）在可以放在許多字元前來表示不同於字面值的意義（通常稱為反斜線脫逸）。表 2-1 列出幾乎完整的雙引號字串脫逸列表。

表 2-1 　雙引號字串的反斜線脫逸

組合	意義
\007	任何八進位 ASCII 值（此例，007 表示鈴聲）
\a	鈴聲
\b	退格

組合	意義
\cC	Control 字元（此例，Ctrl-C）
\e	Esc（ASCII 脫逸字元）
\E	結束 \F、\L、\U 或 \Q
\f	跳頁
\F	到 \E 為止的所有 Unicode 字元都不分大小寫
\l	將下個字元值轉換為小寫
\L	將到 \E 為止的所有字元轉換為小寫
\n	換行字元
\N{CHARACTER NAME}	以名稱表示任何 Unicode 碼點
\Q	將到 \E 為止的非單字（nonword）字元加上反斜線
\r	回行首
\t	Tab 字元
\u	將下個字元轉換為大寫
\U	將到 \E 為止的所有字元轉換為大寫
\x7f	任何二位數的十六進位 ASCII 值（此例，7f 為刪除符號）
\x{2744}	任何十六進位 Unicode 碼點（此例，U+2744 為雪花）
\\	反斜線
\"	雙引號

另一個雙引號字串的功能是變數插入（*variable interpolated*），這是指使用字串時，字串內的變數名稱可以替換成他們當下的值。我們尚未介紹何謂變數，所以稍後才會說明。

字串運算子

你可以用「.」運算子來連接字串值。（是的，就是點號。）這不會改變兩邊的字串，就像 2+3 不會改變 2 或 3 一樣。結果字串（長度較長）可用於進一步計算或對變數賦值。例如：

```
"hello" . "world"        # 如同 "helloworld"
"hello" . ' ' . "world"  # 如同 'hello world'
'hello world' . "\n"     # 如同 "hello world\n"
```

注意！你必須明確使用連接運算子，不能像其他程式語言，只要把兩個字串放在一起就好。

字串重複（*string repetition*）運算子是一個由小寫字母 x 表示的特殊字串運算子。此運算子將其左側運算元（一個字串）重複右側運算元（一個數值）指定的次數。例如：

```
"fred" x 3       # 即 "fredfredfred"
"barney" x (4+1) # 即 "barney" x 5, 或 "barneybarneybarneybarneybarney"
5 x 4.8          # 其實是 "5" x 4, 也就是 "5555"
```

最後一個例子值得詳細說明。字串重複運算子需要一個字串當作左側運算元,所以數值
5 被轉換成字串 "5"(轉換規則會在稍後詳述),成為只有一個字元的字串。請注意如果
你將運算元的順序顛倒,即 4 x 5,會得到重複五次的字串 4,也就是 44444。這顯示字
串重複並沒有交換律。

重複的次數(右側運算元)在運算前會先轉換成整數(4.8 變成 4)。如果次數小於 1,
則會得到空(長度零)字串。

數值與字串間的自動轉換

大部分時候,Perl 會視需要自動在數值和字串間轉換。它如何知道該用數值還是字串
呢?這全由你應用在純量值上的運算子所決定。如果運算子需要一個數值(例如 +),
Perl 會視該值為數值。如果運算子需要一個字串(例如 .),Perl 會將該值視為字串。所
以你無須擔心數值和字串的差異;只要使用適當的運算子,Perl 就會自行運算。

當運算子需要數值(例如乘法),而你使用字串值,Perl 會自動將字串轉換為相對的數
值,如同你輸入十進位浮點數一般。所以 "12" * "3" 會得到 36。剩下的非數值字元或前
置空白會被忽略,所以 "12fred34" * " 3" 會得到 36,而不會出現錯誤(除非你開啟警
告設定,稍後會談到)。在最極端的例子,所有非數值都會被轉換成零。如果只使用字
串 "fred" 當作數值的話,就會發生這樣的狀況。

使用前置零來表示八進位數值只能用在字面值,而不能用於自動轉換,自動轉換都是用
在十進位:

```
0377    # 這個八進位數值相當於十進位的 255
'0377'  # 這是十進位的 377
```

稍後我們會說明如何用 oct 將字串轉換為八進位值。

同樣地,如果需要字串但提供了數值(例如字串連接),該數值會展開成與其列印結果
相符的字串。例如,如果想要將字串 Z 與 5 乘 7 的結果連接,可以這樣寫:

```
"Z" . 5 * 7 # 如同 "Z" . 35, 或 "Z35"
```

換句話說,你(大部分時候)不用太擔心處理的是數值或字串。Perl 會幫你做所有的轉
換。它甚至會記住已經轉換好的結果,下次執行的時候速度會更快。

Perl 的內建警告

Perl 可以在程式有可疑之處時警告你。Perl5.6 版以後，可以用指示詞開啟警告設定（但請小心，這不適用於早期版本的 Perl）：

```
#!/usr/bin/perl
use warnings;
```

可以在命令列使用 -w 選項在程式執行時開啟警告功能，包括你所使用非自己寫的模組也適用。所以你可能會看到來自別人所寫的程式碼的警告訊息：

```
$ perl -w my_program
```

也可以在 shebang 列指定命令列選項：

```
#!/usr/bin/perl -w
```

現在，若你將 '12fred34' 當成數值用，Perl 會發出警告：

```
Argument "12fred34" isn't numeric
```

> 使用 warnings 的優點是你只會在使用此指示詞的檔案開啟警告訊息，
> 而 -w 會在整個程式都開啟警告功能。

即使你得到了警告訊息，Perl 仍會按照一般的規則將非數值 '12fred34' 轉換為 12。

當然，警告訊息通常是給程式設計師，而不是使用者看的。如果程式設計師都不看，那這個警告訊息也沒什麼幫助。警告並不會改變程式的行為，只會看它有時候發個牢騷。如果看不懂警告訊息，可以用 diagnostics 指示詞取得較長的問題描述。perldiag 文件內也有簡短和較長的問題描述，是 diagnostics 的訊息來源：

```
use diagnostics;
```

將 use diagnostics 加入程式後，你可能會感覺到程式啟動時稍微頓了一下。這是因為當時程式有很多事要做，以為了在 Perl 發現錯誤時，你可以閱讀相關訊息。所以有一個加速程式啟動（及減少記憶體消耗量）的方法：一旦你不再需要警告訊息的詳細資訊，那就關閉 use diagnostics。如果你能修正程式，讓它不再產生警告訊息那就更棒了。不過你得先完整讀完錯誤訊息輸出。

可以使用 Perl 命令列選項 -M 做這個最佳化，在需要時才載入 diagnostics 指示詞，而不用每次都去修改程式碼：

```
$ perl -Mdiagnostics ./my_program
Argument "12fred34" isn't numeric in addition (+) at ./my_program line 17 (#1)
    (W numeric) The indicated string was fed as an argument to
    an operator that expected a numeric value instead.  If you're
    fortunate the message will identify which operator was so unfortunate.
```

注意訊息裡的 (W numeric)。W 意指訊息是警告訊息，numeric 則是警告的類別。此例中你可以知道要去尋找程式中處理數值的相關部分。

當遇到 Perl 經常會提出警告的常見程式錯誤，我們會向你說明。但隨著 Perl 版本的更新，訊息的內容或出現時機可能會有所不同。

解釋非十進位數值

如果你有一個代表非十進位數值的字串，可以使用 hex() 或 oct() 函式來正確解讀那些數值。奇怪的是，如果你使用前綴字元來指定十六進位或二進位，oct() 也很聰明地能夠正確辨識，而唯一有效的十六進位前綴字元是 0x：

```
hex('DEADBEEF')      # 十進位的 3_735_928_559
hex('0xDEADBEEF')    # 十進位的 3_735_928_559

oct('0377')          # 十進位的 255
oct('0o377')         # 十進位的 255，v5.34 的新功能，可以看到 0o 前綴字元
oct('377')           # 十進位的 255
oct('0xDEADBEEF')    # 十進位的 3_735_928_559，可以看到前綴字元 0x
oct('0b1101')        # 十進位的 13，可以看到前綴字元 0b
oct("0b$bits")       # 轉換二進位的 $bits
```

這些表示法是給我們人類看的；電腦並不關心我們對數值的看法。將同樣的數值指定為十進位或十六進位對 Perl 來說都是一樣的。只要我們正確地確認數值的基數（radix），Perl 就能將它轉換為內部格式。

請記住 Perl 的自動轉換只對十進位數值有效，而且僅適用於字串。如果給定任何數值字面值，Perl 都會將其轉換為內部格式，這可能會有錯誤的結果。Perl 會將數值轉換回表示十六進位值字串，然後再轉換回數值：

```
hex( 10 )   # 十進位的 10， 轉換回 "10"，再轉為十進位的 16
hex( 0x10 ) # 十六進位的 10，轉換回 "16"，再轉為十進位的 22
```

我們將在第 5 章介紹列印不同進位數值的方法。

純量變數

變數是一個容器名稱，容器中可以儲存一或多個值。如你所見，一個純量變數只儲存一個數值，接下來的章節裡，你會看其他類型的變數，像是陣列和雜湊，它們可以儲存許多值。變數名稱在你的程式中維持不變，但是其儲存的值可以不斷改變。

如你所預期的，純量變數儲存單一的純量值。純量變數名稱以一個錢符號（$）開頭，稱為印記（*sigil*），其後接著 Perl 的識別字（*identifier*）：一個字母或底線，後面可以接更多的字母、數字或底線。也可以想成是由一個以上的字母、數字和底線所組成，但是不能以數字開頭。大小寫字母是不同的：$Fred 和 $fred 是不同的變數。所有的字母、數字和底線都有意義，所以下列變數都是不相同的：

```
$name
$Name
$NAME

$a_very_long_variable_that_ends_in_1
$a_very_long_variable_that_ends_in_2
$A_very_long_variable_that_ends_in_2
$AVeryLongVariableThatEndsIn2
```

Perl 的變數名稱不限於 ASCII 碼。如果你使用 utf8 指示詞，你的識別字可以使用範圍更廣的字母或數字字元：

```
$résumé
$coördinate
```

Perl 使用印記來區別變數和你在程式中輸入的任何東西，所以選擇變數名稱時，你不必知道 Perl 所有的函式和運算子名稱。

Perl 以印記來表示變數的使用方式。$ 印記表示「一個項目」或「純量」。因為純量變數都只有單一項目，所以都是用「單一項目」印記。第三章將會看到另一種單一項目印記，陣列。這是很重要的 Perl 觀念。印記不是告訴你變數的型別；而是告訴你如何存取該變數。

良好的變數命名習慣

選擇變數名稱應該跟變數的用途相關。例如，$r 可能就不夠清楚，$line_length 就清楚多了。如果你的變數只會在鄰近的兩三行程式中使用，那也可以取個簡單的名字，像 $n。如果整個程式都會用到這個變數，那取一個清楚的名字不只可以提醒你它的用途，也可以提醒其他人。你大部分的程式對你來說都很清楚明瞭,因為就是你寫的。然而其他人就不知道為何 $srly 對你來說是有意義的。

同樣地,適當使用底線可以使變數名稱容易閱讀和理解。尤其是維護的程式設計師和你的母語不同時。例如,$super_bowl(超級盃)比 $superbowl 的名稱要好,因為後者也可能被誤會為 $superb_owl(華麗的貓頭鷹)。$stopid 是 $sto_pid(是儲存(storing)PID 嗎?)還是 $s_to_pid(轉換某個東西成 PID?),或是 $stop_id(某個 stop 物件的 id?),或是它只是 stupid 的筆誤呢?

我們的 Perl 程式裡大部分變數名稱都是小寫,就如同你在本書中所見的。在少數特別的案例中會使用大寫字母。使用全大寫字母(例如 $ARGV)通常表示某種特殊變數。

當變數名稱有超過一個單字,有人會用 $underscores_are_cool(底線分隔),也有人會用 $giveMeInitialCaps(首字母大寫)。只要保持一致就好。你可以將變數以全大寫字母命名,但是最後你可能會用到 Perl 保留的特殊變數。如果你能避免使用全大寫變數名稱,那你就可以避免這個問題。

 perlvar 文件列出了所有的 Perl 特殊變數名稱,perlstyle 則有一般性程式設計風格的建議。

當然,變數命名的好或壞,對 Perl 來說都沒有差別。可以將程式最重要的變數命名為 $000000000、$00000000 和 $000000000,對 Perl 不會造成困擾 —— 但如果真是如此,拜託!千萬不要找我們維護你的程式。

純量賦值

純量變數最常見的操作是賦值(*assignment*),就是給變數一個值。Perl 賦值運算子是等號(就像其他程式語言一樣),它的左側是變數名稱,右側的運算式(expression)是要賦予它的值。例如:

```
$fred   = 17;          # 將 $fred 的值設為 17
$barney = 'hello';     # 將 $barney 的值設為有五個字元的字串 'hello'
$barney = $fred + 3;   # 將 $barney 的值設為 $fred 現在的值加 3(即 20)
$barney = $barney * 2; # 將 $barney 設為 $barney 的值乘以 2
```

請注意,最後一行使用了 $barney 兩次:一次是取得它的值(在等號右側),而另一次則是定義運算式計算好的值要放在何處(在等號左側)。這個做法是合法、安全也相當常見的。事實上,在下一節就會看到,它甚至常見到你可以使用方便的簡寫。

複合賦值運算子

像 $fred = $fred + 5 這樣的運算式（同樣的變數同時出現在賦值運算的兩側）很常見，所以 Perl（就像在 C 或 Java）提供了變更變數值的簡寫操作，就是複合賦值運算子（compound assignment operator）。幾乎所有計算值的二元運算子都有加上等號之相對應複合賦值形式。舉例來說，以下兩行程式碼是一樣的：

```
$fred  = $fred + 5; # 未使用複合賦值運算子
$fred += 5;         # 使用複合賦值運算子
```

下兩行也是等效的：

```
$barney  = $barney * 3;
$barney *= 3;
```

以上的例子，複合賦值運算子改變了變數的值，而不是以運算式的計算結果覆蓋原來的值。

另一個常見的賦值運算子是由字串的連接運算子（.）改造的附加運算子（.=）：

```
$str  = $str . " "; # 將 $str 後面加上一個空白
$str .= " ";        # 用附加運算子做一樣的事
```

幾乎所有的複合運算都能這樣使用。例如，取冪運算子（raise to the power of operator）能改成 **=。所以 $fred **= 3 表示取 $fred 值的三次方，再將結果存回 $fred。

以 print 輸出

通常能讓你的程式輸出一些結果是個不錯的構想；不然其他人可能會覺得這個程式沒什麼用途。透過 print 運算子就能夠做到：它接受一個純量引數，不加修飾地將它輸出到標準輸出。除非你做什麼什麼奇怪的事，不然它會輸出到你的終端機螢幕上。例如：

```
print "hello world\n"; # 印出 hello world 加上一個換行字元。

print " 答案是 ";
print 6 * 7;
print ".\n";
```

你也可以 print 一串以逗號分隔的值：

```
print " 答案是 ", 6 * 7, ".\n";
```

這其實是一個串列（list），不過我們尚未談到串列，所以稍後才會說明。

Perl v5.10 加入了比 print 稍微好一點的 say。它會在結尾自動加上換行字元：

```
use v5.10;
say " 答案是 ", 6 * 7, '.';
```

如果可以，請使用 say。本書中我們傾向使用 print，因為我們希望大部分的範例都能適用於還在使用 v5.8 的人。

在字串中插入純量變數

如果字串字面值是在雙引號內，除了檢查倒引號脫逸外，也可以進行 **變數插入**（*variable interpolation*）。字串內的純量變數名稱會被它當前的值所替換。例如：

```
$meal   = "brontosaurus steak";
$barney = "fred ate a $meal";    # $barney 現在是 "fred ate a brontosaurus steak"
$barney = 'fred ate a ' . $meal; # 另一種寫法
```

如最後一行所示，你可以不用雙引號達到一樣的結果，但是雙引號字串通常寫起來更方便。變數插入也稱為 **雙引號插入**，因為它都是在雙引號內（而非單引號）作用。它對 Perl 內某些其他字串也有作用，我們會在遇到的時候跟你說明。

如果純量變數從未被賦值，那就會以空字串取代：

```
$barney = "fred ate a $meat"; # $barney 現在是 "fred ate a "
```

你會在本章稍後介紹 undef 值時看到更多細節。

如果只是要輸出一個變數，不需插入：

```
print "$fred"; # 沒必要使用引號
print $fred;   # 這樣寫較佳
```

在單一變數加上引號沒有什麼問題，但是你沒有要建立一個更長的字串，所以是不必要的。

如果要在雙引號字串內放入錢符號，須在前面加上反斜線，以關閉錢符號的特殊意義：

```
$fred = 'hello';
print "The name is \$fred.\n";    # 印出錢符號
```

或是你可以在字串會有問題的地方避免使用雙引號：

```
print 'The name is $fred' . "\n"; # 如此也行
```

插入變數會取最長的合法變數名稱。這在你想替換的值後方緊接著字母、數字或底線時，可能會有問題。

Perl 檢查變數名稱時會認為後面的字元也是名稱的一部分。Perl 提供另一種類似 shell 使用的變數分隔符，只要將變數以大括號括起來就可以了。或是你就把字串分成兩半，後面的字串用連接運算子接起來：

```
$what = "brontosaurus steak";
$n = 3;
print "fred ate $n $whats.\n";          # 不是 steak，而是 $whats 的值
print "fred ate $n ${what}s.\n";        # 現在是 $what 了
print "fred ate $n $what" . "s.\n";     # 另一種方法
print 'fred ate ' . $n . ' ' . $what . "s.\n"; # 很麻煩的方法
```

如果你要在純量變數後使用左中括號或左大括號，請前置反斜線。如果變數名稱後緊跟著撇號（`）或一對冒號，也可以這樣做，或是使用前述的大括號表示法。

以碼點建立字元

有時候你想以鍵盤上無法輸入的字元來建立字串，如 é、å、α 或 א。如何輸入取決於使用的系統或編輯器，但是透過它們的碼點（code point）和 chr() 函式可以更容易地輸入：

```
$alef  = chr( 0x05D0 );
$alpha = chr( hex('03B1') );
$omega = chr( 0x03C9 );
```

本書預設使用 unicode 編碼，所以會使用碼點這個術語。在 ASCII 中，會使用序數值（ordinal value）來表示數值在其中的位置。更多 Unicode 的說明，請見附錄 C。

也可以使用 ord() 函式將字元轉換成碼點：

```
code_point = ord( 'א' );
```

可以將像其他變數一樣將它們插入雙引號字串中：

```
"$alpha$omega"
```

以 \x{} 的十六進位表示法來直接插入或許更方便：

```
"\x{03B1}\x{03C9}"
```

運算子優先順序與結合性

在複雜運算中哪一個運算先執行取決於運算子優先順序（precedence）。例如：運算式 2+3*4 中，會先加還是先乘呢。如果先加，就會得到 5*4 等於 20。但如果先乘（如我們以前在數學課學到的），就會得到 2+12 等於 14。幸運的是，Perl 選擇常見的數學定義，先乘。因此我們稱乘法比加法有較高的優先順序。

圓括號（也就是小括號）有最高度的優先順序。圓括號內會優先運算，然後才輪到圓括號外（如同數學課學的一樣）。若你想要在乘法前先算加法，可以用 (2+3)*4，等於 20。若想表明乘法比加法優先運算，可以加上圓括號 2+(3*4)，但是這圓括號其實是不必要的。

加法和乘法的優先順序很簡單，當碰到字串連接和取冪計算時，就會遇到問題了。解決方法就是查閱 perlop 文件中 Perl 官方的運算子優先順序，我們節錄部分於表 2-2。

表 2-2　運算子結合性與優先順序（最高到最低）

結合性	運算子
左	圓括號與串列運算子的引數
左	->
	++ -- （自動遞增與自動遞減）
右	**
右	\ ! ~ + - （一元運算子）
左	=~ !~
左	* / % x
左	+ - . （二元運算子）
左	>> <<
	具名一元運算子（ -x 檔案測試、rand）
	<<= >>= lt le gt ge （不相等運算子）
	== != <=> eq ne cmp （相等運算子）
左	&
左	| ^
左	&&
左	|| //
	.. ...

結合性	運算子
右	?:（條件運算子）
右	= += -= .=（和類似賦值的運算子）
左	, =>
	串列運算子（向右結合）
右	not
左	and
左	or xor

此表格中，任何運算子的優先順序都高於其下方所列運算子，低於其上方所列運算子。優先順序相同者，依結合性（*associativity*）來決定。

就像優先順序一樣，結合性規則也決定兩個相同優先順序運算子競爭三個運算元時的順序：

```
4 ** 3 ** 2    # 4 ** (3 ** 2)，即 4 ** 9 （向右結合）
72 / 12 / 3    # (72 / 12) / 3，即 6/3，也就是 2 （向左結合）
36 / 6 * 3     # (36/6)*3，即 18
```

第一個例子，** 運算子是向右結合，所以隱含的圓括號放在右邊。相對的，* 和 / 是向左結合，隱含的圓括號放在左邊。

你應該把優先順序表背起來嗎？不用！沒有人這樣做。當你忘記優先順序或懶得查表時，只要使用圓括號就好。畢竟，如果你在沒有圓括號的時候會忘記順序，維護程式的程式設計師也是一樣。所以對維護你程式的程式設計師好一點，有一天也可能是你。

比較運算子

比較數值時，Perl 有和代數運算相似的邏輯比較運算子：< <= == >= > !=。每個運算子都會回傳（真）或（假）。下一節你會學到這些回傳值。有些可能和你使用的其他程式語言不一樣。例如，相等是 ==，而不是 =，因為 = 是用來賦值的。而 <> 在 Perl 有其他用途，所以不相等是 !=。=> 在 Perl 也另有用途，所以大於等於是 >=。其實幾乎每種標點符號在 Perl 都有用途。所以當你文思枯竭時，讓你的貓在鍵盤上走一走，你再去除錯就好。

Perl 有一連串字串比較運算子來比對字串，它們看起來像是一些奇怪的縮寫：lt、le、eq、ge、gt 和 ne。這些運算子會比較字串的字元，看它們是否一樣，或是哪一個在字串排序上較前面。請留意 ASCII 或 Unicode 的字元順序可能和你想的不一樣。你會在第 14 章看到如何修正這個問題。

表 2-3 是比較運算子（數值和字串）

表 2-3　數值與字串比較運算子

比較	數值	字串
等於	==	eq
不等於	!=	ne
小於	<	lt
大於	>	gt
小於等於	<=	le
大於等於	>=	ge

以下是這些比較運算子的範例：

```
35 != 30 + 5        # 假
35 == 35.0          # 真
'35' eq '35.0'      # 假（當作字串來比較）
'fred' lt 'barney'  # 假
'fred' lt 'free'    # 真
'fred' eq "fred"    # 真
'fred' eq 'Fred'    # 假
' ' gt ''           # 真
```

if 控制結構

當你能比較兩個數值時，你可能希望程式可以根據比較結果做決定。就像其他程式語言一樣，Perl 也有 if 控制結構，只在 if 條件式回傳真值時執行：

```
if ($name gt 'fred') {
  print "'$name' 排在 'fred' 後面。\n";
}
```

如果還需要另一個選項，可以使用 else 關鍵字：

```
if ($name gt 'fred') {
  print "'$name' 排在 'fred' 後面。\n";
} else {
  print "'$name' 不是排在 'fred' 後面。\n";
  print "事實上，它可能是同一個字串。\n";
}
```

依條件判斷執行與否的程式碼一定要使用大括號區塊，這點和 C 語言不一樣（無論你是否學過 C）。如我們所呈現的，將區塊內的程式碼縮排是個好主意。如果你使用的是程式設計師用的文字編輯器，那他應該能幫你完成大部分的工作。

布林值

任何純量值都可以當作 if 控制結構的判斷條件。如果你將真假值放進變數內使用會很方便，例如：

```
$is_bigger = $name gt 'fred';
if ($is_bigger) { ... }
```

Perl 如何決定一個值是真或假呢？Perl 並不像其他程式語言有專門的布林（Boolean）資料型別。它使用一些簡單的規則來判斷：

- 如果是數值，0 表示假，所有其他數值皆為真。
- 如果是字串，空字串（''）和字串 '0' 是假，其他字串皆為真。
- 如果變數尚未賦值則為假。

若你要取得任何布林值的相反值，使用一元*反義*（*not*）運算子，!。若其後是真，它會回傳假；若其後為假，它會回傳真：

```
if (! $is_bigger) {
  # $is_bigger 不為真時執行本段程式
}
```

這裡有一個方便的技巧，因為 Perl 沒有布林型別，! 會回傳某個純量值表示真或假。1 和 0 是兩個很好的回傳值，所以有人會將資料標準化為這兩個值。為此，他們會使用兩個 ! 來將真轉換為假，再轉換為真（反之亦然）：

```
$still_true  = !! 'Fred';
$still_false = !! '0';
```

然而文件並未說明這樣一定會回傳 1 或 0，我們不認為這樣的行為在短時間內會有所改變。

取得使用者輸入

一路閱讀至此，你可能會好奇 Perl 程式要如何取得鍵盤輸入。這裡有一個簡單的方法：使用整行輸入運算子，<STDIN>。

<STDIN> 其實是運作在 STDIN 檔案代號的整行輸入運算子，但我們要到介紹檔案代號時（第 5 章）才會告訴你細節。

在程式中可以放純量值的地方使用 <STDIN>，Perl 會從標準輸入（*standard input*）讀取一整行（到第一個換行字元，包含此換行字元），並將 <STDIN> 的值當作字串。標準輸入可以有多種意義，但是除非你特別設定，不然就是執行程式使用者（可能就是你）的鍵盤。如果 <STDIN> 還沒有資料可讀取（通常是這種情形，除非你是先輸入好一整行資料），Perl 會停下來等你輸入字元，直到換行字元（按下 Enter 鍵）為止。

<STDIN> 的字串值結尾通常有一個換行字元，所以你可以這樣做：

```
$line = <STDIN>;
if ($line eq "\n") {
  print " 這只是一行空行！\n";
} else {
  print " 該行輸入的是： $line";
}
```

但實務上，你時常不需要保留換行字元，這時你就需要 chomp() 運算子。

chomp 運算子

你首次讀到 chomp() 運算子時，會覺得它用途實在很少。它只能用在一種變數，該變數必須是字串，如果字串結尾是換行字元，chomp() 會將換行字元移除。這（幾乎）就是它所做全部的事。例如：

```
$text = "a line of text\n"; # 或是從 <STDIN> 讀取的一樣字串
chomp($text);                # 去除換行字元
```

其實它很有用，你幾乎每個程式都會用到。如你所見，這是移除字串變數結尾換行字元的最好方式。事實上，因為 Perl 中需要變數的地方都可以用賦值取代，chomp() 有一個更簡單的用法。首先，Perl 會先賦值，再以你要求的方式使用該變數。所以 chomp() 用法多半像這樣：

```
chomp($text = <STDIN>); # 讀取文字，並去除結尾的換行字元

$text = <STDIN>;        # 做同樣的事 ....
chomp($text);           # 但分成兩個步驟
```

第一眼看來，合併 chomp() 似乎沒有比較容易，尤其它看起來更複雜！如果你把它想成兩項運算——讀進一行文字，再對它 chomp()，那寫成兩步驟比較自然。但如果你把它想成一項運算——讀進一行文字，但不包含換行字元，那寫成一個步驟就比較自然。因為大部分 Perl 程式設計師都會這樣寫，所以你最好現在就要習慣。

其實 chomp() 是一個函式（function）。如同函式一樣，它有回傳值，就是移除的字元數目。這個數值幾乎沒有用處：

```
$food = <STDIN>;
$betty = chomp $food;  # 會得到 1，但是我們早就知道了！
```

如你所見，你寫 chomp() 時，可以寫也可以不寫圓括號。這是另一個 Perl 的通則，除非移除它會改變運算式的意義，不然圓括號都是可有可無。

如果字串結尾有超過兩個換行字元，chomp() 只會移除一個。如果沒有換行字元，那它什麼都不會做，並回傳零。通常你不會在意它回傳什麼。

while 控制結構

就像大部分演算式程式語言（algorithmic programming languages），Perl 也有一些迴圈控制結構。while 迴圈在條件式為真時，會不斷重複執行區塊內的程式碼：

```
$count = 0;
while ($count < 10) {
  $count += 2;
  print "現在數到 $count\n";  # 顯示 2 4 6 8 10
}
```

老樣子，這裡的真假值就像 if 測試的真假值一樣。也像 if 控制結構一樣，大括號是必要的。條件式會在第一次迭代前先評估，所以如果條件式一開始就為假，迴圈有可能完全被略過。

總有一天你會不小心寫出一個無窮迴圈。你可以用終止一般程式的方法來終止它。通常按下 Ctrl-C 就可以終止控制不了的程式；請查閱系統文件以確認實際的方法。

undef 值

如果用了一個純量變數，卻尚未賦值，會有什麼結果呢？其實並不會發生什麼嚴重的事，也不會讓程式終止。變數在賦值前，會有一個 undef 值，這只是 Perl 在跟你說：「這裡什麼都沒有，走開！走開！」如果你試著把這個「什麼都沒有」當成數值來用，它會假裝成零。如果你將它當字串來用，它會假裝是空字串。但是 undef 既不是數值，也不是字串；它完全是另一種不同類型的純量值。

因為 undef 會自動假裝成零，很容易做出一個從零開始的數值累加器（numeric accumulator）。在使用 $sum 前，什麼都不用做：

```
# 累加一些奇數
$n = 1;
while ($n < 10) {
  $sum += $n;
  $n += 2; # 跳到下一個奇數
}
print "總和是 $sum.\n";
```

當 $sum 在迴圈開始前是 undef，程式就可以正確執行。迴圈第一次執行時 $n 是 1，所以迴圈內第一行程式會將 $sum 加 1。如同將現值是 0 的變數加 1（因為你將 undef 當作數值使用）。所以現在 $sum 的值是 1 了。接下來它已經被初始化過了，就像一般的方式繼續執行。

同樣地，你也可以做出從空字串開始的字串累加器（string accumulator）：

```
$string .= "更多文字 \n";
```

如果 $string 是 undef，它會當作是空字串，將 "更多文字 \n" 加到變數中。如果變數已經有字串了，新的文字會被附加在後方。

Perl 程式設計師常常會以這種方式使用新變數，讓它視需要當成零或空字串來使用。

許多運算子在引數超出範圍或不合理時會回傳 undef 值。如果沒做特別處理，你會得到零或空字串而不會有什麼嚴重的後果。實務來說，這不會有什麼問題。事實上，許多程式設計師就是利用這樣的結果來寫程式。但你該知道當開啟警告功能時，Perl 通常會對這種非正常使用方式提出警告，因為這可能是程式的 bug。例如，將一個變數的 undef 值複製到另一變數不會有問題，但是試著用 print 將它印出來就會引發警告訊息。

defined 函式

整行輸入運算子 <STDIN> 有時候會回傳 undef。正常來說，它會回傳一整行文字。但是如果輸入結束了，像是遇到「檔案結尾（end-of-file）」，它會回傳 undef 來表示此狀況。要分辨值是 undef 而不是空字串，可以用 defined 函式，它對 undef 會回傳假值，對其他 undef 以外的任何值都會回傳真：

```
$next_line = <STDIN>;
if ( defined($next_line) ) {
  print " 輸入的是 $next_line";
} else {
  print " 沒有可用的輸入！\n";
}
```

如果想自己建立 undef 值，可以使用同名的 undef 運算子：

```
$next_line = undef;  # 如同它從未被賦值過
```

習題

習題解答請見第 296 頁的「第 2 章習題解答」。

1. [5] 寫一個程式計算半徑 12.5 時的圓周長是多少。圓周長是半徑乘上 2 倍 π（大約是 3.141592654 的兩倍）。算出的答案約略是 78.5。

2. [4] 修改上題的程式，提示使用者輸入半徑。所以當使用者輸入 12.5 時，會得到和前一題一樣的結果。

3. [4] 修改上題的程式，當使用者輸入小於零的數值時，回報圓周長為 0，而不是負值。

4. [8] 寫一個程式提示並讀取兩個數值（分別以不同行輸入），印出兩個數值相乘的積。

5. [8] 寫一個程式提示並讀取一個字串和一個數值（分別以不同行輸入）。將字串重複該數值的次數並列印出來。（提示：使用 x 運算子。）若使用者輸入「fred」和「3」，會輸出三行「fred」。若使用者輸入「fred」和「299792」，就會有非常大量的輸出結果。

## 第三章

串列與陣列

如果純量如第 2 章開頭所述在 Perl 中表示單數（singular），那 Perl 中的複數（plural）就是串列和陣列。

串列（*list*）是純量的有序集合。**陣列**（*array*）則是包含串列的變數。人們常會交互使用這兩個詞，但是其實它們有很大的區別。串列是資料，陣列則是儲存該資料的變數。串列值可以不在陣列內，每個陣列變數都會包含串列（雖然有可能有空串列）。圖 3-1 呈現一個串列，無論它是否儲存在陣列中。

因為串列和陣列有許多相同的操作，就像純量值和變數一樣，所以我們會一起介紹，不過不要忘了它們的差異。

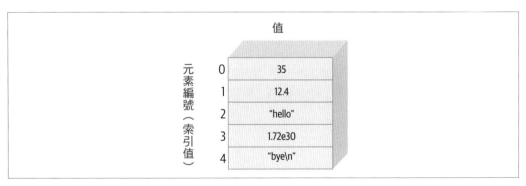

圖 3-1　含有五個元素的串列

陣列或串列的每個元素（element）都是個別的純量值。這些數值是有序的——意思是從第一個到最後一個元素有特別的序列。陣列或串列之元素的索引（index）是從零開始的整數，每次加 1，所以陣列或串列的第一個元素都是元素 0。這也表示最後一個索引值比元素的數目少 1。

因為每個元素都是獨立的純量值，所以串列或陣列可能包含數值、字串、undef 值或不同純量值的混合。然而常見的是所有元素都是相同型別，例如書名（都是字串）的串列，或是餘弦函數值（都是數值）的串列。

陣列和串列可以有任意數目的元素。最小的是沒有任何元素，而最大的可以填滿所有可用記憶體。又一次的，這和 Perl「無不必要限制」的哲學一致。

存取陣列元素

如果你在其他程式語言使用過陣列，當你發現 Perl 用下標（subscript）方式以數值索引值來參考元素，應該也不會感到意外。

陣列元素以連續整數來編號，從 0 開始，每個元素增加 1，如下^{譯註}：

```
$fred[0] = "yabba";
$fred[1] = "dabba";
$fred[2] = "doo";
```

陣列名稱（在本例為 fred）的命名空間（namespace）和純量變數的是完全不同的，所以在同一個程式可以有名為 $fred 的純量變數，Perl 會將兩者視為不同的東西，不會搞混。（維護你程式的工程師會搞混，所以不要隨便將你的變數取相同名稱！）

在（幾乎）任何可以接受純量變數的地方，都可以使用陣列元素，例如 $fred[2]。舉例來說，你可以取得陣列元素的值，或是以第二章所使用的運算式來改變它的值：

```
print $fred[0];
$fred[2]  = "diddley";
$fred[1] .= "whatsis";
```

譯註　本章的開始的範例人物名稱都取材自卡通「摩登原始人（The Flintstones，亦有譯為：石頭族樂園）」，人物多半以石頭名稱作為姓氏。

下標可以是任何能產生數值的運算式。假如它不是整數，Perl 會自動捨去小數部分（不會進位！）：

```
$number = 2.71828;
print $fred[$number - 1]; # 和 print $fred[1] 一樣
```

如果索引值超出陣列的尾端，相對應的值是 undef。這點和一般的純量變數一樣；如果你沒有在變數儲存值，它的值就是 undef：

```
$blank = $fred[ 142_857 ]; # 未使用的陣列元素會是 undef 值
$blanc = $mel;             # 未使用的純量變數 $mel 也會是 undef
```

特殊的陣列索引值

如果你賦值給超過陣列尾端的元素；陣列會視需要自動延伸長度 —— 只要給 Perl 足夠的記憶體，陣列長度沒有上限。Perl 在需要時會建立中間的元素，並將它們設為 undef 值：

```
$rocks[0]  = 'bedrock';      # 一個元素 ...
$rocks[1]  = 'slate';        # 另一個 ...
$rocks[2]  = 'lava';         # 再一個 ...
$rocks[3]  = 'crushed rock'; # 再來一個 ...
$rocks[99] = 'schist';       # 現在有 95 個值為 undef 的元素
```

有時候你要找出陣列最後一個元素。陣列 rocks 最後一個元素索引值是 $#rocks。但是 $#rocks 並不等於陣列元素個數，因為還有一個編號 0 的元素：

```
$end = $#rocks;                  # 99，即最後一個元素的索引值
$number_of_rocks = $end + 1;     # 正確，但後面會看到更好的方法
$rocks[ $#rocks ] = 'hard rock'; # 最後一種石頭
```

如上例使用 $#name 當索引值是很常見的做法，所以 Larry 提供了一個簡寫：從陣列尾端往前算的負陣列索引值。但是不要認為這些超過陣列大小的索引值還會繞回來。如果陣列有三個元素，有效的負索引值是 -1（最後一個元素）、-2（中間的元素）和 -3（第一個元素）。如果你用 -4 或是更小的負數，你只會得到 undef 值。實際上沒有人會用 -1 以外的負索引值：

```
$rocks[ -1 ]   = 'hard rock';   # 比前一個例子更簡單的方法
$dead_rock     = $rocks[-100];  # 取得 'bedrock'
$rocks[ -200 ] = 'crystal';     # 嚴重錯誤！
```

串列字面值

串列字面值（*list literal*，即程式中表示串列的方式）以圓括號包圍之逗號分隔的值。這些值構成串列的元素，例如：

```
(1, 2, 3)       # 包含 1、2 和 3 三個值的串列
(1, 2, 3,)      # 同樣三個值（結尾的逗號會被忽略）
("fred", 4.5)   # 兩個值，"fred" 和 4.5
( )             # 空串列－0 個元素
```

如果每個值都照順序排列，你不需要一個一個輸入。**範圍運算子**（*range operator*）..會從左側純量到右側純量，每次加一，建立每一個值。例如：

```
(1..100)        # 100 個整數的串列
(1..5)          # 同 (1, 2, 3, 4, 5)
(1.7..5.7)      # 同 (1..5)；兩側數值小數部分會被捨去
(0, 2..6, 10, 12) # 同 (0, 2, 3, 4, 5, 6, 10, 12)
```

範圍運算子只能往上計數，所以這樣做是不可行的，你會得到空串列：

```
(5..1)          # 空串列；.. 只能往上計數
```

串列字面值的元素不必都是常數；也可以是每次用到都重新求值的運算式。例如：

```
($m, 17)        # 兩個值：$m 目前的值和 17
($m+$o, $p+$q)  # 兩個值
($m..$n)        # 範圍由 $m 和 $n 目前的值決定
(0..$#rocks)    # 前一節範例中陣列 rocks array 的所有索引值
```

qw 縮寫

串列可能包含任何純量值，像這個典型的字串串列：

```
("fred", "barney", "betty", "wilma", "dino")
```

Perl 的程式經常會用簡單的單字串列（如同前一個例子）。qw 縮寫可以不用輸入許多額外的引號：

```
qw( fred barney betty wilma dino ) # 同上例，但更簡單
```

qw 是「quoted words（加上引號的單字）」或「quoted by whitespace（以空白當引號）」，說法因人而異。無論是哪一種說法，Perl 都是將其視為單引號字串（所以在 qw 串列中無法如雙引號字串一樣使用 \n 或 $fred）。空白（空格、tab 字元和換行字元）

會被忽略，剩下的部分則成為串列項目。因為空白不重要，所以有另一種寫法（但不常見）：

```
qw(fred
   barney      betty
wilma dino)  # 同上例，但空白的間隔很奇怪
```

因為 qw 算是一種引號，所以不能在其中加上註解，有些人喜歡以一列一個元素的格式來寫串列，讓串列容易閱讀：

```
qw(
    fred
    barney
    betty
    wilma
    dino
)
```

前兩例使用圓括號，但 Perl 允許你使用任何標點符號當分隔符。這裡有一些常用的案例：

```
qw! fred barney betty wilma dino !
qw/ fred barney betty wilma dino /
qw# fred barney betty wilma dino #    # 和註解井字號一樣
```

有時候前後兩個分隔符是不同的。如果開頭的分隔符是這些「左」字元，那結尾分隔符就要用對應的「右」字元：

```
qw( fred barney betty wilma dino )
qw{ fred barney betty wilma dino }
qw[ fred barney betty wilma dino ]
qw< fred barney betty wilma dino >
```

如果需要在字串中使用這些結尾分隔符，那你可能挑錯分隔符了。但若你無法或不想改變分隔符，你仍然可以透過反斜線來使用這個分隔符字元：

```
qw! yahoo\! google ask msn ! # 將 yahoo! 當作元素
```

如同單引號字串，兩個連續的反斜線表示項目中的一個反斜線：

```
qw( 這是真正的反斜線 \\ );
```

雖然 Perl 的座右銘是「辦法不只一種（There's More Than One Way To Do It）」，但是你可能會想說，是誰需要這麼多種方法啊！嗯，你之後會看到 Perl 還有其他種使用同樣

規則的引號，很方便使用。但是即使如此，若你需要使用 Unix 檔名串列，這規則就很
有用：

```
qw{
    /usr/dict/words
    /home/rootbeer/.ispell_english
}
```

如果你使用 / 當分隔符的話，那這個串列就會很不容易閱讀、撰寫和維護了。

串列賦值

就像將純量值賦值到變數一樣，也可以將串列值賦值到變數：

```
($fred, $barney, $dino) = ("flintstone", "rubble", undef);
```

左側串列中的三個變數會取得新的值，就如同你做三次賦值。因為右側串列在賦值前會
先建立，所以在 Perl 要交換兩個變數的值是很簡單的：

```
($fred, $barney) = ($barney, $fred); # 交換兩個變數的值
($betty[0], $betty[1]) = ($betty[1], $betty[0]);
```

但如果變數的個數（等號左側）不等於值的個數（等號右側）會怎麼樣呢？在串列賦值
中，多餘的值會被忽略——Perl 認為如果你想將值儲存在某處，那你要告訴它該放在哪
裡。相反地，如果變數太多個，額外的變數會取得 undef 值（或空串列，稍後會看到）：

```
($fred, $barney) = qw< flintstone rubble slate granite >; # 兩個項目被忽略
($wilma, $dino)  = qw[flintstone];                        # $dino 會被設為 undef
```

現在你會對串列賦值後，你可以以一行程式碼建立字串陣列：

```
($rocks[0], $rocks[1], $rocks[2], $rocks[3]) = qw/talc mica feldspar quartz/;
```

但當你想指稱整個陣列時，Perl 有一種簡單的表示法。在陣列名稱前使用 @ 符號（而且
後方不加上索引值中括號）來使用整個陣列。你可以將它讀作「全部的（all of the）」，
所以 @rocks 是「全部的 rock」。這在賦值運算子兩側都適用：

```
@rocks   = qw/ bedrock slate lava /;
@tiny    = ( );                      # 空串列
@giant   = 1..1e5;                   # 有 100,000 個元素的串列
@stuff   = (@giant, undef, @giant);  # 有 200,001 個元素的串列
$dino    = "granite";
@quarry  = (@rocks, "crushed rock", @tiny, $dino);
```

最後一項賦值將 @quarry 設為有五個元素的串列（bedrock, slate, lava, crushed rock, granite），因為 @tiny 是沒有任何元素賦值給此串列。特別的是，它被未增加 undef 到此串列——但是你可以明確地這麼做，如同我們對 @stuff 所做的一樣。值得注意的是，陣列名稱會展開他們所包含的串列。因為這些陣列只能包含純量，不能包含其他陣列，所以陣列不會成為串列的一個元素。陣列變數的值尚未被賦值前是空串列，即 ( )。如同新的、空的純量變數初始值是 undef，新的、空的陣列初始值是空串列。

 在《*Intermediate Perl*》一書中 [1]，我們會介紹參照（references），能讓你做出建立「串列的串列（lists of lists）」，以及其他有趣又有用的結構。請參閱 perldsc 文件 [2]，它值得一讀。

當你從一個陣列複製到另一個陣列時，仍然屬於串列賦值。串列只是儲存在陣列中。例如：

```
@copy = @quarry;  # 把串列從一個陣列複製到另一個
```

pop 與 push 運算子

要新增項目到陣列結尾，只要將它們儲存到新的、更大索引值的元素就可以了。

將陣列當成堆疊（stack）用是很常見的做法，新增和移除資料都是從串列的右手邊進行。右手邊是陣列最後一個項目那一端，有最大的索引值。因為這類操作很常見，所以有自己的特殊函式。可以把它想成一疊盤子。（如果你和大多數人一樣）你從這疊盤子最上方拿盤子，也從最上方放盤子。

pop 運算子會取出陣列最後一個元素並回傳：

```
@array   = 5..9;
$fred    = pop(@array);  # $fred 會是 9，@array 現在是 (5, 6, 7, 8)
$barney = pop @array;    # $barney 會是 8，@array 現在是 (5, 6, 7)
pop @array;              # @array 現在是 (5, 6)。（7 被丟棄了。）
```

最後的例子是在空語境（*void context*）使用 pop，空語境只是一個比較炫的說法，來說明回傳值無處可傳。如果這就是你要的，那這樣使用 pop 並沒有錯。

如果陣列是空的，pop 不會改變它（因為沒有元素可以移除），並回傳 undef。

1　*https://learning.oreilly.com/library/view/intermediate-perl-2nd/9781449343781/*

2　*https://perldoc.perl.org/perldsc*

你可能注意到，pop 後面有沒有圓括號都可以。這是 Perl 的一個通則，只要移除圓括號不會改變運算式的意義，圓括號都是可有可無。和 pop 相反的運算子是 push，它會加一個元素（或一串元素）到陣列的尾端：

```
push(@array, 0);       # @array 現在是 (5, 6, 0)
push @array, 8;        # @array 現在是 (5, 6, 0, 8)
push @array, 1..10;    # @array 現在多了 10 個元素
@others = qw/ 9 0 2 1 0 /;
push @array, @others;  # @array 現在有 5 個新的元素（共 19 個）
```

請注意 push 的第一個引數或 pop 唯一的引數必須是陣列變數——push 和 pop 操作對串列是沒有意義的。

shift 與 unshift 運算子

push 和 pop 是對陣列尾端進行操作（或陣列的右側，或最大索引值的部分，看你想怎麼解釋）。類似地，unshift 和 shift 運算子是對陣列的開頭進行操作（或陣列的左側，或最小索引值的部分）。以下是一些範例：

```
@array = qw# dino fred barney #;
$m = shift(@array);      # $m 取得 "dino"，@array 現在是 ("fred", "barney")
$n = shift @array;       # $n 取得 "fred"，@array 現在是 ("barney")
shift @array;            # @array 現在是空的
$o = shift @array;       # $o 會是 undef，@array 仍然是空的
unshift(@array, 5);      # @array 現在是一個元素的串列 (5)
unshift @array, 4;       # @array 現在是 (4, 5)
@others = 1..3;
unshift @array, @others; # @array 現在是 (1, 2, 3, 4, 5)
```

與 pop 相似，如果傳給 shift 一個空陣列變數，它會回傳 undef。

splice 運算子

push-pop 和 shift-unshift 運算子是對陣列的兩端操作，但如果想要移除或新增中間的元素呢？這就是 splice 的守備範圍了。它需要四個引數，其中兩個是選擇性的。第一個引數一定是陣列，第二個引數是你想開始的位置。如果只有這兩個引數，Perl 會移除從你開始位置到結尾的所有元素並回傳給你：

```
@array = qw( pebbles dino fred barney betty );
@removed = splice @array, 2;  # 移除 fred 及其後所有元素
                              # @removed 現在是 qw(fred barney betty)
                              # @array 現在是 qw(pebbles dino)
```

可以使用第三個引數指定長度。請再讀一遍上一句話,因為許多人認為第三個引數是結束位置,但並不是,它是長度。這樣可以從中間移除元素,並在結尾保留一些元素:

```
@array = qw( pebbles dino fred barney betty );
@removed = splice @array, 1, 2; # 移除 dino, fred
                               # @removed 現在是 qw(dino fred)
                               # @array 現在是 qw(pebbles barney betty)
```

第四個引數是一個替代串列。在你移除一些元素的同時,可以放進其他元素。替代串列的元素個數和移除切片(slice)元素個數不必相同:

```
@array = qw( pebbles dino fred barney betty );
@removed = splice @array, 1, 2, qw(wilma); # 移除 dino, fred
                               # @removed 現在是 qw(dino fred)
                               # @array 現在是 qw(pebbles wilma
                               #                    barney betty)
```

你不一定要移除任何元素。如果指定長度為 0,也可以不移除元素,同時插入「替代」串列:

```
@array = qw( pebbles dino fred barney betty );
@removed = splice @array, 1, 0, qw(wilma); # 未移除任何元素
                               # @removed 現在是 qw()
                               # @array 現在是 qw(pebbles wilma dino
                               #                    fred barney betty)
```

注意 wilma 會出現在 dino 前。Perl 會從索引值 1 開始插入替代串列,並將其他元素往後移。

splice 對你來說可能不是什麼大問題,但是在其他程式語言中,這卻是件麻煩事,許多程式設計師為了這個目的花費不少心力開發複雜的技術,像是鏈結串列。Perl 會為你處理這些瑣碎的細節。

在字串中插入陣列

和純量一樣,你可以在雙引號字串中插入陣列值。Perl 會展開陣列,並在每個元素間自動加上空格,再將結果插入字串中:

```
rocks = qw{ flintstone slate rubble };
print "quartz @rocks limestone\n";  # 印出以空格分隔的五個石頭
```

插入的陣列前後不會加上額外的空格。如果你需要，必須自己加上去：

```
print " 三種石頭是： @rocks。\n";
print " 括號內 (@empty) 空無一物。\n";
```

如果你忘記這種陣列插入方式，當你將電子郵件地址插入雙引號字串時可能會嚇一跳：

```
$email = "fred@bedrock.edu";   # 錯誤！這會試著插入 @bedrock
```

雖然你可能真的想要用電子郵件地址，Perl 看到的是名為 @bedrock 的陣列，並試著將它插入。你可能會看到一則警告訊息，這取決於 Perl 的版本：

```
Possible unintended interpolation of @bedrock
```

要解決這個問題，可以脫逸（escape）雙引號字串中的 @，或是使用單引號字串：

```
$email = "fred\@bedrock.edu"; # 正確
$email = 'fred@bedrock.edu';  # 另一種可行方法
```

陣列中單一元素的值插入字串中，就如同純量變數一樣：

```
@fred = qw(hello dolly);
$y = 2;
$x = " 這是 $fred[1] 的家 ";     # " 這是 dolly 的家 "
$x = " 這是 $fred[$y-1] 的家 "; # 同上
```

請注意，索引值運算式會當作字串外的一般運算式來評估，並不會做變數插入。換句話說，如果 $y 包含字串 "2*4"，結果仍然是 1 而不是 7，因為字串 "2*4" 被當成數值（$y 的值被用於數值運算式）來看仍然是 2。

如果想要在簡單的純量變數後使用左中括號，需先將此中括號隔開使它不會被認為是陣列索引的一部分，方法如下：

```
@fred = qw(eating rocks is wrong);
$fred = "right";                 # 我們想說的是 "this is right[3]"
print "this is $fred[3]\n";      # 會使用 $fred[3] 印出 "wrong"
print "this is ${fred}[3]\n";    # 印出 "right" （受到大括號保護）
print "this is $fred"."[3]\n";   # 也是正確的 （不同的字串）
print "this is $fred\[3]\n";     # 這樣也正確 （被反斜線隱藏）
```

foreach 控制結構

若能一次處理整個陣列或串列那會很方便，所以 Perl 提供了一個控制結構來做這件事。foreach 迴圈遍歷所有串列值，對每個值執行一次迭代（一次迴圈內的操作）：

```
foreach $rock (qw/ bedrock slate lava /) {
  print " 一個石頭是 $rock。\n";  # 印出三種石頭的名稱。
}
```

每次迭代時，控制變數（此例為 $rock）都會從串列中取一個新值。第一次執行迴圈時，其值為 "bedrock"；第三次時，其值為 "lava"。

控制變數並非串列元素的複本——它就是串列元素本身。也就是說，當你在迴圈內修改控制變數，你等於是修改該元素本身，隨後的程式碼片段會示範。這是很有用且 Perl 支援的，但如果你沒有有預期到它的結果，你會大吃一驚：

```
@rocks = qw/ bedrock slate lava /;
foreach $rock (@rocks) {
  $rock = "\t$rock";        # 在 @rocks 每個元素前加上 tab 字元
  $rock .= "\n";            # 在每個元素後加上換行字元
}
print " 石頭是：\n", @rocks;  # 每行一個，且都會縮排
```

迴圈完成後，控制變數的值是什麼呢？它會還原回迴圈執行前的值。Perl 會自動儲存和還原 foreach 迴圈控制變數的值。當迴圈執行時，無法存取或改變儲存的值。所以迴圈結束後，控制變數會是迴圈執行前的值，如果原先沒有值，那就會是 undef：

```
$rock = 'shale';
@rocks = qw/ bedrock slate lava /;

foreach $rock (@rocks) {
  ...
}

print " 石頭仍然是 $rock\n"; # ' 石頭仍然是 shale'
```

這表示如果將迴圈控制變數命名為 $rock，不用擔心已經在其他變數名稱用過這個名字。在第 4 章介紹過副程式後，我們會告訴你更好的方法。

 上一例的三個點（...）在 Perl 裡是有效的程式碼。它是 v5.12 加入的佔位符。它可以編譯，但程式遇到它則會引發嚴重錯誤。有一個範圍運算子和它長得很像，但是這個是獨立使用的，叫做 *yada yada* 運算子。

Perl 最愛的預設變數：$_

如果你在 foreach 迴圈開頭省略了控制變數，Perl 會用他最愛的預設變數，$_。它除了名稱特別以外，和純量變數（幾乎）完全一樣。例如：

```
foreach (1..10) {  # 預設使用 $_
  print " 我會數到 $_ ! \n";
}
```

雖然它並非 Perl 唯一的預設值，它卻是 Perl 最常用的。在之後許多案例中，當你沒有告訴 Perl 要用什麼其他變數或值時，你會看到 Perl 會自動使用 $_，這可以節省許多程式設計師思考和輸入新變數名稱的心力。我們不賣關子，這其中一個例子就是 print，如果沒有提供引數，就會直接輸出 $_：

```
$_ = "Yabba dabba doo\n";
print;  # 預設輸出 $_ 的值
```

reverse 運算子

reverse 運算子會讀取一串值（通常來自陣列），再將它們的順序反轉後輸出。所以如果你對範圍運算子只能往上數失望的話，可以這樣解決：

```
@fred   = 6..10;
@barney = reverse(@fred);  # 取得 10, 9, 8, 7, 6
@wilma  = reverse 6..10;   # 不用陣列得到一樣的結果
@fred   = reverse @fred;   # 將結果存回原來的陣列
```

最後一行值得注意，因為 @fred 被使用了兩次。Perl 在賦值前，會先計算要賦的值（等號右側）。

請記住 reverse 運算子會回傳順序反轉的串列；它不會影響自己的引數，如果回傳值沒有被賦值到任何地方，那就毫無用處。

```
reverse @fred;          # 錯誤 - 這樣不會改變 @fred
@fred = reverse @fred;  # 好多了
```

sort 運算子

sort 運算子會讀取一串值（通常來自陣列），再將它們以內部字元順序排序。對字串來說，這會是碼點順序。在 Perl 支援 Unicode 前，是根據 ASCII 的順序來排序，但 Unicode 維持原來的順序，並定義了更多字元的順序。所以，碼點順序很奇怪，大寫字母排在小寫字母之前，數字排在字母之前，標點符號則散佈各處。但以這樣的順序排序只是預設的行為；在第 14 章你會看到如何以你想要的順序排序。sort 運算子讀取一個輸入串列，將它排序，然後輸出一個新的串列：

```
@rocks   = qw/ bedrock slate rubble granite /;
@sorted  = sort(@rocks);        # 變成 bedrock, granite, rubble, slate
@back    = reverse sort @rocks; # 變成從 slate 排到 bedrock
@rocks   = sort @rocks;         # 將排序後的結果存回 @rocks
@numbers = sort 97..102;        # 變成 100, 101, 102, 97, 98, 99
```

如你在最後一個例子所見，將數字以字串的方式排序，結果可能不如預期。當然，根據預設的排序規則，任何 1 開頭的字串，應該排在 9 開頭字串的前面。就像 reverse 一樣，引數本身不會受到影響。如果要對陣列排序，必須將排序結果存回陣列：

```
sort @rocks;              # 錯誤，這不會改變 @rocks
@rocks = sort @rocks;     # 現在石頭依序排列好了
```

each 運算子

從 v5.12 開始，可以在陣列使用 each 運算子。在之前的版本，只能對雜湊使用 each，我們在第 6 章才會談到。每次對陣列呼叫 each，它會為陣列的下一個元素回傳兩個值——值的索引值和值本身：

```
require v5.12;

@rocks = qw/ bedrock slate rubble granite /;
while( ( $index, $value ) = each @rocks ) {
    print "$index: $value\n";
}
```

> 我們在此處使用 require 是因為 use v5.12 會使用「嚴格（stric）」模式。到第 4 章我們才會教你如何解決，所以我們在此先提出來，你下一章就會了解。

如果你不用 each，你必須迭代陣列所有的索引值來取得對應的值：

```
@rocks   = qw/ bedrock slate rubble granite /;
foreach $index ( 0 .. $#rocks ) {
    print "$index: $rocks[$index]\n";
}
```

你可以根據需求選擇方便的做法。

純量語境與串列語境

這是本章最重要的一節。事實上,這是本書最重要的一節。就算我說整個 Perl 程式設計的生涯取決於你對本節的理解也絕不誇大。所以如果你之前都是隨意翻閱本書的話,現在該是你聚精會神的時候了。

這並不是說本節有多艱深難懂。它其實是一個簡單的觀念:一個運算式根據它出現的位置和使用方法不同而有不一樣的意義。這對你而言並不是新鮮事;這在自然語言很常見。例如,在英語中,假設有人問你「flies」是什麼意思。它的意義會根據用法而不同。除非你知道使用的**語境**(*context*),否則無法確認它的意思。

語境是指使用運算式的方式。你其實已經看過一些數值和字串的語境操作。當你進行數值類的運算時,會得到數值的結果。當你進行字串類的運算時,會得到字串的結果。而且是運算子,而非值,來決定進行什麼運算。* 在 2*3 是進行數值的乘法,而 x 在 2x3 是字串的複製。前者的結果是 6,後者則是 222,這就是語境的功能。

Perl 解析運算式時,它會預期它是純量值或串列值(或空 void,本書不會提及)。Perl 的預期稱為運算式語境:

```
42 + something  # 此 something 必須為純量
sort something  # 此 something 必須為串列
```

就像我們說的語言。如果我們有文法錯誤,你會立刻注意到錯誤,因為我們會在特定位置預期特定的單字。最後,你也能以此方法來閱讀 Perl 程式,但一開始時你要先思考一下。

即使字元順序完全相同,仍然可能在一種情況下產生純量,在另一種情況下產生串列。Perl 的運算式一定會回傳符合其語境下適當的值。以陣列名稱為例,在串列語境下,它會產生一串元素。但是在純量語境下,它會回傳陣列的元素個數:

```
@people = qw( fred barney betty );
@sorted = sort @people;  # 串列語境:barney, betty, fred
$number = 42 + @people;  # 純量語境:42 + 3,即 45
```

即使是普通的賦值運算(對純量或串列)也會有不同的語境:

```
@list = @people; # 有三個人的串列
$n = @people;    # 數字 3
```

但請不要立刻下結論認為純量語境一定會得到串列語境下回傳之元素的個數。大多數串列生成運算式會回傳更有趣的東西。

運算式會產生串列或純量取決於所在的語境。所以當我們說「串列生成運算式」時，是指通常在串列語境使用的運算式，當他們非預期在純量語境使用時，可能會讓你嚇一跳（像是 reverse 或 @fred）。

不只如此，你無法對你所了解的不同運算式制定通用原則。每個運算式都有自己的規則。或實際上遵循對你不是很有用的總則：做該語境最有意義的事。Perl 是為你做最常見、最正確事情的程式語言。

在純量語境使用串列生成運算式

有許多你通常會用來產生串列的運算式。如果你在純量語境用它，結果會怎麼樣呢？聽聽該操作的作者怎麼說。這個人通常是 Larry，他會在文件中詳細說明。事實上，學習 Perl 有一大部分是在學習 Larry 會怎麼思考。因此，一旦你能像 Larry 一樣思考，你就會知道 Perl 會怎麼做。但是在學習時，你可能要鑽研說明文件。

有些運算式根本沒有純量語境值。例如，sort 該在純量語境回傳什麼呢？你不需要排序一個串列來計算它的元素個數，所以除非有人提出其他實作方式，不然 sort 在純量語境下都會回傳 undef。

另一個例子是 reverse。在串列語境下，它會回傳順序反轉的串列。在純量語境下，它會回傳順序反轉的字串（先將所有字串連接在一起，再將結果中的字元順序反轉）：

```
@backwards = reverse qw/ yabba dabba doo /;
    # 結果為 doo, dabba, yabba
$backwards = reverse qw/ yabba dabba doo /;
    # 結果為 oodabbadabbay
```

剛開始很難一下子就看出運算式是用在純量語境或串列語境。不過相信我，最後它會變成你的第二天性。

這裡列出一些可以讓你上手的常用語境：

```
$fred = something;          # 純量語境
@pebbles = something;       # 串列語境
($wilma, $betty) = something; # 串列語境
($dino) = something;        # 仍然是串列語境！
```

別被只有單一元素的串列騙了；最後一個例子是串列語境，不是純量語境。此處的圓括號很重要，它使第四個例子和第一個例子截然不同。若對串列賦值（不管元素個數），它就是串列語境。如對陣列賦值，它還是串列語境。

以下是你曾經看過的一些運算式和它們提供的語境。首先是有些運算式會提供純量語境給 *something*：

```
$fred = something;
$fred[3] = something;
123 + something
something + 654
if (something) { ... }
while (something) { ... }
$fred[something] = something;
```

接著是會提供串列語境的運算式：

```
@fred = something;
($fred, $barney) = something;
($fred) = something;
push @fred, something;
foreach $fred (something) { ... }
sort something
reverse something
print something
```

在串列語境使用純量生成運算式

這裡的轉換就很直覺：如果運算式的結果沒有串列值，那純量值會自動被提升成單一元素串列：

```
@fred = 6 * 7; # 成為只有單一元素的串列（42）
@barney = "hello" . ' ' . "world";
```

嗯，這裡有一個陷阱，因為 undef 是純量值，將 undef 賦值給陣列並不會將陣列內容清除。直接以空串列賦值是比較好的做法：

```
@wilma = undef;  # 糟糕！變成單一元素串列（undef）
    # 和以下範例不同：
@betty = ( );     # 清空陣列的正確做法
```

強制使用純量語境

有時候，在 Perl 預期是串列語境的地方，你可能想要強制使用純量語境。在這種情況，可以使用假函式 scalar。它並非真的函式，只是告訴 Perl 要提供純量語境：

```
@rocks = qw( talc quartz jade obsidian );
print "你有幾種石頭呢？\n";
print "我有 ", @rocks, " 種石頭 \n";           # 錯誤，印出石頭的名稱了
print "我有 ", scalar @rocks, " 種石頭 !\n";    # 正確，變成數字了
```

奇怪的是沒有相對應的函式來強制使用串列語境。最後你將會發現沒有這個需要。這點請再次相信我們。

串列語境中的〈STDIN〉

我們之前看過整行輸入運算子 <STDIN> 會在串列語境下回傳不同的值。就像之前提過的，<STDIN> 會在純量語境回傳下一行輸入。在串列語境下，它會回傳剩下所有的輸入行，直到檔案結尾（end-of-file）。他會將每一行當作串列的不同元素回傳。例如：

```
@lines = <STDIN>; # 以串列語境讀取標準輸入
```

當輸入是來自檔案時，會讀取檔案的剩餘部分。當從鍵盤輸入時，如何輸入檔案結尾呢？在 Unix 或類似的系統（包含 Linux 和 macOS），你可以按下 Ctrl-D 讓系統知道輸入結束了；這個特殊字元雖然會顯示在螢幕上，但並不會被 Perl 看見。在 DOS/Windows 系統，要按 Ctrl-Z。如果不是這些系統，請查看系統文件或請教在地專家。

有一個影響部分 DOS/Windows 版本 Perl 的 bug，接著 Ctrl-Z 輸入的第一行會被隱藏。在這些系統，你可以在讀取輸入後，印出一行空白行（\n）來解決。

如果程式使用者輸入三行，並輸入檔案結尾字元，產生的陣列會有三個元素。對應三行以換行字元結束的每行輸入，每個元素會是以換行字元結束的字串。

如果讀取這些輸入行可以一次 chomp 掉全部的換行字元，那不是更棒嗎？其實你將這些含有輸入行串列的陣列傳給 chomp，它會移除串列每個元素的換行字元。例如：

```
@lines = <STDIN>; # 讀取所有輸入行
chomp(@lines);    # 去除所有換行字元
```

最常見的做法和你之前寫過的程式碼類似：

```
chomp(@lines = <STDIN>); # 讀取輸入行，不包含換行字元
```

你可以依自己的喜好決定怎麼寫，不過大部分 Perl 程式設計師會選擇第二種更簡潔的方式。

一旦這些輸入行被讀取後就無法再重新讀取，這對你來說可能理所當然（不過不是每個人都如此）。一旦讀取到檔案結尾，就不會再有其他輸入可以讀取了。

如果從 4TB 大小的日誌檔案（logfie）讀取會怎麼樣呢？整行輸入運算子會讀取所有的資料行，用掉大量的記憶體。Perl 不會限制你這麼做，但你系統上的其他使用者（我還沒提到系統管理員）可能會反對。如果輸入的資料太大，你應該要找不用將它一次全部讀進記憶體的方法。

習題

習題解答請見第 299 頁的「第 3 章習題解答」。

1. [6] 寫一個程式，將每一行輸入讀取成一串字串，直到檔案結尾，並以相反順序將串列輸出。如果從鍵盤輸入，你可能需要按下 Ctrl-D（在 Unix）或 Ctrl-Z（在 Windows）表示停止輸入。

2. [12] 寫一個程式，讀取一串數字（以不同行輸入），直到檔案結尾，並依據每個數字輸出下列名單中對應的人名。（將名單寫死進程式內。就是它應該出現在你的程式原始碼中）。例，如果輸入的數字是 1、2、4 和 2，輸出的名字會是 fred、betty、dino 和 betty：

   fred betty barney dino wilma pebbles bamm-bamm

3. [8] 寫一個程式，將每一行輸入讀取成一串字串，直到檔案結尾。接著以碼點順序印出字串。也就是如你輸入 fred、barney、wilma、betty，輸出應為 barney、betty、fred、wilma。輸出的所有字串是全都在同一行還是一行一個呢？你可以讓輸出以兩種方式呈現嗎？

## 第四章

副程式

你已經看過並使用過一些系統內建函式，像是 chomp、reverse、print 等等。但就像其他程式語言，Perl 可以讓你寫出**副程式**（*subroutine*），也就是使用者定義的函式。這可以讓你在同一個程式內多次重複利用一段程式碼。副程式名稱也是 Perl 識別字（字母、數字和底線，但不能以數字開頭），前面有選擇性 & 符號。Perl 有何時可以省略 & 符號，何時不行的規則；本章最後會說明該規則。目前，只要不是禁止的情況，就每次都用 & 符號，這樣的做法比較安全。當然，我們會告訴你什麼情況下不能使用。

副程式名稱是屬於不同的命名空間，所以如果同一個程式內有名為 $fred 的副程式和 $fred 的純量時，Perl 並不會搞混——然而正常的情況，你不應該這麼做。

定義副程式

使用關鍵字 sub、副程式名稱（不含 & 符號）和大括號內的程式碼區塊（構成副程式的主體）來定義你自己的副程式。大概像這樣：

```
sub marine {
  $n += 1;  # $n 是全域變數
  print "Hello，水手 $n 號！\n";
}
```

你可以將副程式定義放在程式碼檔案的任何地方，但是 C 或 Pascal 背景的程式設計師喜歡放在檔案開頭處。其他人也許會想要放在檔案最後來讓程式的主要部分能在一開始就呈現。隨你自己決定。無論哪種方式，都不需要任何形式的前置宣告（forward declaration）。如果你有兩個同名的副程式，後者會覆蓋前者。然而，若你有開啟警告功能，當你這麼做的時候，Perl 會提醒你。一般來說，這樣的寫法被認為是不好的程式風格，也是困擾維護工程師的跡象。

 我們不會討論不同套件間同名副程式的情況，有興趣的朋友請參閱《Intermediate Perl》。

如前一個例子，副程式內可以使用全域變數。事實上，到目前為止所看到的所有變數都是全域變數；也就是它們可以在程式裡任何地方被存取。這令語言純化主義者非常反感，但是在多年前 Perl 開發團隊組成手持火把的憤怒暴徒團，將他們轟了出去。你會在第 64 頁的「副程式的私有變數」中學到如何建立私有變數。

調用副程式

只要在運算式中使用副程式名稱（加上 & 符號）就可以調用副程式：

```
&marine;  # Hello，水手 1 號！
&marine;  # Hello，水手 2 號！
&marine;  # Hello，水手 3 號！
&marine;  # Hello，水手 4 號！
```

通常調用（invocation）又會稱為呼叫（calling）副程式。本章稍後還會看到呼叫副程式的其他方法。

回傳值

副程式都會在運算式中被調用，即使該運算式求值的結果不被利用也一樣。先前呼叫 &marine 時，是對包含調用副程式的運算式求職，只是最後的求值結果被丟棄不用。

通常會呼叫副程式並對結果做處理。這表示針對副程式的回傳值（return value）做處理。所有的 Perl 副程式都有回傳值——並沒有「有回傳值」和「沒有回傳值」這回事。然而不是所有 Perl 副程式都會提供有用的回傳值。

既然呼叫 Perl 副程式都會有回傳值，特別提供一個語法來回傳特定值似乎是多餘的。所以 Larry 將它簡化了。Perl 在副程式一直往下執行的過程中會不斷地進行計算和求值。不論最後一個計算過程求值結果為何，它都會自動當成回傳值。

例如，此副程式最後的運算式是加法：

```
sub sum_of_fred_and_barney {
  print "嘿，你呼叫了 sum_of_fred_and_barney 副程式！\n";
  $fred + $barney;  # 這就是回傳值
}
```

這個副程式中最後被求值的運算式是計算 $fred 和 $barney 的和，所以 $fred 和 $barney 的和就是回傳值。以下為實際的運作：

```
$fred   = 3;
$barney = 4;
$wilma  = &sum_of_fred_and_barney;       # $wilma 的值現在是 7
print "\$wilma 的值是 $wilma。\n";

$betty  = 3 * &sum_of_fred_and_barney;  # $betty 的值是 21
print "\$betty 的值是 $betty。\n";
```

程式碼的輸出如下：

```
嘿，你呼叫了 sum_of_fred_and_barney 副程式！
$wilma 的值是 7。
嘿，你呼叫了 sum_of_fred_and_barney 副程式！
$betty 的值是 21。
```

此處的 print 只是為了協助除錯，讓你可以看到確實呼叫了副程式。當程式完成準備要部署時，就可以將這類敘述移除。但假如在副程式結尾增加了另一個 print，像這樣：

```
sub sum_of_fred_and_barney {
  print "嘿，你呼叫了 sum_of_fred_and_barney 副程式！\n";
  $fred + $barney;  # 這不是真正的回傳值！
  print "嘿，我正在回傳一個值！\n";       # 糟糕！
}
```

最後求值的運算式並不是加法運算；而是 print 敘述，通常它會回傳 1，意指「列印成功」，但是這不是你要的回傳值。所以當要增加程式碼到副程式時要小心，因為最後一個運算式求值的結果會是回傳值。

 print 的回傳值在操作成功時是真，失敗時是假。在第 5 章會看到如何決定這類錯誤。

所以，第二個（有錯誤的）副程式的 $fred 和 $barney 的和怎麼了呢？因為沒有將它儲存起來，所以 Perl 會丟棄它。若開啟警告功能，Perl 會注意到兩個變數相加並丟棄結果是沒有用的操作，而顯示「a useless use of addition in a void context.（空語境無用的加法操作。）」來警告你。空語境（*void context*）只是一種比較炫的說法，用來表示你並沒有將運算結果儲存在變數或以其他方式使用。

最後求值的運算式真的就是指最後一個被 Perl 求值的運算式，而不是副程式的最後一個敘述。例如，副程式會回傳 $fred 或 $barney 兩者中較大的值：

```
sub larger_of_fred_or_barney {
  if ($fred > $barney) {
    $fred;
  } else {
    $barney;
  }
}
```

最後被求值的不是 $fred 就是 $barney，所以其中一個變數的值會是回傳值。除非在執行階段，知道變數的值後，才會知道回傳值是 $fred 或是 $barney。

現在只是小試身手。當你學會每次調用副程式時傳入不同的值，而不是依賴全域變數後，將會更有趣。事實上，馬上就要來了。

引數

如果 larger_of_fred_or_barney 副程式不是強迫你使用全域變數 $fred 和 $barney，那它會更有用途。如果想從 $wilma 和 $betty 取得較大的值，現階段在使用 larger_of_fred_or_barney 前必須先將它們複製到 $fred 和 $barney。若你還需要在變數中的值，那你必須先將他們複製到其他變數中——例如 $save_fred 和 $save_barney。然後，當副程式執行完後，你還要將他們再次存回 $fred 和 $barney。

還好，Perl 有副程式引數（*argument*）。要傳遞引數串列到副程式，只要在副程式調用後面加上圓括號包圍的串列運算式，如下做法：

```
$n = &max(10, 15);   # 此副程式呼叫有兩個參數
```

Perl 會傳遞（*pass*）引數給副程式；也就是 Perl 會讓副程式在需要時可以使用引數串列。當然必須要將此串列儲存在某處，所以 Perl 會在副程式執行期間自動儲存參數串列（parameter list，引數串列的別名）在一個名為 @_ 的特殊陣列變數。副程式可以存取這個陣列以取得引數個數和這些引數的值。

這表示第一個副程式參數是在 $_[0]，第二個儲存在 $_[1]，依此類推。但是——非常重要，請注意——這些變數和 $_ 變數毫不相干，就像是 $dino[3]（@dino 陣列的元素）和 $dino（一個完全不同的純量變數）一樣。參數串列總要存進某個陣列變數讓副程式可以使用它，而 Perl 使用 @_ 陣列來存它。

現在你可以寫一個類似 &larger_of_fred_or_barney 的 &max 副程式，但是不用 $fred，改用第一個副程式參數 $_[0]，也不用 $barney，改用第二個副程式參數 $_[1]。所以 &max 會像這樣：

```perl
sub max {
  # 請比較此副程式和 &larger_of_fred_or_barney 的差別
  if ($_[0] > $_[1]) {
    $_[0];
  } else {
    $_[1];
  }
}
```

嗯，你可以這樣寫，但是都用索引看起來很醜，而且也很難讀、寫、檢查和除錯。稍後會看到比較好的做法。

此副程式有另一個問題。&max 這個名稱好聽也簡短，但是無法提醒我們他只接受兩個參數才能運作：

```perl
$n = &max(10, 15, 27);  # 糟糕！
```

max 忽略了多的參數，因為它從來不會去看 $_[2]，Perl 並不關心裡面是否有值。Perl 也不在乎參數不足——若你存取超過 @_ 陣列的尾端，就像其他陣列一樣，你會得到 undef 值。在本章稍後，你會學到如何寫一個更好的 &max，讓它能接受任何數量的參數。

@_ 是副程式的私有變數（private variable）。如果已經有全域變數 @_，Perl 會在調用副程式前先儲存它的值，並在副程式返回時回存它的值。這也表示副程式可以傳遞引數給另一個副程式而不必擔心失去自己的 @_ 變數——巢式副程式調用也會以同樣方法取得自己的 @_。即使是副程式遞迴地呼叫自己，每次調用都會取得新的 @_，所以 @_ 都是目前副程式調用的參數串列。

你可能會發現這和第 3 章 foreach 迴圈的控制變數是相同的機制。這兩種情況下，Perl 都會自動保留和儲存變數的值。

副程式的私有變數

如果 Perl 在每次調用時都給你新的 @_，難道它不能讓我們用自己的私有變數嗎？當然可以。

Perl 所有的變數預設都是全域變數；也就是它可以從程式裡任何地方被存取。但你可以隨時用 my 運算子建立名為**語彙變數**（*lexical variable*）的私有變數：

```
sub max {
  my($m, $n);        # 本區塊中，新的私有變數
  ($m, $n) = @_;     # 為參數命名
  if ($m > $n) { $m } else { $n }
}
```

這些變數是區塊中私有的（或是稱為**有作用範圍的**，*scoped*）；其他任何 $m 或 $n 都完全不會受到這兩個變數的影響。反過來也是，其他的程式碼，無論是不小心或是刻意地，也無法存取或修改這兩個變數。所以你可以直接將這段副程式放進任何 Perl 程式裡，不用擔心會弄亂程式裡的 $m 和 $n（如果有的話）。當然，如果程式裡本來就有名為 &max 的副程式的話，那仍然會出問題。

另外值得說明的是，在 if 區塊內，你不需要在回傳值的運算式後加上分號。分號實際上是敘述分隔符，不是敘述終止符。雖然 Perl 允許你忽略區塊最後的分號，實務上，你最好在程式碼簡單到區塊內只有一行時才忽略它。

前述副程式範例可以寫得更簡單。你有注意到串列 ($m, $n) 出現兩次嗎？可以將 my 運算子應用在串列賦值時、圓括號包圍的變數串列上，所以習慣將範例中副程式裡頭兩個敘述合併：

```
my($m, $n) = @_;   # 為副程式參數命名
```

這一個敘述會建立私有變數並設定他們的值，所以第一個參數現在有一個方便使用的名字 $m，第二個參數則是 $n。幾乎所有的副程式都會以類似的程式碼開頭來命名它的參數。當你看到這行，你就知道副程式預期有兩個純量參數，在副程式中會稱為 $m 和 $n。

不定長度的參數串列

在實際的 Perl 程式中，副程式通常會有不定長度的參數串列。這是因為你看過的 Perl 哲學「無不必要限制」。當然，這和許多傳統程式語言不同，它們每個副程式都是「強型

別（strictly typed）」；也就是只允許事先定義好個數和型別的參數。Perl 很有彈性，這點很不錯，但是（如同你先前看到的 &max 副程式），當你用非預期數量的參數呼叫副程式時，會造成問題。

當然，可以輕易地檢查 @_ 陣列來看副程式的參數個數是否正確。例如，可以這樣寫 &max 副程式來檢查引數：

```
sub max {
  if (@_ != 2) {
    print "警告！ &max 應該只有兩個引數！\n";
  }
  # 如之前一樣 ...
}
```

if 測試在純量語境使用陣列名稱來取得陣列元素的個數，就如第 3 章所述。

但是在實際的 Perl 程式設計，幾乎沒有人會這樣檢查；最好能讓你的副程式能適應這些任意數目的參數。

更好的 &max 程式

重寫 &max 以允許任意數目的引數，而能這樣呼叫它：

```
$maximum = &max(3, 5, 10, 4, 6);

sub max {
  my($max_so_far) = shift @_;   # 第一個是目前見過最大的元素
  foreach (@_) {                # 檢查剩下的引數
    if ($_ > $max_so_far) {   # 看看是否還有更大的值？
      $max_so_far = $_;
    }
  }
  $max_so_far;
}
```

程式使用高水位（high water mark）演算法；洪水過後，最後一波浪潮退去，高水位的標記會顯示當時見過最高的水位。本程式中，&max_so_far 持續在變數中追蹤記錄高水位，即所見過最大的數字。

第一行以 shift 運算將參數從參數陣列 @_ 移出，並將 3（範例程式碼的第一個參數）賦值給 $max_so_far。所以現在 @_ 為 (5, 10, 4, 6)，因為 3 已經被移除了。而最大的數字是目前唯一看到的 3，也就是第一個參數。

接下來，foreach 迴圈藉由 @_ 走過參數串列中剩下的值。迴圈控制變數預設是 $_（但請記得 @_ 和 $_ 兩者之間沒有什麼關係，他們名稱這麼相似，只是一種巧合。）迴圈第一次執行時，$_ 為 5。if 測試時會看到 $_ 比 $max_so_far 大，因此會將 $max_so_far 改設為 5——新的高水位。

下一次迴圈執行時，$_ 是 10。這是新的最高值，所以也會將它存到 $max_so_far。

下一次，$_ 是 4。if 測試失敗，因為它沒有比 $max_so_far 大（即 10），所以會跳過 if 區塊不執行。

最後，$_ 是 6，又會再次跳過 if 區塊。而這是最後一次迴圈了，所以迴圈結束。

現在，$max_so_far 會成為回傳值。它是目前見過的最大值，而所有的數字都檢查過了，所以它一定是串列中的最大值：10。

空參數串列

現在即使超過兩個參數，改良過的 &max 仍然運作良好。但如果沒有提供參數，那會怎麼樣呢？

首先，這似乎讓人難以理解。畢竟怎麼會有人呼叫 &max 不提供參數呢？但是可能有人會寫這樣一行程式碼：

```
$maximum = &max(@numbers);
```

而陣列 @numbers 有時候可能會是空串列；例如，它有可能從檔案讀取輸入內容，但是最後檔案卻是空的。所以需要知道：這種情況下，&max 會怎麼做？

副程式第一行對 @_ 參數串列（現在是空的）執行 shift 運算來賦值給 $max_so_far。這沒什麼關係，陣列還是空的，shift 會回傳 undef 給 $max_so_far。

現在 foreach 迴圈要迭代 @_，但是因為他是空的，所以迴圈會執行零次。

所以 Perl 會迅速地回傳 $max_so_far 的值——undef 當作副程式的回傳值。在某種意義上，這是正確答案，因為空串列並沒有最大值。

當然呼叫副程式的人應該留意到回傳值可能是 undef——或是可以簡單確認參數串列不會是空的。

關於語彙（my）變數

實際上語彙變數可以用在任何程式區塊，不限於副程式區塊內。例如，可以被用於 if、while 或 foreach 區塊裡：

```
foreach (1..10) {
  my($square) = $_ * $_;  # 此迴圈的私有變數
  print "$_ 的平方是 $square。\n";
}
```

$square 變數在所屬區塊內是私有的；此例中是 foreach 迴圈的區塊。如果變數沒有包圍的區塊，那就是在整個原始碼檔案內是私有的。

目前為止，你的程式不會超過一個原始碼檔案，所以還不是問題。但是重要的觀念是，語彙變數名稱的作用範圍（scope）是受限於最小包圍區塊或檔案的。只有在作用範圍內才能以 $square 名稱使用該變數。

這對程式維護非常有用——如果 $square 的值有錯，你應該可以在有限的程式碼範圍內找到罪魁禍首。有經驗的程式設計師會學到（通常吃足苦頭）要限制變數的作用範圍到一頁程式碼內，甚至是幾行程式碼內，這樣可以加速開發和測試週期

檔案也是一個作用範圍，所以檔案內的語彙變數在其他檔案內是無效的。然而本書不會討論可重複使用的程式庫和模組，有興趣的讀者可以參閱《Intermediate Perl》。

也請注意 my 運算子不會改變賦值的語境：

```
my($num) = @_; # 串列語境，如同 ($num) = @_;
my $num  = @_; # 純量語境，如同 $num = @_;
```

第一行，$num 會在串列語境取得第一個參數；第二行，$num 會在純量語境取得參數的數目。兩行都有可能是程式設計師的意思，無法只從單獨一行來判斷，所以若你搞錯了，Perl 也不會警告你。（當然你不能同時將這兩行程式放在同一個副程式裡，因為你不能在同一個作用範圍內宣告兩個同名的語彙變數；這只是舉例）所以，當讀到這樣的程式碼，你都可以忽略 my 來判斷變數賦值的語境。

記住，如果不使用圓括號，my 只能宣告單一語彙變數：

```
my $fred, $barney;        # 錯誤！無法宣告 $barney
my($fred, $barney);       # 兩個都宣告了
```

當然，你也可以使用 my 建立新的私有陣列：

```
my @phone_number;
```

任何新變數一開始都是空的：純量會被設為 undef，陣列會是空串列。

在日常的 Perl 程式設計中，你可能會使用 my 引入新的變數到某個作用範圍內。在第 3 章，提到你可以為 foreach 控制結構定義自己的控制變數。你也可以將它建立為語彙變數：

```
foreach my $rock (qw/ bedrock slate lava /) {
  print " 一種石頭是 $rock。\n";  # 印出三種石頭的名稱
}
```

這在下一節中很重要，使用一種功能讓你必須宣告所有變數。

use strict 指示詞

Perl 是一個相當寬容的程式語言。若你想要 Perl 維持一點紀律，可以使用 use strict 指示詞。

指示詞（*pragma*）是對編譯器的提示，告訴它一些程式碼的資訊。在這個例子中，use strict 指示詞告訴 Perl 內部編譯器，它應該針對目前區塊或原始碼檔案強制使用一些良好的程式設計規則。

這有什麼重要性呢？嗯，想像你正在寫程式，而你輸入了這樣的一行：

```
$bamm_bamm = 3;  # Perl 會自動建立這個變數
```

現在，你繼續輸入一陣子。在這行被捲到超過螢幕範圍後，你輸入了這一行程式碼遞增此變數：

```
$bammbamm += 1;  # 糟糕！
```

因為 Perl 看到了一個新的變數名稱（底線在變數名稱也是有意義的），Perl 建立了一個新的變數，並遞增它。如果你夠幸運和聰明，開啟了警告功能，Perl 會提醒你，這兩個全域變數（或其中一個）在程式中只使用過一次。但若你運氣不好，使用該變數不只一次，那 Perl 就無法警告你了。

要告訴 Perl 你準備好接受更多限制，只要將 use strict 指示詞放在程式開頭處（或是在任何你想強制套用規則的區塊或檔案）：

```
use strict;  # 強制使用良好的程式設計規則
```

從 Perl v5.12 開始,你只要宣告最低支援的 Perl 版本,就會自動使用這個指示詞:

```
use v5.12;  # 會自動載入 strict
```

現在,除了其他的限制外,Perl 會要求你必須用 my 宣告每個新變數:

```
my $bamm_bamm = 3;  # 新的語彙變數
```

現在如果你拼錯了,Perl 會發現問題,並抱怨你從未宣告過一個變數叫 $bammbamm,因此這個錯誤會在編譯階段就被抓出來:

```
$bammbamm += 1;  # 沒有此變數:編譯期嚴重錯誤(fatal error)
```

當然,這只適用於新變數;Perl 內建變數,例如 $_ 和 @_,不需要事先宣告。若你在已經寫好的程式中加上 use strict,通常會接到大量的警告訊息,所以若有需要,最好一開始就加上去。

 use strict 並不會檢查名為 $a 和 $b 的變數,因為 sort 會使用這些全域變數。不過他們並不是好的變數名稱。

大多數人建議只要程式長度超過一個螢幕,那就應該加上 use strict,我們也認同。

從這裡開始,即使我們沒有寫出 use strict,仍然假定我們的範例都有加上這個限制。也就是我們會在合適的地方以 my 宣告變數。然而我們沒有全都這樣做,我們還是鼓勵你儘可能在程式中包含 use strict。最後你會感謝我們的。

return 運算子

如果你想要立刻停止副程式該怎麼做?使用 return 運算子會從副程式立刻回傳一個值:

```perl
my @names = qw/ fred barney betty dino wilma pebbles bamm-bamm /;
my $result = &which_element_is("dino", @names);

sub which_element_is {
  my($what, @array) = @_;
  foreach (0..$#array) {  # 陣列所有元素的索引值
    if ($what eq $array[$_]) {
      return $_;           # 一發現就提早回傳並返回
    }
  }
  -1;                      # 沒有找到元素(return 在此可有可無)
}
```

要以此副程式找出陣列 @name 中 dino 的索引值。首先用 my 宣告來命名參數：有我們要找的 $what，和要在其中搜尋的陣列 @array。@array 是 @name 的複製品。foreach 迴圈會遍歷 @array 所有索引值（第一個索引值是 0，最後一個是 $#array，就如第 3 章說的一樣）。

每次的 foreach 迴圈會檢查 $what 裡的字串和目前索引值的 @array 元素是否相等。如果相等，立刻回傳該索引值。這種關鍵字 return 的寫法在 Perl 很常見——立刻回傳值，而不執行剩下的副程式。

但如果都沒有找到那個元素呢？在這個例子，副程式作者選擇回傳 -1 當作「無此值」的程式碼。或許回傳 undef 更有 Perl 味（Perlish），但是此程式設計師使用 -1。在最後一行的 return -1 寫法正確，但是其實不需要 return。

有些程式設計師喜歡每次回傳值時都用 return，來表示它是回傳值。像本章先前提到的 $large_of_fred_or_barney，當回傳值不是在副程式最後一行時，你可能會用 return。這其實沒有必要，不過也沒什麼關係。然而許多 Perl 程式設計師就是不想多打 7 個字元。

省略 & 符號

之前答應的，現在我們要告訴你什麼時候你可以在呼叫副程式時省略 & 符號。如果編譯器在調用副程式前先看到副程式定義，或者 Perl 可以從語法中判斷是副程式呼叫，那麼副程式呼叫就可以省略 & 符號，就跟內建函式一樣（但是此規則有一個隱藏陷阱，等一下就會看到）。

這表示，如果 Perl 可以單從語法就知道是省略 & 符號的副程式呼叫，那就沒有問題。也就是說，如果參數串列在圓括號內，那它就是函式呼叫：

```
my @cards = shuffle(@deck_of_cards);   # &shuffle 不需要 & 符號
```

此例中，函式就是副程式 &shuffle。但是它有可能是內建函式，等一下會看到。

或如果 Perl 內部編譯器已經先看過副程式定義，那通常也可以省略。這種情況下，你甚至可以忽略引數串列的圓括號：

```
sub division {
  $_[0] / $_[1];                 # 第一個參數除以第二個參數
}

my $quotient = division 355, 113;  # 使用 &division
```

這是可以執行的，因為「在不改變程式碼的意義下，可以省略圓括號」的原則。如果你要使用 &，那就不能省略圓括號。

但是不要在副程式調用之後才宣告副程式；如果你這樣做，編譯器不知道怎麼調用 division。編譯器要在副程式調用前先看到副程式定義。才知道能像內建函式一樣，知道怎麼呼叫副程式；否則，因為編譯器還不認識 division，所以它不知道那個運算式是做什麼用的。

如同本書的許多內容，我們使用 & 是為了教你 Perl 程式語言，而不是教你成為經驗豐富的 Perl 程式設計師。有些人並不同意。我們在部落格的貼文「為什麼我們教副程式的 & 符號」有更多說明。

但那還不是陷阱，陷阱是這個：如果副程式和 Perl 內建函式同名，你一定要用 & 符號來呼叫你的版本。加上 & 符號，可以確保正確地呼叫副程式，如果沒有 & 符號，只能在沒有和內建函式同名時正確呼叫：

```
sub chomp {
  print "Munch, munch!\n";
}

&chomp;   # 此處不可以省略 & 符號
```

沒有 & 符號，即使你已經定義了 &chomp 副程式，你仍會呼叫到內建函式 chomp。所以真正的規則是：除非你知道所有 Perl 內建函式的名稱，不然就要在函式呼叫時使用 & 符號。也就是說你會在大約前一百個程式中使用它。但是當你看到其他人在程式中省略 & 符號時，這不是程式錯誤，他們可能只是知道 Perl 沒有同名的內建函式。

非純量回傳值

副程式不只可以回傳純量值。如果在串列語境呼叫副程式，它可以回傳串列值。

可以使用 wantarray 函式偵測副程式是在純量語境或串列語境被調用，這讓你可以很容易寫出能回傳串列語境或純量語境值的副程式。

假設你想要一個範圍的數字（如同範圍運算子，..），且想要往下數，也要往上數。範圍運算子只能往上數，但是也很容易修正：

```
sub list_from_fred_to_barney {
  if ($fred < $barney) {
    # 從 $fred 數到 $barney
    $fred..$barney;
  } else {
    # 從 $fred 數到 $barney
    reverse $barney..$fred;
  }
}

$fred = 11;
$barney = 6;
@c = &list_from_fred_to_barney; # @c 的值為 (11, 10, 9, 8, 7, 6)
```

在這個案例,範圍運算子會回傳 6 到 11,然後 reverse 會將串列反轉,成為我們要的,從 $fred(11) 數到 $barney(6)。

最後也有可能什麼都沒有回傳。return 後不接引數的話,在純量語境會回傳 undef,在串列語境會回傳空串列。這對於副程式的錯誤回傳很有用,用來通知呼叫者無法傳回更有意義的回傳值。

保留私有變數

可以使用 my 建立副程式的私有變數,但是每次呼叫副程式都要重新定義它。有了 state,你仍然可以擁有副程式的私有變數,但是 Perl 會在兩次呼叫間保留它的值。

回到本章第一個例子,你有一個名為 marine 的副程式,會遞增變數:

```
sub marine {
  $n += 1;  # 全域變數 $n
  print "Hello,水手 $n 號! \n";
}
```

現在已經學到 strict,把它加入程式中,你會了解到使用全域變數 $n 會得到編譯錯誤。不能使用 my 將 $n 建立為語彙變數,因為這樣就無法在兩次呼叫間保留它的值。

以 state 宣告變數會告訴 Perl 在兩次副程式呼叫之間保留變數的值,並讓變數宣告為副程式的私有變數。這個功能是在 Perl v5.10 引進的:

```
use v5.10;

sub marine {
  state $n = 0;  # 私有且持續的變數 $n
```

```
    $n += 1;
    print "Hello，水手 $n 號！\n";
}
```

現在可以得到跟之前一樣的輸出，使用 strict 且不用全域變數。第一次呼叫副程式時，Perl 會宣告和初始化 $n。接下來每次呼叫時，Perl 會忽略該敘述（即 state $n = 0;）。每次呼叫之間，Perl 會保留 $n 的值給下次呼叫副程式使用。

不只是純量變數，你可以將任何型別的變數設為 state 變數。以下是一個會記住引數並藉由 state 陣列提供連續總和（running sum）的副程式：

```
use v5.10;

running_sum( 5, 6 );
running_sum( 1..3 );
running_sum( 4 );

sub running_sum {
    state $sum = 0;
    state @numbers;

    foreach my $number ( @_ ) {
        push @numbers, $number;
        $sum += $number;
    }

    say "(@numbers) 的總和是 $sum";
}
```

每次呼叫時會輸出新的總和，並將新引數和先前的相加：

```
(5 6) 的總和是 11
(5 6 1 2 3) 的總和是 17
(5 6 1 2 3 4) 的總和是 21
```

然而陣列和雜湊當作 state 變數有一些限制。在 Perl 5.10 中，不能在串列語境初始它們：

```
state @array = qw(a b c); # 錯誤！
```

這會顯示錯誤訊息，提示說在未來的 Perl 版本可能可以這樣做，不過在 Perl 5.24 也還是不行：

```
Initialization of state variables in list context currently forbidden ...
```

這個限制一直到 Perl 5.28 才可以用 state 始化陣列和雜湊。例如，費波那契數產生器需要前兩個數字來起始，所以你可以事先以 @number 提供：

```
use v5.28;

say next_fibonacci(); # 1
say next_fibonacci(); # 2
say next_fibonacci(); # 3
say next_fibonacci(); # 5

sub next_fibonacci {
  state @numbers = ( 0, 1 );
  push @numbers, $numbers[-2] + $numbers[-1];
  return $numbers[-1];
}
```

在 v5.28 之前，可以使用陣列參照來替代，因為所有的陣列參照都是純量。然而這不在本書的討論範圍，我們會在《Intermediate Perl》中才會提到。

副程式特徵

Perl v5.20 增加了大家期待已久且令人興奮的功能叫副程式特徵（subroutine signature）。目前為止，它是實驗性功能（請見附錄 D），但我們希望它能夠盡快穩定下來。我們認為即使只是挑逗你一下，也值得用本章的一節來介紹它。

副程式特徵和原型是不同的，它是完全不同的功能，許多人卻因相同理由使用它。如果你不知道原型是什麼，那很好。你可能不需要知道，至少本書不用說明。

目前為止，你已經知道副程式會從 @_ 取得引數串列，並將它們賦值給變數。你之前在 max 副程式看過：

```
sub max {
  my($m, $n);
  ($m, $n) = @_;
  if ($m > $n) { $m } else { $n }
}
```

首先，你必須開啟此實驗性功能（請見附錄 D）：

```
use v5.20;
use experimental qw(signatures);
```

然後，我們可以將變數宣告移出大括號，放在副程式名稱後：

```perl
sub max ( $m, $n ) {
  if ($m > $n) { $m } else { $n }
}
```

這是很令人舒適的語法。變數仍然是副程式私有的，但是你可以打少一點字來宣告和賦值。Perl 會幫你處理好。除此之外，副程式完全相同。

嗯，幾乎相同啦。之前提到，你可以傳遞任何數目的引數到 &max，即使我們只需要使用前兩個。此功能不再有效：

```perl
&max( 137, 48, 7 );
```

如果嘗試這樣做，你會得到錯誤訊息：

```
Too many arguments for subroutine
```

特徵功能還會幫你檢查引數個數！但是你若想要在不知道串列長度的情況下，從數值串列中取得最大值，你可以修改像之前修改副程式一樣去修正。可以在特徵中使用陣列：

```perl
sub max ( $max_so_far, @rest ) {
  foreach (@rest) {
    if ($_ > $max_so_far) {
      $max_so_far = $_;
    }
  }
  $max_so_far;
}
```

不過。你不必定義一個陣列來攫取剩下的引數。如果你使用單獨一個 @，Perl 會知道副程式可以接受任意數目的引數。引數串列仍然會出現在 @_ 中：

```perl
sub max ( $max_so_far, @ ) {
  foreach (@_) {
    if ($_ > $max_so_far) {
      $max_so_far = $_;
    }
  }
  $max_so_far;
}
```

這可以處理引數太多的情況，那引數太少呢？特徵也可以指定特定的預設值：

```perl
sub list_from_fred_to_barney ( $fred = 0, $barney = 7 ) {
  if ($fred < $barney) { $fred..$barney }
  else                 { reverse $barney..$fred }
```

```
    }

    my @defaults    = list_from_fred_to_barney();
    my @default_end = list_from_fred_to_barney( 17 );

    say "defaults: @defaults";
    say "default_end: @default_end";
```

當執行時，可以看到預設值發揮作用：

```
    defaults: 0 1 2 3 4 5 6 7
    default_end: 17 16 15 14 13 12 11 10 9 8 7
```

有時候你想要沒有預設值的選擇性的引數。可以使用 $= 佔位符來表示選擇性引數：

```
    sub one_or_two_args ( $first, $= ) { ... }
```

Perl 有一個用於格式的特殊變數 $=，不過不是此處的這個功能。

有時候你想要零個引數。你可以像這樣建立一個常數值：

```
    sub PI () { 3.1415926 }
```

在 perlsub 有特徵的進一步資訊。我們也會寫在部落格的貼文「Use v5.20 subroutine signatures」（*https://www.effectiveperlprogramming.com/2015/04/use-v5-20-subroutine-signatures/*）中。

副程式原型

原型（prototype）是一個比較舊的 Perl 功能，它允許你告訴剖析器（parser）如何解釋你的原始碼；它是特徵從未演化的原始形式。它不是一個我們建議的功能，會和特徵衝突，我們在此提及只是讓你知道它的存在。

假設你想要有只接受兩個引數的副程式，你可以在原型中註明。因為這是對剖析器的指示，你要在對副程式任何呼叫前就先寫出原型：

```
    sub sum ($$) { $_[0] + $_[1] }

    print sum( 1, 3, 7 );
```

此程式碼會出現編譯錯誤，因為 sum 有超過它預設數目的引數：

```
    Too many arguments for main::sum
```

原型和特徵都在副程式定義名稱後使用圓括號,他們有各自的語法。如果你要同時使用,就會是個問題。為了避開這個問題,Perl v5.20 也增加了 :prototype 屬性,除了註明當你同時使用特徵時,如何保留原型以外,我們不會解釋這一個功能。在圓括號前放上 :prototype:

```
sub sum :prototype($$) { $_[0] + $_[1] }

print sum( 1, 3, 7 );
```

我們建議你完全不要使用原型,除非你知道你在做什麼。即使如此,你還要思考至少兩次。所有細節都詳述在 perlsub 中。如果你不知道我們在說什麼,那很好,因為接下來你都不會在本書中再次看到了!

習題

習題解答請見第 300 頁的「第 4 章習題解答」。

1. [12] 寫一個名為 total 的副程式,回傳一串數字的總和。提示:副程式不應該執行輸入輸出;它應該只用來處理參數並回傳值給呼叫者。可以在此範例程式中測試看看副程式是否正確運作。第一組數字總和應該是 25。

   ```
   my @fred = qw{ 1 3 5 7 9 };
   my $fred_total = total(@fred);
   print "\@fred 的總和是 $fred_total.\n";
   print " 請輸入一些數字,每行一個數字:";
   my $user_total = total(<STDIN>);
   print " 這些數字的總和是 $user_total.\n";
   ```

   請注意在串列語境這樣使用 <STDIN>,程式會等你以適合你系統的方式結束輸入。

2. [5] 利用前一題的副程式,寫一個程式計算 1 到 1000 的數字總和。

3. [18] 加分題:寫一個名為 &above_average 的副程式,傳入一串數字並回傳所有大於平均值的數字。(提示:寫另一個計算平均值的副程式,將總和除以個數。)在下列程式中測試你的副程式:

   ```
   my @fred = above_average(1..10);
   print "\@fred 為 @fred\n";
   print "(結果應為 6 7 8 9 10)\n";
   my @barney = above_average(100, 1..10);
   print "\@barney 為 @barney\n";
   print "(結果應為 100)\n";
   ```

4. [10] 寫一個名為 **greet** 的副程式，用來向指定的人打招呼，並告訴他最後是和誰打過招呼了：

```
greet( "Fred" );
greet( "Barney" );
```

應該會依序印出這些敘述：

```
Hi Fred! 你是第一位來的人！
Hi Barney! Fred 已經來了！
```

5. [10] 修改前一個程式，來告訴每一個新來的人他之前和哪些人打過招呼了：

```
greet( "Fred" );
greet( "Barney" );
greet( "Wilma" );
greet( "Betty" );
```

應該會依序印出這些敘述：

```
Hi Fred！你是第一位來的人
Hi Barney！我已經看過：Fred
Hi Wilma！我已經看過：Fred Barney
Hi Betty！我已經看過：Fred Barney Wilma
```

## 第五章

輸入與輸出

之前為了習題的需要，你已經做過一些輸入與輸出（input/output，簡稱 I/O）了。大部分程式會用到的 I/O 操作，約有 80% 會在本章中學習到。如果你對於標準輸入、輸出和錯誤串流已經很熟悉，那你已經處於領先了。如果不是，我們會讓你在本章結尾追上的。現在，先把「標準輸入」當成是鍵盤，「標準輸出」當成是螢幕。

讀取標準輸入

從標準輸入串流讀取很簡單。你已經用 `<STDIN>` 運算子操作過了。在純量語境下執行此運算會得到下一行的輸入：

```
$line = <STDIN>;            # 讀取下一行
chomp($line);               # chomp 它

chomp($line = <STDIN>);     # 做一樣的事，更常用
```

我們稱的整行輸入運算子——`<STDIN>`，實際上是括住檔案代號（*filehandle*）的整行輸入運算子（以角括號來表示）。檔案代號稍後會在本章介紹。

當讀到檔案結尾（end-of-file）時，整行輸入運算子會回傳 `undef`，這點對於當成跳出迴圈的判斷很方便：

```
while (defined($line = <STDIN>)) {
  print "我看到了 $line";
}
```

第一行程式碼做了很多事：讀取輸入，將它存到變數，檢查它的值是否有定義，如果有定義（意指我們尚未讀完輸入），就執行 while 迴圈主體。因此在 while 迴圈主體內，會

在 $line 變數看到每一行輸入內容。這是很常見的操作，所以 Perl 為它提供了縮寫。這個縮寫如下：

```
while (<STDIN>) {
  print " 我看到了 $_";
}
```

Larry 選擇了一個沒用的語法來建立這個縮寫。也就是，從字面上來說，意思是：「讀取一行輸入，看它是否為真。（通常是。）如果為真，就進入 while 迴圈，但丟棄這一行輸入內容！」Larry 知道這沒有意義；沒有人會需要在 Perl 程式裡這樣做。所以 Larry 用了這個沒用的語法並使它有用。

它實際上是說 Perl 應該如前面的例子做相同的事：它要 Perl 讀取輸入進變數，（只要結果有定義，亦即尚未到檔案結尾）並進入 while 迴圈。然而 Perl 並非將輸入存進 $line，而是用它最愛的預設變數 $_，就像你這樣寫：

```
while (defined($_ = <STDIN>)) {
  print " 我看到了 $_";
}
```

繼續下去前，我們必須弄清楚一件事：這個縮寫只有在你這樣寫的時候才可行。如果你將整行輸入運算子放在其他任何地方（特別是自成一個敘述），它預設將不會讀取一行輸入給 $_。它只能運作於 while 迴圈的控制條件中，且除了整行輸入運算子以外，沒有任何其他東西。如果你放其他東西到條件運算式，它就不會起作用。

除此之外，整行輸入運算子（<STDIN>）和 Perl 最愛的預設變數 $_ 之間並沒有什麼關聯。

另一方面，在串列語境下執行整行輸入運算子會將所有的（剩下的）輸入行當成一個串列——串列的每個元素是一行：

```
foreach (<STDIN>) {
  print " 我看到了 $_";
}
```

再強調一次，整行輸入運算子和 Perl 最愛的預設變數沒有關聯。但是在這個例子中，foreach 的預設控制變數是 $_。所以在此迴圈中，在 $_ 裡你會看到每一行輸入，一行接著一行。

這聽起來好像很熟悉，而且理由充分：這和 while 迴圈做相同的事，不是嗎？

不同之處是它們的運作原理。在 while 迴圈，Perl 讀取一行輸入，將它放進變數，然後執行迴圈主體。然後它再回頭找下一行輸入。但是在 foreach 迴圈，你是在串列語境使用整行輸入運算子（因為 foreach 需要一個串列來迭代）；你會在迴圈開始執行前讀取所有的輸入。如果輸入來自 400MB 大小的網頁伺服器日誌檔，那這個差異會很明顯！最好的做法是儘量使用 while 迴圈的縮寫，一次處理一行輸入。

從鑽石運算子輸入

另一種讀取輸入的方法是用鑽石運算子（diamond operator）：<>。它對於建立像標準 Unix 公用程式一樣，可以調用引數（稍後會看到）的程式很有幫助。如果想寫一個用起來像 *cat*、*sed*、*awk*、*sort*、*grep*、*lpr* 等公用程式一樣的 Perl 程式，那鑽石運算子會是你的好幫手。若是要做其他事，鑽石運算子或許就幫不上忙。

Randal 有一天到 Larry 家炫耀他所寫的新訓練課程，並抱怨「那玩意兒」沒有一個名字。Larry 也想不出一個名字。Heidi（當時八歲）馬上插嘴說：「爸，那是一顆鑽石。」所以名字就這樣定下來了。謝謝了，Heidi！

程式調用引數（*invocation arguments*）通常是指接在命令列的程式名稱後的幾個「單字」。在這個例子中，就是程式要依序處理的幾個檔案名稱：

```
$ ./my_program fred barney betty
```

這個指令的意思是執行 *my_program*（在目前的目錄裡），而它應該要處理檔案 *fred*，接著是檔案 *barney*，再來是檔案 *betty*。

如果沒有提供程式引數，那程式就會處理標準輸入串流。或有個特例，如果你提供一個連字號（-）當作引數，那也表示標準輸入。所以如果調用引數是 *fred - betty*，表示程式會先處理檔案 *fred*，接著是標準輸入串流，最後是檔案 *betty*。

那程式這樣運作的優點是可以在執行階段選擇輸入來源；例如，你不需要重寫程式就可以在管線（pipeline，稍後會深入說明）使用。Larry 將此功能放進 Perl，因為他希望你可以很容易地寫出用法像標準 Unix 工具一樣的程式——甚至在非 Unix 機器上也可以用。事實上，Larry 是為了讓他自己寫的程式能像標準 Unix 工具運作方式一樣；因為不同廠商的公用程式運作不太相同，Larry 可以寫自己的公用程式，並將它部署到不同機器上，確定它們運作方式一致。當然這表示他得移植 Perl 到每一台他能找到的機器上。

鑽石運算子實際上是一種特殊的整行輸入運算子。但它不是從鍵盤取得輸入，而是從使用者選擇的輸入來源：

```
while (defined($line = <>)) {
  chomp($line);
  print "我看到的是 $line ！\n";
}
```

若以調用引數 fred、barney 和 betty 來執行此程式，會輸出像這樣的結果：「我看到的是（一列從檔案 fred 來的內容）！」、「我看到的是（另一列從檔案 fred 來的內容）！」，一直持續直到 *fred* 檔案的結尾。然後它會自動讀取檔案 *barney* 的內容，逐行輸出，接著換到檔案 *betty*。請注意這中間的轉換是沒有中斷的；當你使用鑽石運算子，就好像這些檔案被合併到一個超大檔案一樣。鑽石運算子會在所有的輸入結束時回傳 undef（就會跳出 while 迴圈）。

> 無論你是否在意，目前的檔名是儲存在 Perl 的特殊變數 $ARGV 裡。若輸入來自標準輸入串流，則檔名有可能不是真正的檔名，而是 "-"。

事實上，因為這是特殊的整行輸入運算子，你可以使用先前學過的縮寫來讀取輸入進預設的 $_：

```
while (<>) {
  chomp;
  print "我看到的是 $_ ！\n";
}
```

這就跟之前的迴圈一樣，但是可以少打一些字。你可能注意到了，我們使用 chomp 的預設用法；不加引數，chomp 會作用在 $_。節省打字，積少成多！

因為鑽石運算子通常用來處理所有的輸入，所以常見的錯誤是在程式裡使用超過一個。若你發現在程式裡放了兩個鑽石運算子，尤其是在第一個用鑽石運算子讀取的 while 迴圈裡使用第二個鑽石運算子，那它幾乎會無法正常執行。在我們的經驗裡，當初學者在程式中放第二個鑽石運算子時，他通常是想要使用 $_。請記得，鑽石運算子會讀取輸入，但是輸入的內容本身會儲存在 $_ 中。

如果鑽石運算子無法開啟其中一個檔案並讀取它，就會印出所謂的診斷訊息，例如：

```
can't open wilma: No such file or directory
```

鑽石運算子會自動讀取下一個檔案，如同 *cat* 或其他標準公用程式一樣。

雙鑽石運算子

Perl v5.22 修復了一個鑽石運算子的問題。假如來自命令列的檔名有一個特殊字元在其中，例如 | ，這可能會導致 *perl* 開啟管線（pipe open）執行外部程式，並將它的輸出當作檔案輸入讀取。雙鑽石運算子，<<>>，可以預防這個問題。他和鑽石運算子一樣，但是沒那麼神奇，不會執行外部程式：

```
use v5.22;

while (<<>>) {
  chomp;
  print "我看到的是$_！\n";
}
```

如果你使用 v5.22 或更新的版本，那你應該使用雙鑽石運算子。儘管我們希望有人能修正好用的「單」鑽石運算子，但那可能會破壞了有些人依賴多年的東西。所以 Perl 開發者選擇維持向後相容性。

本書接下來的部分提到鑽石運算子時，你可以選擇想用的鑽石運算子。我們使用舊的單鑽石運算子是為了還在使用舊版的讀者。

調用命令列引數

技術上來說，鑽石運算子並非真的去檢查調用引數——它是靠 @ARGV。這是一個由 Perl 直譯器事先設定好的特殊陣列，它的內容就是調用引數串列，換句話說，它就像是一般陣列（除了它的名字很有趣，都是大寫外），只是當程式執行時，@ARGV 就已經填滿調用引數串列了。

@ARGV 就像一般其他陣列一樣地使用；可以把元素 shift 出去，或是使用 foreach 迭代它的元素。甚至可以檢查是否有引數是連字號（-）開頭，那你就可以將它當作調用選項來處理（就像 Perl 對自己的 -w 選項一樣）。

 如果你需要處理超過一兩個選項，幾乎絕對應該要用模組，以標準的方式來處理它們。請查閱 Getopt::Long 和 Getopt::Std 模組的文件，它們是 Perl 標準發行套件的一部分。

鑽石運算子會查看 @ARGV 來決定有哪些檔案名稱可以用，如果它找到的是空串列，他會使用標準輸入串流；否則會使用它找到的檔案串列。這表示在程式開始執行後，到使用鑽石運算子前，都有機會對 @ARGV 耍花招。例如，你可以不管使用者在命令列指定什麼，而去處理三個特定檔案：

```
@ARGV = qw# larry moe curly #;  # 強制讀取這三個檔案
while (<>) {
  chomp;
  print "我在一些傀儡檔案裡看到的是 $_！\n";
}
```

輸出到標準輸出

print 運算子會讀取串列的值，並將每個項目（當然是一個字串）依序一個接著一個送到標準輸出。它不會在前後或之間加上額外的字元；如果你想在中間有空格，結尾有換行字元，你必須這樣做：

```
$name = "Larry Wall";
print "嗨，$name，你知道 3+4 等於 ", 3+4, " 嗎？\n";
```

當然，這意味著印出陣列和安插一個陣列是不同的：

```
print @array;       # 印出串列中的項目
print "@array";     # 印出一個字串（內容是陣列插入的結果）
```

第一個 print 敘述會一個接著一個印出串列的項目，中間沒有空格。第二個只會印出一個項目，是一個字串，但是它其實是 @array 插入空字串的結果——也就是他會印出以空格分隔的 @array 內容。所以，如果 @array 的內容是 qw/ fred barney betty /，第一個會印出 fredbarneybetty，而第二個會印出以空格分隔的 fred barney betty。不過在你決定以後都要用第二種方式前，先想像一下 @array 內容若是一串未截尾（unchomp）的輸入行，也就是每個字串都是以換行字元結尾。現在第一種 print 敘述會再分別的三行印出 fred、barney 和 betty。但是第二種會印出：

```
fred
 barney
 betty
```

你有看出空格是哪裡來的嗎？Perl 將陣列插入，所以他在每個元素（實際上就是 $" 的內容）間放上空格。所以我們得到的是陣列的第一個元素（fred 和換行字元），然後是一個空格，再來是陣列的下一個元素（barney 和換行字元），再一個空格，接著是陣列最後一個元素（betty 和換行字元）。結果就是除了第一行外，其他行看起來都像是縮排一樣。

每一兩週,我們都會遇到像是「Perl 對第一行後的每一行都縮排了」這樣的問題。我們不用看訊息內容就可以立刻看出程式是用雙引號括住含有未截尾字串的陣列。我們會問:「你是否將含有未截尾字串的陣列放進雙引號內呢?」而答案一定是肯定的。

一般來說若字串含有換行字元,只要直接輸出就好了:

```perl
print @array;
```

但如果沒有包含換行字元,你通常會想要在結尾補上換行字元:

```perl
print "@array\n";
```

所以,在使用引號的狀況,(通常)會在字串結尾加上 \n;這能幫你記住哪個是哪個。

正常來說,程式的輸出會先送到緩衝區。也就是說,不會每次有一點點輸出就會立刻送出去,而是會先將輸出暫時儲存起來,足夠多了才會輸出。

例如,若要將結果輸出到磁碟上,每次增加一兩個字元到檔案就存取磁碟的話,會造成速度慢又沒效率。一般來說會先輸出到緩衝區,直到緩衝區滿了,或是輸出完成(例如程式結束)時才會寫入到磁碟。通常這就是你要的方式。

但如果你(或程式)不想耐心等待輸出結果,你也許願意犧牲速度,每次 print 時都不緩衝,直接輸出結果。若是這種情況,請見 perlvar 文件的 $| 以瞭解如何控制緩衝方式。

由於 print 是尋找一串字串來輸出,所以它的引數是在串列語境下運作。而鑽石運算子(整行輸入運算子的形式)會在串列語境回傳輸入行的串列,因此它們可以一起合作:

```perl
print <>;          # 實作 /bin/cat

print sort <>;     # 實作 /bin/sort
```

嗯,老實說,標準 Unix 指令 cat 和 sort 還有其他功能是上面這兩行程式缺乏的。不過它們絕對非常超值!你現在可以重新以 Perl 實作所有標準 Unix 工具程式,並輕易地移植到任何有 Perl 的系統上,無論它是否執行 Unix。而且可以確定在不同的系統上,都可以以相同方式運作。

 The Perl Power Tools 計畫的目標是以 Perl 實作所有經典 Unix 工具程式,目前幾乎已經完成所有工具程式。這是個很有用的計畫,因為它在非 Unix 系統提供了標準 Unix 工具。

有個不太明顯的問題是 print 提供了選擇性圓括號，可能會造成混淆。記得這條規則：Perl 的圓括號是可以省略的——除非省略會改變該敘述的意義。這裡展示兩種列印相同東西的方法：

```
print("Hello, world!\n");
print "Hello, world!\n";
```

到目前為止都還不錯。但 Perl 的另一條規則是如果 print 調用看起來像函式呼叫，那它就是函式呼叫。這是個簡單的規則，但是什麼是「看起來像函式呼叫」呢？

在函式呼叫中，函式名稱後接著一對圓括號包圍的引數，像這樣：

```
print (2+3);
```

這看起像是函式呼叫，所以他就是函式呼叫。它會印出 5，但會和其他函式一樣回傳值。print 的回傳值是真或假，表示列印成功與否。除非發生 I/O 錯誤，否則它幾乎一定會成功，所以下列敘述的 $result 正常來說會是 1：

```
$result = print("hello world!\n");
```

但如果你以其他方式來運用結果呢？假如你想將回傳值乘以 4：

```
print (2+3)*4;   # 糟糕！
```

當 Perl 看到這行程式碼，就如你所要求的，它會印出 5。然後會取得 print 的回傳值，也就是 1，並將它乘以 4。然後會將乘績丟棄，且不懂你為什麼沒有告訴它要做什麼。這時，要是有人在你旁邊經過會說：「嘿，Perl 不會數學耶！應該印出 20 而不是 5！」

這是選擇性圓括號造成的問題；我們人類有時候會忘記圓括號屬於誰的。沒有圓括號時，print 是串列運算子，會印出其後串列的所有項目；這通常就是你所預期的。但當 print 後緊接著左圓括號時，print 是函式呼叫，它只會印出圓括號包圍的東西。因為這行有圓括號，對 Perl 來說就像下列的寫法一樣：

```
( print(2+3) ) * 4;   # 糟糕！
```

幸運的是，如果你開啟了警告功能，Perl 幾乎一定會提供協助——所以請使用 -w 或 use warnings，至少在程式開發或除錯過程要這樣做。要修正此問題，需用更多圓括號：

```
print( (2+3) * 4 );
```

事實上，此規則「如果 print 調用看起來像函式呼叫，那它就是函式呼叫」可以應用到所有 Perl 串列函式，不只是 print。只是你最常注意到 print。如果 print（或其他函式名稱）接著一個左括號，請確定相對應的右括號是在函式所有引數之後。

以 printf 作格式化輸出

你可能會想對輸出能有比 print 提供的更多一些控制。事實上,你可能習慣使用 C 語言 printf 函式的格式化輸出。別擔心!Perl 提供同名的相對應操作。

printf 運算子接受一個格式字串和要列印的串列。該字串是填空模板,用來顯示想輸出的結果形式:

```
printf "嗨,%s;你的密碼會在 %d 天後失效!\n",
    $user, $days_to_die;
```

格式字串有多個所謂的「轉換(*conversion*)」;每個轉換都由百分比符號開頭,以字母結尾。(稍後會看到,可能還有其他重要字元在這兩個符號之間。)其後的串列應該有跟轉換相同數量的項目;如果數量不相符,就無法正確運作。在前一個例子,有兩個串列項目和兩個轉換,所以輸出看起來會像這樣:

```
嗨,merlin;你的密碼會在 3 天後失效!
```

有許多 printf 可用的轉換,所以我們只會花點時間說明最常用的。當然,在 perlfunc 文件中會有詳細的說明。

要以恰當的方式印出數字,可以用 %g,它會視需要自動選擇浮點數、整數、甚至是指數表示法:

```
printf "%g %g %g\n", 5/2, 51/17, 51 ** 17; # 2.5 3 1.0683e+29
```

%d 格式表示十進位整數,會視需要捨去小數部分:

```
printf "在 %d 天內!\n", 17.85;  # 在 17 天內!
```

請注意這是無條件捨去,不是四捨五入;稍後就會學到如何四捨五入。

若有需要,也有表示十六進位的 %x 和表示八進位的 %o:

```
printf "在 0x%x 天內!\n", 17; # 在 0x11 天內!
printf "在 0%o 天內!\n", 17;  # 在 021 天內!
```

在 Perl 裡,printf 最常被用在欄位資料,因為大部分格式都可以指定一個固定寬度。如果資料過長,欄位通常會視情況擴充:

```
printf "%6d\n", 42;  # 輸出結果看起來像 ````42(` 符號表示空格)
printf "%2d\n", 2e3 + 1.95;  # 2001
```

%s 轉換表示字串,所以它可以將給定值當作字串插入,而且可以指定欄位寬度:

```
printf "%10s\n", "wilma";  # 看起來像 `````wilma
```

若欄位寬度為負值,就會向左對齊(適用於上述這些轉換):

```
printf "%-15s\n", "flintstone"; # 看起來像 flintstone`````
```

%f 轉換(浮點數)會視需要四捨五入,甚至可以指定小數點後的輸出位數:

```
printf "%12f\n", 6 * 7 + 2/3;    # 看起來像 ```42.666667
printf "%12.3f\n", 6 * 7 + 2/3;  # 看起來像 ``````42.667
printf "%12.0f\n", 6 * 7 + 2/3;  # 看起來像 ``````````43
```

要印出真正的百分比符號,可以用 %%,它比較特別的是不會使用串列中的元素:

```
printf " 月利率 :%.2f%%\n",
    5.25/12;  # 看起來像「0.44%」
```

也許你覺得可以直接在百分比符號前放反斜線。好棒棒,可惜不行。不行的原因在於格式字串是運算式,而運算式 "\%" 表示單字元字串 '%'。就算我們將反斜線放進格式字串,printf 也不知道怎麼處理它。

到目前為止,都是直接在格式字串中指定寬度。其實也可以用一個引數來指定。格式字串中的 * 會將下一個引數當作寬度:

```
printf "%*s", 10, "wilma";       # 看起來像 `````wilma
```

可以使用兩個 * 來設定浮點數總寬度和小數點後的位數:

```
printf "%*.*f", 6, 2, 3.1415926; # 看起來像 ``3.14
printf "%*.*f", 6, 3, 3.1415926; # 看起來像 `3.142
```

你可以做的事還有很多;請見 perlfunc 中的 sprintf 文件。

陣列與 printf

一般來說,你不會用陣列當作 printf 的引數。因為陣列可以包含任意數目的元素,而格式字串只能用特定數目的元素。

但是沒有理由你不能在程式執行時產生格式字串,因為它可以是任意運算式。然而想要這樣做,需要一點技巧,先將格式字串儲存在變數裡是蠻方便的(尤其是除錯時):

```
my @items = qw( wilma dino pebbles );
my $format = " 項目是 :\n" . ("%10s\n" x @items);
```

```
## print "格式是 >>$format<<\n"; # 除錯用
printf $format, @items;
```

這段程式碼使用 x 運算子（在第 2 章學過）來複製指定字串，複製次數是 @items 的項目數（在串列語境下使用）。在這個例子，因為串列有三個元素，所以是 3。所以產生的格式字串如同你直接寫 " 項目是：\n%10s\n%10s\n%10s\n"。輸出結果會先印出標題，接著是每一行印出一個項目，在十個字元寬的欄位向右對齊。很酷吧？這還不夠酷，更酷的是你可以將它們組合起來：

```
printf "項目是 \n".("%10s\n" x @items), @items;
```

請注意，我們在純量語境下使用 @items 一次，取得它的長度，然後又在串列語境下使用一次，取得它的內容。語境的重要性由此可見。

檔案代號

檔案代號（*filehandle*）是 Perl 程式裡的一個名稱，用來表示你的 Perl 行程（process）和外界之間的 I/O 連結。也就是，它是連結的名稱，不一定是檔案名稱。事實上，Perl 有將檔案代號連結到幾乎任何東西的機制。

在 Perl 5.6 以前，所有的檔案代號都是裸字（bareword），Perl 5.6 增加了在一般純量變數儲存檔案代號參照（filehandle reference）的能力。我們會先介紹裸字，因為 Perl 仍然於特殊檔案代號使用它們，稍後再介紹純量變數形式的檔案代號。

檔案代號的命名規則就如同 Perl 識別字一樣：可用字母、數字和底線（但不能以數字開頭）。裸字檔案代號沒有任何前置字元，所以 Perl 可能會將它和現在或將來的保留字混淆，或是和第 10 章會介紹的標籤（label）混淆。所以如同標籤，Larry 建議使用全大寫字母來命名檔案代號——如此不僅看起來更明顯，也保證不會和未來 Perl 新的保留字（一定是小寫）衝突。

但是 Perl 保留了六個特殊用途的檔案代號名稱：STDIN、STDOUT、STDERR、DATA、ARGV 和 ARGVOUT。雖然你可以幫自己的檔案代號取任何名字，但除非你要使用這六個檔案代號的特殊用途，不然不應該使用其中任一個檔案代號名稱。

你可能已經認識上述一些檔案代號。當程式啟動時，檔案代號 STDIN 是 Perl 行程與程式取得輸入之間的連結，被稱為標準輸入串流（*standard input stream*）。除非使用者指定其他輸入來源，例如檔案或是來自其他程式的管道（pipe）輸入，不然通常它就是使用者鍵盤。

這三個主要 I/O 串流的預設行為就是 Unix 的預設行為。但是不是只有 shell 會啟動程式。在第 15 章會介紹從你的 Perl 程式啟動其他程式。

還有標準輸出串流（*standard output stream*）——STDOUT。預設會輸出到使用者的螢幕，但使用者也可以將輸出傳送到檔案或其他程式，你很快就會看到。這些標準串流來自 Unix 標準 I/O 程式庫，不過在大部分現代作業系統的運作大致相同。一般的觀念是程式應該無腦地從 STDIN 讀取輸入資料，並無腦地將資料寫到 STDOUT，相信使用者（通常是指執行你程式的程式）已經設定好了。那樣子，使用者可以在命令列提示符號（shell prompt）輸入這樣的指令：

```
$ ./your_program <dino >wilma
```

這個指令告訴 shell，程式應該從檔案 *dino* 讀取輸入，並輸出到檔案 *wilma*。只要程式無腦地從 STDIN 讀取輸入，處理輸入資料（按照我們的需求），再無腦地寫入資料到 STDOUT，就可以順利運作。

不需額外處理，程式就可以在管線（*pipeline*）中運作。這是另一個來自 unix 的觀念，讓我們可以寫出像這樣的指令：

```
$ cat fred barney | sort | ./your_program | grep something | lpr
```

現在若你不熟悉這些 Unix 指令，那沒關係。這一行指令的意思是，*cat* 指令逐行印出 *fred* 所有的內容，接著逐行印出 *barney* 的內容。之後將以上輸出全部當成 *sort* 的輸入，將內容排序後傳給 *your_program*。處理完後，*your_program* 會把資料傳送給 *grep*，它會過濾後去除一些內容，將剩下的資料傳給 *lpr*，這個指令會將接收到的資料送到印表機列印。呼！

上述管線在 Unix 或其他作業系統很常見，因為它可以讓你用像簡單、標準積木來組合建立強大、複雜的指令。每個積木只把單一任務做好，由你以正確的方式將它們組合起來。

還有一種標準 I/O 串流。如果（前一例中的）*your_program* 要發出警告或其他診斷訊息的話，不應該經由管線向下傳遞。*grep* 指令設定成丟棄指定字串以外的資料，所以也可能會丟棄警告訊息。即使它會保留警告訊息，你可能也不想順著管線往下傳遞給其他程式。所以這就是為什麼需要有標準錯誤串流：STDERR。即使標準輸出被導向其他程式或檔案，錯誤也會被導往使用者需要之處。預設的情況，錯誤會輸出到使用者的螢幕，但是使用者可能會將錯誤以如下的 shell 指令傳送到檔案：

```
$ netstat | ./your_program 2>/tmp/my_errors
```

錯誤訊息通常不會被緩衝保留。這表示若標準錯誤和標準輸出串流都被傳送到同一個地方（例如螢幕），錯誤會比正常的輸出較早出現。例如，如果程式印出一行普通文字，然後試著除以零，輸出結果可能會先顯示除以零的訊息，然後才是普通文字。

開啟檔案代號

所以你已經看過 Perl 提供的三個檔案代號——STDIN、STDOUT 和 STDERR——它們都是由執行 Perl 程式的父行程（可能是 shell）自動開啟的檔案或裝置。當需要其他檔案代號時，使用 open 運算子告訴 Perl，要求作業系統開啟程式與外界間的連結。這裡有一些例子：

```
open CONFIG, 'dino';
open CONFIG, '<dino';
open BEDROCK, '>fred';
open LOG, '>>logfile';
```

第一個例子開啟一個叫 CONFIG 的檔案代號，讓它連結到檔案 *dino*。也就是，（已經存在的）檔案 *dino* 將被開啟，不論裡面有什麼都會經由檔案代號 CONFIG 和我們的程式連結。這類似於檔案的資料透過 shell 命令列重新導向（例如 <dino），經由 STDIN 輸入程式。事實上，第二個例子就是用這樣的方式。第二個例子和第一個例子做完全一樣的事，但小於符號明示地說「使用此檔案代號來輸入」，雖然這就是預設行為了。

這可能有重要的安全因素。你很快就會看到（第 15 章還有更多細節），有一些神奇的字元可能會用在檔案名稱。若 $name 包含使用者自定檔名，開啟 $name 會允許這些神奇字元發揮作用。我們建議要使用三引數的 open 方式，稍後會說明。

雖然開啟檔案不必使用小於符號表示輸入，我們仍然提及，因為就如第三例所示，大於符號表示開啟檔案以輸出。這會開啟 BEDROCK 檔案代號以輸出到新檔案 *fred*。就像在 shell 重新導向使用大於符號一樣，將輸出傳送到名為 *fred* 的新檔案。如果已經有同名檔案，將會清除原內容，而以新內容取代。

第四例展示如何使用兩個大於符號（一樣地，就像 shell 使用的方式）開啟檔案代號以附加資料。也就是，如果檔案已存在，就會將新資料附加在檔尾。如果檔案不存在，就會建立新檔案，如同只使用一個大於符號一樣。這對記錄檔（logfile）來說很方便；程式可以在執行時每次寫幾行資料到記錄檔尾端。這就是為什麼第四例會將檔案代號和檔案名稱命名為 LOG 和 *logfile* 的原因。

你可以在指定檔案名稱處使用任何數值運算式，然而通常會想要明確地指定方向：

```perl
my $selected_output = 'my_output';
open LOG, "> $selected_output";
```

請注意大於符號後的空格。Perl 會忽略它，但未留白的話可能會發生無法預期的行為，例如，如果 $selected_output 是 ">passwd"，會變成附加資料而非取代寫入。

現代的 Perl 版本（Perl 5.6 開始），可以使用三引數 open：

```perl
open CONFIG, '<', 'dino';
open BEDROCK, '>', $file_name;
open LOG, '>>', &logfile_name();
```

優點是 Perl 不會被檔名（第三個引數）混淆檔案模式（第二個引數），在資安方面是個優點。因為它們是獨立的引數，Perl 沒有機會混淆。

第三個引數的形式有另一個大優勢。可以和檔案模式一起指定編碼方式。若你知道輸入檔案是 UTF-8 編碼，可以在檔案模式後方加上一個冒號以指定編碼方式：

```perl
open CONFIG, '<:encoding(UTF-8)', 'dino';
```

若想以特定編碼方式將資料寫入檔案，也可以以同樣方式設定兩種寫入模式：

```perl
open BEDROCK, '>:encoding(UTF-8)', $file_name;
open LOG, '>>:encoding(UTF-8)', &logfile_name();
```

這個設定有一個縮寫。你可能會看過 :utf8，而不是 encoding(UTF-8)。這其實不是完整版本的縮寫，因為它不管輸入（或輸出）是否是有效的 UTF-8。如果使用 encoding(UTF-8)，可以確定資料是正確編碼。:utf-8 會不管接收資料的編碼格式，即使它不是也會全部都標示成 UTF-8，這在之後可能會造成問題。不過你可能會看到有人會這樣做：

```perl
open BEDROCK, '>:utf8', $file_name;  # 可能不對
```

使用 encoding() 形式，也可以指定其他編碼方式。可以使用單行 Perl 程式來取得所有 Perl 可理解的編碼方式清單：

```perl
$ perl -MEncode -le "print for Encode->encodings(':all')"
```

你應該可以使用清單上的任何編碼來讀取或寫入檔案。並非所有機器上都有所有的編碼方式，因為清單取決於你所安裝（或排除）的編碼格式。

如果你要使用 UTF-16 的小端（little endian）版本，可以這麼做：

```
open BEDROCK, '>:encoding(UTF-16LE)', $file_name;
```

或是 Latin-1：

```
open BEDROCK, '>:encoding(iso-8859-1)', $file_name;
```

也有其他對輸出或輸入進行轉換的層級。例如有時候需要處理使用 DOS 行結尾（line ending）符號的檔案，每一行都是以一對回行首／換行（carriage-return/linefeed，縮寫為 CR-LF）字元（通常也會寫成 "\r\n"）結尾。Unix 只會用一個換行字元結尾。如果用錯了換行符號，就會發生奇怪的事。:crlf 編碼方式會幫你處理這一切。當你想確保每一行以 CR-LF 結尾，可以這樣設定：

```
open BEDROCK, '>:crlf', $file_name;
```

現在當你印出每一行時，此層級會將每個換行字元轉換為 CR-LF，不過請小心，如果本來就是 CR-LF 結尾，最後會有兩個 CR 字元在同一列。

你也可以用同樣方式讀取使用 DOS 行結尾的檔案：

```
open BEDROCK, '<:crlf', $file_name;
```

現在當你讀取檔案時，Perl 會轉換所有 CR-LF 到換行字元。

設定檔案代號為 Binmode

你不需要事先知道編碼方式，或即使你知道也不用指定。在早期的 Perl 版本，若不想轉換行結尾符號，例如二進位檔內的隨機值可能剛好和換行字元有一樣的序數值（ordinal value），可以使用 binmode 關閉行結尾的轉換處理：

```
binmode STDOUT; # 不會轉換行結尾符號
binmode STDERR; # 不會轉換行結尾符號
```

Perl 5.6 稱為 *discipline*，後來改稱為層級（*layer*）。

從 Perl 5.6 開始，可以指定層級當作 binmode 的第二個引數。如果想輸出 Unicode 到 STDOUT，而想要確保 STDOUT 知道如何處理它取得的資料：

```
binmode STDOUT, ':encoding(UTF-8)';
```

若不這樣做，你可能會看到警告訊息（即使沒有開啟警告功能），因為 STDOUT 不知道你想要如何對它編碼：

```
Wide character in print at test line 1.
```

可以在輸入或輸出操作使用 binmode。如果你希望標準輸入使用 UTF-8，可以告訴 Perl 你的期望：

```
binmode STDIN, ':encoding(UTF-8)';
```

不良的檔案代號

Perl 無法真的自己開啟檔案。將像其他程式語言一樣，Perl 只能要求作業系統幫忙開啟檔案。當然作業系統可能因為權限設定、不正確的檔名或其他因素而拒絕。

如你嘗試從不良的檔案代號（也就是無法正常開啟的檔案代號或是關閉的網路連線）讀取，會立刻讀取到檔案結尾。（以本章看到的 I/O 方法而言，檔案結尾在純量語境是 undef，在串列語境是空串列。）如你嘗試寫入資料到不良的檔案代號，資料會無聲無息地被丟棄。

幸運的是這可怕的後果很容易避免。首先，如你以 -w 或 use warnings 指示詞開啟警告功能，當使用到不良的檔案代號時，Perl 通常會發出警告。但在此之前，open 都會藉由回傳值告訴你成功與否，「真」表示成功，「假」表示失敗。所以程式碼可以這樣寫：

```
my $success = open LOG, '>>', 'logfile';  # 捕捉回傳值
if ( ! $success ) {
    # open 失敗
    ...
}
```

恩，這樣做雖然可以，不過下一節你會看到另一種做法。

關閉檔案代號

當你不需要某個檔案代號時，可以用 close 運算子關閉它，像這樣：

```
close BEDROCK;
```

關閉檔案代號是在告訴 *perl* 通知作業系統已完成對資料串流的處理，所以可以將尚未實際寫入的輸出資料寫入磁碟，以免有人等著使用它。當你重新開啟某檔案代號（也就是在新的 open 指令重複使用檔案代號）或離開程式時，Perl 會自動關閉它。

當關閉檔案代號時，*perl* 會出清（flush）所有輸出緩衝區，並釋放檔案的任何鎖。因為其他人可能在等待，所以長時間執行的程式應該儘可能及早關閉每個檔案代號。但是我們大部分的程式都只需花一兩秒就執行完畢了，所以比較沒關係。關閉檔案代號也會釋放可能是有限的資源，所以這樣做的優點不只是為了工整。

因此許多 Perl 程式不必煩惱 close 的問題。但是如果你要工整，每個 open 都要搭配一個 close。通常最好盡快在處理完後關閉每個檔案代號，即使程式不久就會結束也一樣。

以 die 發出嚴重錯誤

讓我們離開一下。你需要某些不是和 I/O 直接相關（或不太相關），但能提早離開程式的方法。

當 Perl 發生嚴重錯誤（fatal error）時（例如：除以零、使用無效的正規表達式或呼叫未宣告的副程式），你的程式會停止，並顯示錯誤訊息告知原因。而這個功能你也可以用 die 函式來做到，所以你可以發出自己的嚴重錯誤。

die 函式印出你給它的錯誤訊息（到此類訊息會去的標準錯誤串流），並確保你的程式以非零的結束狀態終止。

你可能不知道，但每個在 Unix（和許多現代作業系統）執行的程式都有一個結束狀態（exit status），來辨別它執行是否成功。執行其他程式的程式（像 *make* 公用程式）會由結束狀態來判斷是否一切順利。結束狀態只是一個位元組，所以它無法解釋太多；傳統上，0 表示成功，非零值表示失敗。或許 1 表示命令列引數語法錯誤，而 2 表示處理過程有錯誤，3 表示找不到設定檔；每個指令的細節不盡相同。但是 0 都表示一切正常。當結束狀態顯示失敗時，像 *make* 這樣的程式就不會繼續進行下一個步驟。

所以你可以這樣重寫前一個範例：

```
if ( ! open LOG, '>>', 'logfile' ) {
  die "無法建立紀錄檔：$!";
}
```

如果 open 失敗，die 會終止程式並告訴你無法建立紀錄檔。那訊息裡的 $! 是什麼呢？這是給人類看的系統抱怨訊息。通常系統拒絕做你要求的某件事時（例如開啟檔案），$! 會給你一個原因（在此案例中或許是「權限不足（permission denied）」或「檔案不存在（file not found）」）。這就是在 C 或其他類似程式語言以 perror 取得的字串。這個給人類看的抱怨訊息可以在 Perl 的特殊變數 $! 取得。

在訊息中包含 $! 是個好主意,這樣可以幫助使用者了解哪裡有問題。如果使用 die 來指出不屬於系統服務請求的錯誤時,請不要包含 $!。因為通常只會是 Perl 內部運作的不相關訊息。只有在系統服務要求失敗當下才會是有用的訊息。如果系統服務要求成功,就不會在 $! 留下有用的訊息。

die 還會幫你做一件事:自動在錯誤訊息後面加上 Perl 程式名稱和行號:

```
Cannot create logfile: permission denied at your_program line 1234.
```

這很有幫助——事實上,我們總是希望錯誤訊息能比我們一開始包含的訊息提供更多資訊。如果不想顯示行號和檔案名稱,請在訊息尾端加上換行字元。這是 die 的另一種用法,在訊息加上結尾的換行字元:

```
if (@ARGV < 2) {
  die " 引數不足 \n";
}
```

如果命令列引數不到兩個,程式會顯示引數不足並終止。因為行號對使用者沒有用處,所以不提供行號和程式名稱;畢竟這是使用者的錯誤。經驗法則是,用於指示用法錯誤可以在結尾加上換行字元,當想要在除錯過程中追蹤錯誤時則不要加上換行符號。

一定要檢查 open 的回傳值,因為程式的其餘部分要在它成功後才會執行。

以 warn 發出警告訊息

如同 die 可以像 Perl 內建錯誤(像是除以零)一樣指出嚴重錯誤,你可以使用 warn 像 Perl 內建警告(例如當開啟警告功能時,使用 undef 當成已經賦值的變數使用)一樣發出警告訊息。

warn 函式就像 die 一樣運作,除了最後它不會終止程式。但是它會視需要加上程式名稱和行號,並會像 die 一樣印出訊息到標準錯誤串流。

自動調用 die

從 v5.10 開始,標準函式庫提供了 autodie 指示詞。到目前為止的範例裡,你自己檢查 open 的回傳值,並自己處理錯誤:

```
if ( ! open LOG, '>>', 'logfile' ) {
  die " 無法建立紀錄檔:$!";
}
```

如果每次開啟檔案代號都要這樣做就會讓人有點煩。你也能在程式中使用 autodie 指示詞，如果 open 失敗，就會自動調用 die：

```
use autodie;

open LOG, '>>', 'logfile';
```

這個指示詞會辨識哪些 Perl 內建函式是系統呼叫，而系統呼叫失敗的原因是你程式無法控制的。當系統呼叫失敗時，autodie 會神奇地幫你調用 die。它的錯誤訊息看起來像是你自己選的：

```
Can't open('>>', 'logfile'): No such file or directory at test line 3
```

在討論過致命和可怕的警告訊息後，現在回到關於 I/O 的正題，請繼續收看。

使用檔案代號

一旦檔案以閱讀模式開啟，你可以像從標準輸入讀取一樣逐行讀取它。所以，例如從 Unix 密碼檔讀取：

```
if ( ! open PASSWD, "/etc/passwd") {
  die " 你是如何登入的？($!)";
}

while (<PASSWD>) {
  chomp;
  ... }
```

此範例中，die 使用圓括號括住了 $!。它只是括住輸出訊息的圓括號而已（有時候標點符號就只是標點符號）。如你所見，我們之前稱為「整行輸入運算子」實際上是由兩個部分組成；一對角括號（真正的整行輸入運算子）和用於輸入的檔案代號。

以寫入或附加模式開啟的檔案代號可以用於 print 或 printf，直接將其放在關鍵字後，引數串列之前：

```
print LOG " 艦長日誌，星曆 3.14159\n";  # 輸出到 LOG
printf STDERR " 已完成百分之 %d。\n", $done/$total * 100;
```

有注意到檔案代號和要列印的串列之間沒有逗號嗎？有使用圓括號的話看起來會特別奇怪。這兩種形式都正確：

```
printf (STDERR " 已完成百分之 %d。\n", $done/$total * 100);
printf STDERR (" 已完成百分之 %d。\n", $done/$total * 100);
```

更改預設的輸出檔案代號

預設情況下,若未提供檔案代號給 print(或 printf,以下的說明對兩者皆有效),輸出會被傳送到 STDOUT。但可由 select 運算子更改預設檔案代號。此範例中,我們將輸出傳送到檔案代號 BEDROCK:

```
select BEDROCK;
print " 我希望 Slate 先生不會發現這件事。\n";
print "Wilma ! \n";
```

一旦選擇了一個檔案代號當預設輸出,程式就會一直如此運作。但這通常不是個好主意,會混淆了其餘的程式碼,所以使用完畢後應該將它設定回 STDOUT。輸出到每個檔案代號的資料預設會經過緩衝。若將特殊變數 $| 設為 1,就會將目前的檔案代號(也就是變數修改當時 select 所選的檔案代號)資料在每次輸出時都立刻出清而不緩衝。所以如果想確保紀錄檔每次都立刻寫入,例如要監看長時間執行程式的即時日誌時,可以這樣做:

```
select LOG;
$| = 1;  # 不要讓 LOG 的內容保留在緩衝區
select STDOUT;
# ... 時間流逝,寶寶學會走路、板塊也漂移了 ...
print LOG " 這一行會立刻寫入 LOG ! \n";
```

重新開啟標準檔案代號

之前曾經提過如果重新開啟檔案代號(也就是你已經開啟過檔案代號 FRED,現在又要開啟檔案代號 FRED),Perl 會自動幫你關閉舊的檔案代號。我們也提過,你不應該重新開啟六個標準檔案代號,除非你想利用該檔案代號的特殊功能。我們也說過,從 die 和 warn 來的訊息和 Perl 內部的抱怨訊息會自動傳到 STDERR。如果你把這三項資訊放在一起,你就知道你可以將錯誤訊息傳送到檔案,而不一定要傳到程式的標準錯誤串流:

```
# 傳送錯誤到我私人的錯誤紀錄中
if ( ! open STDERR, ">>/home/barney/.error_log") {
  die " 無法以附加模式開啟錯誤紀錄檔:$!";
}
```

重新開啟 STDERR 後,任何 Perl 的錯誤訊息都會傳送到新檔案。但是如果 die 被執行了,錯誤訊息會去哪裡呢?如果新檔案沒有被成功開啟,無法接收訊息呢?

答案是,如果這三個系統檔案代號——STDIN、STDOUT 或 STDERR——重新開啟失敗,Perl 會好心地回復原始的檔案代號。也就是,Perl 只有在新的連結成功開啟後,才會關閉原始的檔案代號。因此這個技巧可以用於程式內部對任意（或全部）的系統檔案代號重新導向，幾乎和程式從 shell 執行時就進行重新導向一樣。

以 say 輸出

Perl 5.10 從持續開發的 Raku 借用了內建的 say（Raku 可能是從 Pascal 的 println 借用來的）。它就和 print 一樣，只是在最後會加上換行字元。下列程式碼會有相同的輸出結果：

```
use v5.10;

print "Hello!\n";
print "Hello!", "\n";
say "Hello!";
```

若要印出緊接著換行字元的變數值，不需要建立一個新字串，或是 print 一個串列。我們只要說出（say）那個變數。這在想要將輸出結果加上換行字元的這種常見狀況是非常方便的：

```
use v5.10;

my $name = 'Fred';
print "$name\n";
print $name, "\n";
say $name;
```

不過插入陣列時仍然需要引號。使用引號時，元素之間會被加上空格：

```
use v5.10;

my @array = qw( a b c d );
say @array;    # "abcd\n"
say "@array"; # "a b c d\n";
```

就像 print，say 也可以指定檔案代號：

```
use v5.10;

say BEDROCK "Hello!";
```

然而因為這是 5.10 的一個功能，我們只有在使用其他 5.10 功能時才會使用它。舊有的、可靠的 print 仍然相當好用，我們懷疑有幾個 Perl 程式設計師會為了少打四個額外字元而使用 say（兩個字元在名稱，另外兩個在 \n）。

純量變數裡的檔案代號

從 v5.6 開始，可以在純量變數裡建立檔案代號，就不需要使用裸字。這讓許多事變得容易許多，像是傳遞檔案代號當作副程式引數、將它們儲存在陣列或雜湊、或控制它們的作用範圍。不過你還是需要了解如何使用裸字，因為你還是會在 Perl 程式碼看到它們，在不需要於變數中使用檔案代號的簡短命令稿裡，使用裸字仍然是很方便的。

如果在 open 中使用未賦值的純量變數取代裸字，你的檔案代號最後會出現在變數中。人們通常會使用語彙變數來這麼做，因為這樣可以確定取得未賦值的變數；有些人喜歡在變數名稱後加上 _fh 以提醒自己這些變數是用來當作檔案代號的：

```perl
my $rocks_fh;
open $rocks_fh, '<', 'rocks.txt'
  or die " 無法開啟 rocks.txt：$!";
```

甚至可以將兩個敘述合併，直接在 open 中宣告語彙變數：

```perl
open my $rocks_fh, '<', 'rocks.txt'
  or die " 無法開啟 rocks.txt：$!";
```

一旦檔案代號存於純量變數中，就可以在任何可以使用裸字的地方使用該變數：

```perl
while( <$rocks_fh> ) {
  chomp;
  ...
}
```

這也可以用於輸出操作的檔案代號。以適當模式開啟檔案代號，並使用該純量變數取代裸字：

```perl
open my $rocks_fh, '>>', 'rocks.txt'
  or die " 無法開啟 rocks.txt：$!";
foreach my $rock ( qw( slate lava granite ) ) {
  say $rocks_fh $rock
}

print $rocks_fh "limestone\n";
close $rocks_fh;
```

請注意在這些範例中檔案代號後面都沒有逗號。因為 print 第一個引數之後沒有逗號，所以 Perl 知道 $rocks_fh 是檔案代號。如果在檔案代號後加上逗號，輸出會變得很奇怪，可能不是你想要的結果：

```perl
print $rocks_fh, "limestone\n"; # 錯誤
```

這個例子會產生如下的輸出結果：

```
GLOB(0xABCDEF12)limestone
```

這是怎麼回事呢？因為你在第一個引數後使用逗號，Perl 將第一個引數當成字串而不是檔案代號來輸出。然而我們在《Intermediate Perl》才會提到參照，你看到的是字串化（stringification）的參照，而不是你預期的使用方法。這也表示以下兩個例子是有些微不同的：

```
print STDOUT;
print $rocks_fh;   # 可能是錯的
```

在第一個例子，Perl 知道 STDOUT 是檔案代號，因為它是裸字。因為沒有其他引數，Perl 使用預設變數 $_。在第二個例子，在實際執行之前，Perl 無法得知 $rocks_fh 的內容。因為 Perl 無法事先知道它是一個檔案代號，它會假設 $rocks_fh 有你要輸出的值。要解決這個問題，可以把要當作檔案代號的變數用大括號包圍，確保 Perl 做對的事，即使你用的是存在陣列或雜湊的檔案代號也一樣：

```
print { $rocks[0] } "sandstone\n";
```

使用大括號時，預設不會印出 $_，你必須明確提供它：

```
print { $rocks_fh } $_;
```

要選擇裸字或純量變數形式的檔案代號，取決於你實際開發的程式類型。對小型程式而言，像是用於系統管理，裸字不會造成太大問題。對於大型程式開發，你可能會用語彙變數來控制開啟之檔案代號的作用範圍。

習題

習題解答請見第 303 頁的「第 5 章習題解答」。

1. [7] 寫一個功能類似 *cat* 的程式，但是反轉輸出行的順序。（有些系統會有名為 *tac* 的類似工具程式。）如果以 `./tac fred barney betty` 執行你的程式，輸出應該是 *betty* 從最後一行到第一行的所有內容，然後是 *barney*，再來是 *fred*，也是從最後一行到第一行。（如果你也將程式命名為 *tac*，請確定執行程式時加上 `./`，才不會執行到系統上的 *tac* 工具程式。）

2. [8] 寫一個程式，要求使用者在不同行輸入一串字串，以向右對齊、欄寬 20 個字元的方式印出每個字串。也印出一行數字「尺規列」來確定輸出是在正確欄位。（這只是用來除錯的。）確保你沒有不小心用了欄寬 19 的字元欄位！例如，輸入 hello、goodbye 應該會有這樣的輸出：

```
12345678901234567890123456789012345678901234567890
               hello
             good-bye
```

3. [8] 修改前一個程式來讓使用者選擇欄寬，所以輸入 30、hello、goodbye（在不同行）會將字串對齊在第 30 個欄位。（提示：關於控制變數插入請見第 30 頁「在字串中插入純量變數」。）加分題：當輸入太長的欄寬時，自動增加尺規列的長度。

## 第六章

雜湊

在本章中，你會看到讓 Perl 成為世界上最偉大程式語言之一的特色：雜湊（*hash*）。儘管雜湊強大又有用，你可能使用其他強大的程式語言多年卻未曾聽過雜湊。但從現在起你寫的每個 Perl 程式都會用上雜湊；重要性由此可見。

什麼是雜湊？

雜湊是一種資料結構，和陣列一樣，它可以包含任意數量的值，並在需要時存取；和陣列不同之處是，它不是像陣列一樣用數字來索引值，而是用**名稱**來尋找雜湊的值。也就是，雜湊的索引稱為鍵（*key*），不是數字，而是獨一無二的任意字串。（請見圖 6-1）。

首先，雜湊的值為字串。例如你會以 wilma 來存取雜湊元素，而不是像陣列那樣存取編號 3 的元素。

這些鍵是任何字串——可以用任何字串運算式當作雜湊鍵。它們是獨特的字串——就像只有一個陣列元素編號是 3，也只有一個名為 wilma 的雜湊元素。

另一個對雜湊的思考可以將它想成是一桶資料，每個資料上都有標籤。你可以伸手進桶內，取出任何一個標籤，看看上面的資料是什麼。但是桶子裡沒有「第一個」項目；它就是一團亂。在陣列裡，第一個元素是 0，然後是 1，再來是 2，以此類推。但是在雜湊裡，沒有固定順序，沒有第一個元素。它只是一堆「鍵——值對（key-value pair）」的集合。

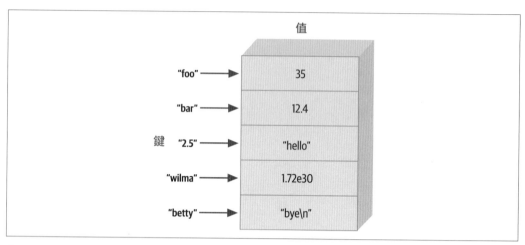

圖 6-1　雜湊的鍵與值

鍵與值是任意的純量，但是鍵都會被轉換成字串。所以若你使用 50/20 當做鍵，它會被轉換成三個字元的字串 "2.5"，也就是圖 6-2 中的一個鍵。

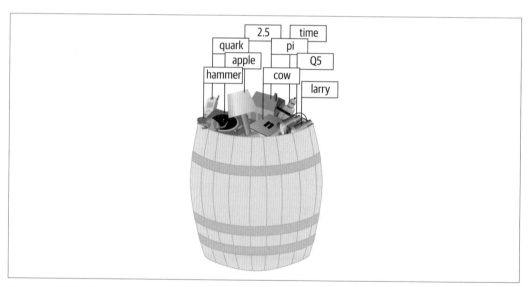

圖 6-2　把雜湊想成一桶資料

照慣例，遵循 Perl 的「無不必要限制」哲學：雜湊可以是任意大小，從沒有鍵值對的空雜湊到填滿記憶體為止。

有些雜湊的實作（像是 Larry 借用概念的原始 *awk* 程式語言）會隨著雜湊大小越來越大而效能變差。Perl 不會這樣——它有良好、有效率、可擴充的演算法。所以，如果雜湊只有三個鍵值對，很快就可以「伸進桶內」取出其中任何一個。如果雜湊有三百萬個鍵值對，一樣可以很快地取出其中一個鍵值對。雜湊大也不用擔心。

值得再提的是，鍵一定是獨一無二的，但同樣的值可能有不只一個。雜湊的值可以全都是數字、全是字串、undef 值，或是它們的組合。但是鍵一定全都是任意的、獨一無二的字串。

為什麼使用雜湊？

當第一次聽到雜湊時，尤其是當你長期使用沒有雜湊的程式語言，可能會懷疑怎麼會有人需要用這種奇怪的怪物。嗯，大致的想法是你會需要將一組資料對應到另一組資料。例如，這裡有些典型 Perl 程式會看到的雜湊案例：

駕照號碼與駕駛人名

　　有很多很多人叫 John Smith，但你會希望他們每個人有不同的駕照號碼。這號碼可以當成互不相同的雜湊鍵，而駕駛人名是雜湊值。

單字與單字出現次數

　　這是很常見的雜湊用法。事實上因為它太常見了，所以會出現在本章最後的習題中！

　　這裡的想法是想知道在一個文件中每個單字出現的頻率。或許你正在建立一堆文件的索引，當使用者搜尋 fred 時，就會知道某個文件提到 fred 五次，另一個提到 fred 七次，另一個完全沒有提到 fred——所以你會知道哪些文件是使用者可能想要的。索引製作程式會讀取文件，每次看到 fred 出現，就會將 fred 鍵對應的值加 1。也就是如果看到 fred 在文件中出現過兩次，這個值會是 2，現在將值增加到 3。若還未曾看過 fred，就會將值從 undef（預設值）更改成 1。

使用者名稱與他們使用（浪費）的磁區數

　　系統管理者會喜歡這個應用：系統上的使用者名稱都是不同的字串，所以可以用來當雜湊鍵來尋找關於該使用者的資訊。

雜湊另一個思考方式是想成一個很簡單的資料庫，其中每個鍵只有一個資料。事實上，如果你的任務敘述包含「尋找重複項目」、「獨一無二」、「交互參照」或「查表」等字眼，那實作就很可能可以使用雜湊。

存取雜湊元素

要存取雜湊元素，可以使用這樣的語法：

```
$hash{$some_key}
```

這和存取陣列很相似，但這裡在索引（雜湊鍵）旁使用大括號取代中括號。因為要做比陣列存取更炫的事，所以要用更炫的標點符號。而鍵運算式現在是字串而非數字：

```
$family_name{'fred'}   = 'flintstone';
$family_name{'barney'} = 'rubble';
```

圖 6-3 展示了雜湊如何賦值。

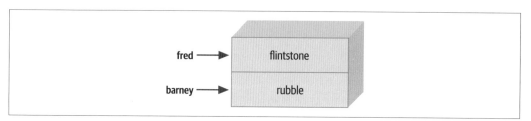

圖 6-3　雜湊賦值

這讓你可以這樣的程式碼：

```
foreach my $person (qw< barney fred >) {
  print " 我聽過 $person $family_name{$person}.\n";
}
```

雜湊的名稱如同其他 Perl 識別字。它來自獨立的命名空間；也就是，雜湊元素 $family_name{"fred"} 和副程式 &family_name 沒有關聯。當然，沒有理由這樣取名來混淆大家。但如果你有名為 $family_name 的純量變數和名為 $family_name[5] 的陣列元素，Perl 也不會介意。我們人類要學 Perl 的做法；亦即，要看識別字前後出現的標點符號來判斷它的意思。當名稱前有一個錢符號，後面有一對大括號，那就是存取雜湊元素。

為雜湊名命名時，可以想成雜湊鍵與值中間有個「的」字，像是「fred（鍵）的 $family_name（雜湊名稱）是 flintstone（值）」。所以此雜湊名稱為 family_name。這樣鍵與值的關係就清楚了。

當然，雜湊鍵可以是任何運算式，不只是字串字面值和簡單的純量變數：

```
$foo = 'bar';
print $family_name{ $foo . 'ney' };  # 印出 'rubble'
```

對已存在的雜湊元素賦值時，會覆蓋原有的值：

```
$family_name{'fred'} = 'astaire';   # 給已存在的元素新值
$bedrock = $family_name{'fred'};    # 取得 'astaire'，舊值消失了。
```

這和陣列與純量類似。如果要在 $pebbles[17] 或 $dino 儲存新值，舊值就會被覆蓋。若要在 $family_name{'fred'} 儲存新值，舊值也會被覆蓋。

雜湊元素會在第一次賦值產生：

```
$family_name{'wilma'} = 'flintstone';               # 新增鍵（和值）
$family_name{'betty'} .= $family_name{'barney'};    # 必要時會建立元素
```

這個功能叫 **自動甦醒**（*autovivification*），細節請見《*Intermidiate Perl*》。這也和陣列與純量類似；如果之前不存在 $pebbles[17] 或 $dino，賦值後也會自動產生。如果以前沒有 $family_name{'betty'}，也可以這樣產生。

存取不存在的雜湊，會取得 undef 值：

```
$granite = $family_name{'larry'}; # 這裡沒有 larry，所以是 undef
```

又一次，這就像陣列與純量一樣；如果 $pebbles[17] 或 $dino 尚未賦值，存取它會得到 undef。

存取整個雜湊

若要指稱整個雜湊，請使用百分比符號（%）開頭。所以，前幾頁範例使用的雜湊，應該稱為 %family_name。

為了方便使用，可以將雜湊轉換成串列，反之亦然。對雜湊賦值（在這個例子，來自圖 6-1）就是串列語境賦值，其中的串列是鍵值對：

```
%some_hash = ('foo', 35, 'bar', 12.4, 2.5, 'hello',
        'wilma', 1.72e30, 'betty', "bye\n");
```

雖然你可以使用任何串列運算式，但它必須有偶數個元素，因為雜湊是由鍵值對組成的。奇數個元素會造成不可靠的結果，也會引發警告訊息。

雜湊的值（串列語境中的）是鍵值對的簡單串列：

```
my @any_array = %some_hash;
```

Perl 稱此為展開（*unwinding*）雜湊——將它轉換成鍵值對串列。當然，這些鍵值對不會和原來的串列順序一樣：

```
print "@any_array\n";
  # 可能會有這樣的結果：
  # betty bye （和一個換行字元） wilma 1.72e+30 foo 35 2.5 hello bar 12.4
```

 在純量語境中，雜湊會回傳雜湊鍵的數量：`my $count = %hash;`。然而在 v5.26 以前會回傳一個奇怪的分數，與用過之雜湊量和 *perl* 配置過之量的比相關。

因為 Perl 會以內部方便快速查找的順序排列鍵值對，所以順序是打亂的。當你不在意項目順序或你有簡單的方式將他們排列成你要的順序時，就可以使用雜湊。

當然，即使鍵值對的順序是打亂的，每個鍵仍然和它對應的值在結果串列中緊密黏在一起的。所以，即便你不知道鍵 foo 會出現在串列哪裡，但你知道它的值 35 會緊跟著出現。

雜湊的賦值

雖然很少這樣做，但是你可以用很明顯的語法將雜湊賦值給另一個雜湊：

```
my %new_hash = %old_hash;
```

Perl 實際上做的事會比表面看到的更多。和其他程式語言，像是 C 或 Pascal，只是簡單複製一塊記憶體區塊不同，Perl 的資料結構複雜許多。所以這一行程式碼是告訴 Perl 展開 %old_hash 成鍵值對串列，再賦值給 %new_hash，逐一產生鍵值對。

然而比較常見的是以某種方式轉換雜湊。例如，你可以建立反向的雜湊：

```
my %inverse_hash = reverse %any_hash;
```

這會將 %any_hash 展開成鍵值對串列，建立一個像 (*key*, *value*, *key*, *value*, *key*, *value*, ...) 的串列。接著 reverse 會將串列反轉，建立一個像 (*value*, *key*, *value*, *key*, *value*, *key*, ...) 的串列。現在這些鍵位於原來值的位置，值位於原來鍵的位置。當結果儲存在 %inverse_hash 後，可以查找原來在 %any_hash 的值——它現在是 %inverse_hash 的鍵。而找到的值則是 %any_hash 的某個鍵。我們就可以用值（現在是鍵）找鍵（現在是值）。

當然你可能猜到（或根據科學原則，如果你冰雪聰明的話）這只有在原始雜湊的值不重複的情況下才能這樣做。否則在新雜湊會有重複的鍵，而鍵應該要是獨一無二的。在此 Perl 採用「後到者贏」的原則。亦即串列中後面的項目會覆蓋之前的項目。

當然你無法知道鍵值對在此串列中的順序，所以無法判斷誰會贏。這個技巧只能用在你知道原始值沒有重複的情況下。不過這就是用於之前提到的 IP 位址與主機名稱的範例：

```
%ip_address = reverse %host_name;
```

現在你可以輕鬆地以主機名稱或 IP 位址來查詢相對應的 IP 位址或主機名稱。

大箭頭符號

把串列賦值給雜湊時，有時候哪個元素是鍵，哪個元素是值，並不明顯。例如，在這個賦值運算（之前看過的範例），我們人類為了要知道 2.5 是鍵還是值，必須要數遍整個串列，念著「鍵、值、鍵、值 ...」：

```
%some_hash = ('foo', 35, 'bar', 12.4, 2.5, 'hello',
        'wilma', 1.72e30, 'betty', "bye\n");
```

如果 Perl 提供一個方式來配對這種串列的鍵值，讓哪個是哪個比較容易判斷，這樣不是很棒嗎？Larry 也有想到，這就是為什麼他發明大箭頭符號（=>）的原因。對 Perl 來說，它只是逗號的另一種說法，所以又稱為「胖逗號」。也就是，在 Perl 的文法裡，任何要用逗號的地方，都可以使用大箭頭符號取代；對 Perl 來說兩個都一樣。所以這是另一個建立姓氏雜湊的方法：

```
my %last_name = (   # 雜湊可以是語彙變數
  'fred'   => 'flintstone',
  'dino'   => undef,
  'barney' => 'rubble',
  'betty'  => 'rubble',
);
```

這裡，很容易（至少比較容易）看出哪個名字和哪個值配對，甚至我們在同一行列出很多對也可以。請注意在串列最後有一個多的逗號。如我們之前看過的，這不會有問題，卻很方便；如果將來要增加人名到此雜湊，我們只要確認每一行都有鍵值對和結尾的逗號就好。Perl 會看到每個項目間有逗號，以及串列尾端額外的（無傷大雅的）逗號。

但更好的是。Perl 提供了許多協助程式設計師的縮寫。這裡有一個方便的縮寫：當你使用胖逗號時，會自動替左邊的值加上引號，所以可以省略某些雜湊鍵的引號：

```
my %last_name = (
  fred    => 'flintstone',
  dino    => undef,
  barney  => 'rubble',
  betty   => 'rubble',
);
```

當然,因為雜湊鍵可以是任意字串,所以你不能省略所有雜湊鍵的引號。如果左側的值看起來像是 Perl 的運算子,Perl 會被搞混。像這樣就行不通,因為 Perl 會認為 + 是加法運算子,而不是需要加引號的字串:

```
my %last_name = (
  +    => 'flintstone',  # 錯誤!編譯錯誤!
);
```

但雜湊鍵通常很簡單。如果雜湊鍵只有由字母、數字和底線(且不是數字開頭)組成,那你**可能**可以省略引號。這種沒有引號的簡單字串稱為**裸字**(*bareword*),因為它是獨立沒有引號的字串。

另一個可以用縮寫的地方是雜湊最常出現的地方:雜湊元素參照的大括號內。例如,可以只寫 $score{fred} 而不用 $score{'fred'}。因為許多雜湊鍵都像這樣簡單,不用引號真的很方便。但是要小心;如果大括號內有裸字以外的任何字元,Perl 會將它解讀為運算式。例如,如果有一個點(.),Perl 會解讀為字串連接:

```
$hash{ bar.foo } = 1;  # 這個雜湊鍵為 'barfoo'
```

雜湊函式

當然,有一些可以一次作用於整個雜湊的有用函式。

keys 與 values 函式

key 函式會回傳一個包含雜湊所有鍵的串列,而 value 函式會回傳相對應的所有值。如果雜湊沒有任何元素,這兩個函式都會回傳空串列:

```
my %hash = ('a' => 1, 'b' => 2, 'c' => 3);
my @k = keys %hash;
my @v = values %hash;
```

所以 @k 會包含 'a'、'b' 和 'c'，而 @v 會包含 1、2 和 3——以某種順序排列。記得 Perl 不會維持雜湊元素的順序。但無論鍵的順序為何，值就會是相對應的順序：如果 'b' 是最後一個鍵，2 也會是最後一個值；如果 'c' 是第一個鍵，3 就會是第一個值。只要你在取得鍵和取得值的操作之間沒有修改過雜湊，順序就是如此。如果增加元素到雜湊，Perl 會保留視需要重新排列的權利，這是為了保持存取的速度。在純量語境下，這兩個函式會回傳雜湊元素（鍵值對）的數量。它們反應快速，無需逐一訪視每個雜湊元素：

```perl
my $count = keys %hash;   # 取得 3，表示有三組鍵值對
```

偶爾，你會看到有人把雜湊當成布林（真 / 假）運算式使用，像這樣：

```perl
if (%hash) {
  print " 它是真值！\n";
}
```

如果雜湊至少有一個鍵值對，則結果為真。所以，它是在說：「如果雜湊不是空的 ...」。但是這是很少見的用法。實際的結果是鍵的數量（5.26 或更新的版本）或對維護 Perl 之開發者有用內部的除錯字串（5.26 之前的版本）。它看起來像是「4/16」，不管是哪個版本，如果雜湊不是空的，此值都保證為真。如果雜湊是空的，此值就為假，因此有人還是會這樣用。

each 函式

如果你想迭代（也就是檢查每個雜湊元素）整個雜湊，其中一個常見的做法是使用 each 函式，它會以兩個元素串列的形式回傳一對鍵值對。此函式每次迭代同一個雜湊時，會回傳下一個鍵值對，直到迭代完所有元素。當沒有更多鍵值對時，each 會回傳空串列。

實務上，唯一會使用 each 的地方是在 while 迴圈，像是這樣：

```perl
while ( ($key, $value) = each %hash ) {
  print "$key => $value\n";
}
```

這裡做了很多事。首先，each %hash 從雜湊回傳一個鍵值對，即含有兩個元素的串列；假如說鍵是 'c'，值是 3，那串列就是 ("c",3)。這個串列被賦值給 ($key, $value)，所以 $key 成為 "c"，而 $value 成為 3。

但串列賦值是發生在 while 迴圈的條件式中，它是純量語境。（嚴格來說，它是預期真假值的布林語境，是個特殊的純量語境）。純量語境串列賦值的值是原始串列的元素數量——在此例是 2。因為 2 是真值，所以會進入迴圈本體，並印出 c => 3 的訊息。

下次執行迴圈時，each %hash 會回傳新的鍵值對；這次是 ("a", 1)（因為它會追蹤讀到哪裡，所以會回傳和上次不同的鍵值對；以技術行話來說，每個雜湊有自己的迭代器（iterator）。）這兩個項目會存在 ($key, $value) 中。因為原始串列項目數又是 2，是真值，所以 while 條件式為真，再次執行迴圈本體，印出 a => 1。

 每個雜湊都有自己的迭代器。只要使用 each 的迴圈迭代不同的雜湊，就可以進行巢狀套疊。但是對同一個雜湊調用不同的 each 會造成無法預期的結果，因為它們會互相干擾。

迴圈再次執行，現在你已經知道會怎麼運作，所以不意外地，會看到輸出 b => 2。

但它不可能永遠執行下去。現在，當 Perl 評估 each %hash 時，已經沒有鍵值對可用，所以 each 會回傳空串列。空串列賦值給 ($key, $value)，所以 $key 會是 undef，$value 也是 undef。

但這並不重要，這是在 while 迴圈的條件式裡評估。純量語境的串列賦值是原始串列的項目數目——在此例中是 0。因為 0 是假值，所以 while 迴圈就結束了，繼續執行剩下的程式。

當然，each 回傳鍵值對的順序是混亂的。（它和 keys 與 values 產生的順序相同；這是雜湊的「自然」順序。）如果要照順序訪視雜湊，只要對鍵進行排序，像這樣：

```
foreach $key (sort keys %hash) {
  $value = $hash{$key};
  print "$key => $value\n";
  # 或是我們可以省略額外的 $value 變數：
  #  print "$key => $hash{$key}\n";
}
```

在第 14 章會看到更多排序雜湊的內容。

雜湊的典型使用方式

看到這裡，再看一些具體的範例會更有幫助。

Bedrock 圖書館使用一個 Perl 程式，在許多其他資訊中，使用雜湊記錄每個人借了多少本書：

```
$books{'fred'} = 3;
$books{'wilma'} = 1;
```

要判斷雜湊元素的真假很簡單，可以這樣做：

```perl
if ($books{$someone}) {
  print "$someone 至少借了一本書。\n";
}
```

但是雜湊有些元素不為真：

```perl
books{"barney"}  = 0;       # 目前沒有借書
$books{"pebbles"} = undef;  # 沒有借過書；一張新辦的借書證
```

因為 Pebbles 沒有借過書，她的紀錄是 undef 而不是 0。

每個有借書證的人在雜湊裡都有一個鍵。每個鍵（也就是每個圖書館讀者）都有一個值，不是借出的書本數就是 undef（表示從來沒有用過的借書證）。

exists 函式

要檢查一個鍵是否存在雜湊中（也就是某人是否有借書證），可以用 exist 函式，如果雜湊中有此鍵會回傳真值，無論相對應的值是否為真：

```perl
if (exists $books{"dino"}) {
  print "嘿，dino 有一張借書證！\n";
}
```

也 就 是 說， 假 如（ 唯 有 假 如 ）dino 出 現 在 keys %books 回 傳 的 鍵 串 列 中，
exists $books{"dino"} 就會回傳真值。

delete 函式

delete 函式會移除雜湊中指定的鍵（和對應的值）。（如果沒有這個鍵，它會直接結束，不會有警告或錯誤訊息）：

```perl
my $person = "betty";
delete $books{$person};  # 撤銷 $person 的借書證
```

請注意這和「在雜湊元素存入 undef 值」並不同——事實上，正好相反！在這兩種情況下，exists($books{"betty"}) 會得到相反的值；delete 後，該鍵就不會出現在雜湊中，但是存入 undef 值後，該鍵一定還存在。

在此範例，delete 之於存入 undef，就如同拿走 Betty 的借書證之於給她一張未使用過的借書證。

插入雜湊元素

你可以插入一個雜湊元素到雙引號字串，其結果就如你的預期一樣：

```perl
foreach $person (sort keys %books) {          # 依序處理圖書館每位讀者
  if ($books{$person}) {
    print "$person has $books{$person} items\n";   # fred 有三件
  }
}
```

但是並不支援插入整個雜湊；"%books" 只是字面上的六個字元「%books」。所以你已經看過雙引號內所有需要反斜線脫逸的神奇字元：「$」和「@」，因為它們會帶入 Perl 想要安插的變數；「"」，用於括住會結束雙引號字串的字元；和「\」，反斜線本身。任何雙引號內的其他字元都沒有特別功能，而只表示自己本身。但請留意雙引號字串內變數名稱後的倒引號「'」、左方括號「[」、左大括號「{」、小箭頭符號「->」或雙冒號「::」，它們或許有意外的含義。

%ENV 雜湊

有一個可以馬上使用的雜湊。你的 Perl 程式，就像其他程式一樣，也是在特定的環境下執行，而你的程式可以取得環境相關資訊。Perl 將此資訊儲存在 %ENV 雜湊內。例如，你可以檢視 %ENV 雜湊中的 PATH 鍵：

```perl
print "PATH 是 $ENV{PATH}\n";
```

你會看到如下的結果（實際結果取決於你的環境設定和作業系統）：

```
PATH is /usr/local/bin:/usr/bin:/sbin:/usr/sbin
```

作業系統會幫你設定大部分環境變數，但是你也可以自行設定。如何設定因你的作業系統和 shell 而異。以 Bash 來說，可以用 export：

```
$ export CHARACTER=Fred
```

以 Windows 來說，可以用 set：

```
C:\> set CHARACTER=Fred
```

在 Perl 程式外設定好環境變數後，可以在 Perl 程式內存取它們：

```perl
print "CHARACTER 是 $ENV{CHARACTER}\n";
```

你會在第 15 章看到更多關於 %ENV 的內容。

習題

習題解答請見第 305 頁的「第 6 章習題解答」。

1. [7] 寫一個程式要求使用者輸入指定的名字，並回報相對應的姓氏。使用你知道的人名或（如果你是電腦宅宅，所以不認識任何人）利用下列表格：

輸入	輸出
fred	flintstone
barney	rubble
wilma	flintstone

2. [15] 寫一個程式讀取一系列單字（一行一個單字）直到輸入結束，然後印出每個單字出現的次數。（提示：還記得把未定義值當成數字使用，Perl 會自動將它轉換為 0。回頭看先前計算總和的練習也許會有幫助。）所以假如輸入是 fred、barney、fred、dino、wilma、fred（都在不同行），輸出應該告訴我們 fred 出現了 3 次。加分題：根據碼點（code point）順序排列輸出的單字。

3. [15] 寫一個程式列出 %ENV 所有的鍵和值。將結果分兩欄以 ASCIIbetical 順序輸出。加分題：將兩欄的輸出垂直對齊排列。length 函式能幫你找出第一欄的寬度。當程式可以執行，請設定某些新的環境變數，並確定它們在輸出中出現。

## 第七章

正規表達式

Perl 強力支援正規表達式（regular expression 或簡稱 *regex*）。這個在 Perl 內的迷你語言以緊湊又強大之方式描述用來比對樣式的一系列字串。這是讓 Perl 大受歡迎的特色之一。

今日許多程式語言都有提供這類強大的工具（可能稱為 Perl 相容正規表達式，Perl-Compatible Regular Expressions 或 PCRE），但是 Perl 的能力和表達力仍然是其中的佼佼者。

在接下來三章，我們會探討在大部分程式會用到的正規表達式功能。本章會先介紹基礎的正規表達式語法。第 8 章會介紹比對運算子和較複雜的樣式使用方式。最後，在第 9 章會介紹使用樣式來修改文字。

正規表達式可能會是你最喜歡語言功能之一，至少在一段時間內是如此。但因為正規表達式很緊湊，在你習慣它之前，可能會讓你感到灰心。這很正常。當你讀過這幾個章節時，請嘗試一下其中的範例。更複雜的樣式是建立在你讀過的內容之上。

序列

Perl 的正規表達式要嘛匹配字串，要嘛不匹配。沒有部份相等（Partial match）這回事。而 Perl 並不會尋求最佳匹配。反而它會匹配滿足樣式之最左邊、最長的子字串。

 其他程式語言的正規表達式引擎運作方式可能不同，可能在找到符合的字串後，還會再尋找更好的匹配結果。詳情請見 Jeffrey Friedl 的《精通正規表達式》（碁峰資訊出版）。

最簡單的樣式是*序列*（*sequence*）。將字面字元放在一起表示希望以這些順序之字元來比對子字串。假如你希望比對 abba 序列，請將它放在兩個斜線之間：

```
$_ = "yabba dabba doo";
if (/abba/) {
  print " 匹配！\n";
}
```

if 條件運算式中的一對斜線（//）就是比對運算子。它會將樣式跟 $_ 中的字串做比對。樣式就是兩斜線之間的部分。這看起來可能很奇怪，因為這是你首次在本書中看到被運算子包圍的值。

如果樣式匹配 $_ 中的字串，比對運算子會回傳真。否則會回傳假。樣式比對會試著先從字串的第一個字元位置開始。$_ 的第一個字元是 y，但是樣式的第一個字元是 a。這不匹配，所以 Perl 會繼續尋找。

然後比對運算子會滑過目前位置，試著比對下一個位置，如圖 7-1 所示。會和 a 匹配，到目前為止還不錯。接著嘗試比對序列中下一個字元 b。樣式與字串的第一個 b 匹配。同樣地，到目前為止還不錯。然後比對第二個 b，再來是最後的 a。比對運算子在字串中找到了序列，所以樣式相符（pattern match）。

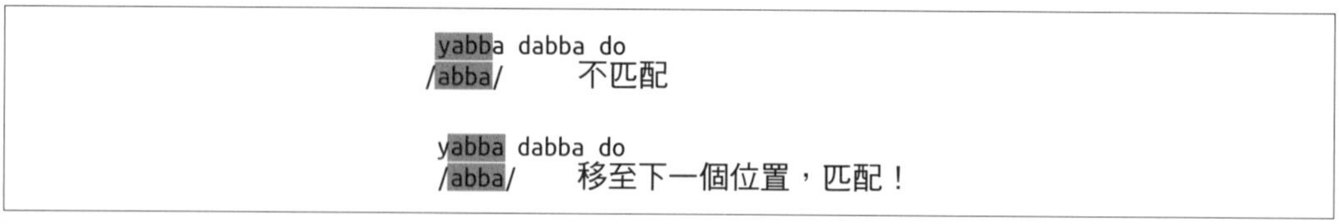

圖 7-1　沿著字串移動進行樣式比對

一旦樣式匹配成功，比對運算子會回傳真。這個過程會比對字串最左邊可能的位置。因為已經知道字串匹配，所以不會在 daaba 中找尋第二個匹配的字串（不過我們會在第 8 章介紹全域比對）。

在 Perl 的樣式，空白字元是有意義的。任何樣式中包含的空白字元，Perl 都會試著在 $_ 中比對相同的空白字元。因為 Perl 會在兩個 b 之間尋找一個空格，所以此範例並不匹配：

```
$_ = "yabba dabba doo";
if (/ab ba/) {  # 不匹配
  print " 匹配！\n";
}
```

因為 $ 的字串在 ba 和 ab 之間有一個空格,所以此樣式相符:

```
$_ = "yabba dabba doo";
if (/ba da/) {  # 匹配
  print " 匹配!\n";
}
```

比對運算子的樣式是雙引號語境(double-quoted context);你可以在樣式中做在雙引號字串中所做一樣的操作。特殊序列像是表示 tab 字元和換行字元的 \t 與 \n,功能就像他們在雙引號字串一樣。有很多方法可以比對 tab 字元:

```
/coke\tsprite/                          # \t 是 tab 字元
/coke\N{CHARACTER TABULATION}sprite/    # \N{charname}
/coke\011sprite/                        # 字元編碼,八進位
/coke\x09sprite/                        # 字元編碼,十六進位
/coke\x{9}sprite/                       # 字元編碼,十六進位
/coke${tab}sprite/                      # 純量變數
```

Perl 會先將所有內容插入樣式中,然後編譯樣式。如果樣式不是有效的正規表達式,你會得到錯誤訊息。例如,只有單一左圓括號的樣式不是有效的正規表達式(你稍後會在本章看到原因):

```
$pattern = "(";
if (/$pattern/) {
  print " 匹配!\n";
}
```

有一個樣式可匹配所有字串。你可以使用零個字元的序列,就如同使用空字串一樣:

```
$_ = "yabba dabba doo";
if (//) {
  print " 匹配!\n";
}
```

若遵循最左邊、最長的原則,你會發現空樣式匹配一定會找到零個字元序列的字串開頭處。

練習一些樣式

現在你已經瞭解正規表達式最簡單的形式了,你應該自己試看看(尤其是如果你從未使用過正規表達式)。藉著自己親自嘗試會比只用看的學到更多。

現在你已有足夠的 Perl 知識來寫簡單的樣式測試程式。你應該將 PATTERN_GOES_HERE 替換成你想測試的樣式：

```
while( <STDIN> ) {
  chomp;
  if ( /PATTERN_GOES_HERE/ ) {
    print "\t 匹配 \n";
  }
  else {
    print "\t 不匹配 \n";
  }
}
```

假設你想測試 fred。請修改程式中的樣式：

```
while( <STDIN> ) {
  chomp;
  if ( /fred/ ) {
    print "\t 匹配 \n";
  }
  else {
    print "\t 不匹配 \n";
  }
}
```

當執行此程式時，它會等待輸入。它會試著比對你輸入的每一行，並印出結果：

```
$ perl try_a_pattern
Capitalized Fred should not match
    不匹配
Lowercase fred should match
    匹配
Barney will not match
    不匹配
Neither will Frederick
    不匹配
But Alfred will
    匹配
```

 有些 IDE 隨附的工具可以幫你建立和測試正規表達式。有許多線上工具也可以這麼做，像是 regexr.com。

請注意有大寫 F 的輸入行並不匹配，我們尚未介紹建立不分大小寫樣式的方法。也請注意 Alfred 中的 fred 是匹配的，即使它是在更長的單字中間。稍後你也會學到該如何修正。

每次要測試新的樣式，你都必須修改程式。這種程式設計方式有點麻煩。因為你會插入變數到樣式中，你可以從命令列引數中取得第一個引數當作樣式：

```
while( <STDIN> ) {
  chomp;
  if ( /$ARGV[0]/ ) { # 可能有害你的健康
    print "\t 匹配 \n";
  }
  else {
    print "\t 不匹配 \n";
  }
}
```

這是有一點點危險的程式設計方式，因為引數可以是任何東西，而且 Perl 的正規表達式功能可以執行任意的程式碼。為了測試簡單的正規表達式，我們可以冒這個風險。請注意 shell 可能會要求你將樣式加上引號，因為有些正規表達式字元可能也是特殊的 shell 字元：

```
$ perl try_a_pattern "fred"
This will match fred
    匹配
But not Barney
    不匹配
```

你可以用不同的樣式執行程式而不用修改程式：

```
$ perl try_a_pattern "barney"
This will match fred (not)
    不匹配
But it will match barney
    匹配
```

再重複一次，這有點危險，我們不贊成在產品程式碼（production code）這樣做。然而對本章來說，這程式還不錯。閱讀本章時，你可能會想用此程式測試我們介紹的新樣式。當看到範例時，可以試看看；要練習，才會熟悉正規表達式！

通配符

點（.）會和任何換行字元以外的單一字元相符。它是我們介紹的第一個正規表達式特殊字元（*metacharacter*）：

```
$_ = "yabba dabba doo";
if (/ab.a/) {
  print " 匹配！\n";
}
```

唯一的例外是換行字元，這看起來似乎很奇怪。Perl 考量到讀取一行輸入並比對字串這種常見的情況。在這種狀況，結尾的換行字元只是行分隔符，而不是字串的一部分。

在樣式中，點不是一個字面字元。有時候你可能會遺漏它，因為此特殊字元也會和點字面字元（.）相符。因為點通配符可以比對字串結尾的驚嘆號（!），所以此例匹配：

```
$_ = "yabba dabba doo!";
if (/doo./) {                # 匹配
  print " 匹配！\n";
}

$_ = "yabba dabba doo\n";
if (/doo./) {                # 不匹配
  print " 匹配！\n";
}
```

假如想比對真正的點，需要使用反斜線脫逸：

```
$_ = "yabba dabba doo.";
if (/doo\./) {               # 匹配
    print " 匹配！\n";
}
```

反斜線是第二個特殊字元（接下來不會再計算下去）。這表示若要比對反斜線字面（literal backslash）也要脫逸：

```
$_ = ' 真正的 \\ 反斜線 ';
if (/\\/) {                  # 匹配
  print " 匹配！\n";
}
```

Perl v5.12 增加了另一個方法來寫「換行字元以外的任何字元」。如果你不喜歡點，可以用 \N：

```
$_ = "yabba dabba doo!";
if (/doo\N/) {                    # 匹配
  print " 匹配！\n";
}

$_ = "yabba dabba doo\n";
if (/doo\N/) {                    # 匹配
  print " 匹配！\n";
}
```

你會在第 133 頁的「字元集縮寫」看到 \N。

量詞

你可以使用量詞（*quantifier*）重複樣式中的某個部分。這些特殊字元應用在樣式緊接著它們之前的部分。有些人稱之為重複（*repeat 或 repitition*）運算子。

最簡單的量詞是問號（?）。它指出前一個項目出現零次或一次（以人類的說法，應該是該項目可有可無）。假設有些人寫 Bamm-bamm，而有些人寫沒有連字號的 Bammbamm。可以將 - 設為可有可無來進行比對：

```
$_ = 'Bamm-bamm';
if (/Bamm-?bamm/) {
  print " 匹配！\n";
}
```

用你的測試程式以不同方式輸入 Bamm-Bamm 的名字來測試看看：

```
$ perl try_a_pattern "Bamm-?bamm"
Bamm-bamm
  匹配
Bammbamm
  匹配
Are you Bammbamm or Bamm-bamm?
  匹配
```

最後一行是 Bamm-Bamm 名字的哪個版本匹配呢？Perl 會從左邊開始，將樣式沿著字串移動直到比對相符。第一個可能的匹配是 Bammbamm。一旦 Perl 匹配成功就會停止比對，即使在字串後面有更長的可能匹配之子字串。Perl 會比對最左邊的子字串；它甚至不知道後面還有一個匹配子字串，因為它不必繼續比對下去就知道字串匹配。

下一個量詞是星號（＊），它指出前一個項目出現零次或更多次。這似乎是個奇怪的說法，意味它可以出現也可以不出現。它是可有可無，也可以視需要出現多次：

```
$_ = 'Bamm-----bamm';
if (/Bamm-*bamm/) {
  print " 匹配！\n";
}
```

因為你在連字號後使用星號，所以字串中可以有任意數目的連字號（包括零個！）。這對於不同數量的空白字元來說很方便。假設在兩個名字中間可能有好幾個空格：

```
$_ = 'Bamm       bamm';
if (/Bamm *bamm/) {
  print " 匹配！\n";
}
```

你可以使用另一個樣式在 B 和 m 之間尋找不同數量的字元：

```
$_ = 'Bamm       bamm';
if (/B.*m/) {
  print " 匹配！\n";
}
```

「最左邊、最長規則」的最長部分出現於此。.* 可以匹配零或多次除了換行字元以外的任意字元，所以它就是如此。在比對過程中，.* 匹配字串的其餘部分直到字串結束。我們會說量詞是貪婪的（greedy），因為它會匹配儘可能多個字元。Perl 也有不貪婪的比對方式，在第 9 章會介紹。

 實際上，perl 會使用許多最佳化技巧來讓比對更快速，所以如果比對運算子知道可以少做一點事，那貪婪的 .* 可能會變得有點比較不貪婪。

但是樣式的下一個部分並不匹配，因為已經到了字串結尾。然後 Perl 開始回溯（或取消匹配處）以讓字串可以與樣式其餘部分相符。它只需退一個字元就可以讓樣式其餘部分（就只有 m）匹配。因此，樣式匹配字串的第一個 B 到最後一個 m，因為這是 Perl 能進行的最長匹配。

這也表示在開頭或結尾有 .* 的樣式比它需要的做了更多。因為 .* 可以匹配零個字元，所以其實這些樣式並不需要它：

```
$_ = 'Bamm       bamm';
if (/B.*/) {
  print " 匹配！\n";
```

```
}
if (/.*B/) {
  print " 匹配！\n";
}
```

.* 總是可以匹配零個字元，所以上述這些樣式也可以匹配單一個 B：

```
$_ = 'Bamm      bamm';
if (/B/) {
  print " 匹配 \n";
}
```

 Regexp::Debugger 可以用動畫展示比對的過程，所以你能看到正規表達式引擎在做什麼。我們會在第 11 章介紹如何安裝模組。在部落格文章「Watch regexes with Regexp::Debugger（*https://www.learning-perl. com/2016/06/watch-regexes-with-regexpdebugger/*）」也會介紹更多資訊。

* 匹配零或多次，量詞 + 匹配一或多次。如果至少要有一個空格，請使用 +：

```
$_ = 'Bamm      bamm';
if (/Bamm +bamm/) {
  print " 匹配！\n";
}
```

這些重複運算子匹配「多次」重複。如果想要匹配特定次數該怎麼做呢？可以在大括號內指定重複次數。假設你想比對三個 b。可以用 {3} 註記：

```
$_ = "yabbbba dabbba doo.";
if (/ab{3}a/) {
  print " 匹配！\n";
}
```

這會在 dabbba 之中匹配，因為那裡剛好有三個 b。這是一個不用自己手動計算的好方法。

如果量詞在樣式結尾，情況就不太一樣：

```
$_ = "yabbbba dabbba doo.";
if (/ab{3}/) {
  print " 匹配！\n";
}
```

現在樣式會在 yabbbba 之中匹配，即使有超過三個 b。它不管字串中有幾個字元，只要符合樣式中的字元數目。

如果這些還不夠，也有廣義量詞（generalized quantifier）可以選擇重複之最少和最多次數。將重複之最少和最多次放在大括號內，例如 {2,3}。回到先前的範例，如果你希望 abba 中的 b 重複 2 到 3 次呢？可以指定最少和最多的次數：

```
$_ = "yabbbba dabbba doo.";
if (/ab{2,3}a/) {
  print " 匹配！\n";
}
```

此樣式會先試著匹配 yabbbba 中的 abba，但在三個 b 後還有一個 b。Perl 必須往下繼續尋找匹配的字串，在 dabbba 中發現，因為至少有 2 個 b，最多 3 個 b。這就是最左、最長的匹配原則。

可以指定最少重複次數，而不指定最大次數；只要放著最大次數不填。因為此樣式有最少三個 b，且是最左匹配，所以它在 yabbbba 中匹配：

```
$_ = "yabbbba dabbba doo.";
if (/ab{3,}a/) {
  print " 匹配！\n";
}
```

同樣地，你可以指定最大次數，使用 0 當最小次數：

```
$_ = "yabbbba dabbba doo.";
if (/ab{0,5}a/) {
  print " 匹配！\n";
}
```

Perl v5.34 移除了最小次數一定要指定 0 的要求，改成跟不填最大次數一樣的方式。現在可以不寫最小次數，如 {,n}：

```
use v5.34;
$_ = "yabbbba dabbba doo.";
if (/ab{,5}a/) {  # 會匹配
  print " 匹配！\n";
}
```

最大次數使用 999 也會匹配，因為最大次數是 999，但是沒有最小次數。四個或三個 b 都能滿足：

```
use v5.34;
$_ = "yabbbba dabbba doo.";
if (/ab{,999}a/) {  # 會匹配
  print " 匹配！\n";
}
```

Perl v5.34 允許你在雙引號語境（樣式就是其中之一）中的括號內加上空白，所以 {m,n} 也可以寫成 { m,n }、{m , n} 等等。這也可以應用在量詞和像是 \x{}、\N{NAME} 等處。

現在如果你要用字面版本的 ?、*、+ 和 {，就有更多的特殊字元要脫逸。v5.26 版以前，你可以用未脫逸的 { 字面字元，但是當 Perl 擴充了正規表達式的功能，{ 也被拿來應用，而表示更多意義。未脫逸的 } 字面字元則沒問題，因為它並非任何事物的開頭，因此不會讓 Perl 混淆。

 Perl v5.28 暫時放寬了對 { 字面字元脫逸的要求，以讓人們有更多時間修復既有程式碼。Perl v5.30 又重新加入這項要求。

你可以用廣義量詞來重寫所有的量詞，如表 7-1 所示。

表 7-1　正規表達式量詞與其廣義形式

匹配次數	特殊字元	廣義形式
可有可無	?	{0,1}
零次或多次	*	{0,}
一次或多次	+	{1,}
至少幾次		{3,}
至少幾次、至多幾次		{3,5}
至多幾次		{0,5} 或 {,5} (v5.34)
剛好幾次		{3}

樣式分組

可以使用圓括號將樣式分組。所以圓括號也是特殊字元。

請記得量詞只作用於它的前一個項目。樣式 /fred+/ 會匹配像 freddddddddd 的字串，因為量詞只作用在 d。如果你想比對的是重複的 fred，可以將樣式以圓括號分組，例如 /(fred)+/。量詞可以作用於整個分組，所以可以比對像 fredfredfred 的字串，這比較可能是你想要的結果。

圓括號也能讓你直接重複使用匹配結果中的部分字串。可以使用**回溯參照**（*back references*）引用在圓括號中匹配的文字，這稱為**擷取分組**（*capture group*）。回溯參照以反斜線後接一個數字來表示，像是 \1、\2 等等。數字表示對應的擷取分組。

 你可能也在較舊的文件或本書較舊的版本中看過「記憶（memories）」、「擷取緩衝（capture buffers）」，但是「擷取分組（capture group）」才是官方的名稱。

如果使用圓括號將點括住，可以匹配任何非換行字元。回溯參照 \1 可以將圓括號中匹配的字元再次拿來比對：

```
$_ = "abba";
if (/(.)\1/) {  # 匹配 'bb'
  print " 匹配相同且相鄰的字元！\n";
}
```

(.)\1 是指相同且相鄰的字元。一開始 (.) 與 a 匹配，但是回溯參照（\1）指出下一個需匹配 a，所以匹配失敗。Perl 往下移動一個位置，使用 (.) 比對下一個字元，也就是 b。回溯參照 \1 指出下一個字元必須是 b，於是 Perl 匹配成功。

回溯參照不必緊接著擷取分組。下一個樣式比對字面 y 之後跟著四個非換行字元，並以回溯參照 \1 表示再比對 d 之後跟著四個相同的字元：

```
$_ = "yabba dabba doo";
if (/y(....) d\1/) {
  print " 匹配 y 和 d 之後四個相同的字元！\n";
}
```

可以使用多個擷取分組，每個分組都有自己的回溯參照。假設你想要比對擷取分組中的一個非換行字元，接著下一個擷取分組中的另一個非換行字元。在這兩個分組之後，使用回溯參照 \2，接著是回溯參照 \1。實際上，你比對的是像 abba 的回文（palindrome）：

```
$_ = "yabba dabba doo";
if (/y(.)(.)\2\1/) { # 匹配 'abba'
  print " 在 y 之後匹配！\n";
}
```

怎麼知道哪個分組取得哪個號碼呢？只要計算左圓括號的個數並忽略巢狀套疊的情況：

```perl
$_ = "yabba dabba doo";
if (/y((.)(.)\3\2) d\1/) {
  print " 匹配！\n";
}
```

如果你將正規表達式寫成這樣，會比較容易看得出來（雖然這不是有效的正規表達式，除非你使用第八章會介紹的 /x 修飾子）：

```
(          # 第一個左圓括號，\1
  (.)  # 第二個左圓括號，\2
  (.)  # 第三個左圓括號，\3
  \3
  \2
)
```

Perl v5.10 提供了一種回溯參照的新表示法。使用 \g{N}，而不使用反斜線加數字，其中 N 是你想使用的回溯參照編號：

請考慮這種難題，當你使用回溯參照之後緊接著一個數字。在這個正規表達式中，你想用 \1 來重複圓括號中匹配的樣式，其後則接著字串字面值 11：

```perl
$_ = "aa11bb";
if (/(.)\111/) {
  print " 匹配！\n";
}
```

Perl 必須猜測你的想法。是回溯參照 \1、\11 或 \111？Perl 會視需要從寬建立回溯參照，所以會假設你指的是八進位脫逸（octal escape）\111。Perl 只為回溯參照保留編號 \1 到 \9。之後，Perl 會做一些猜測來決定是回溯參照還是八進位脫逸。

使用 \g{1}，可以將回溯參照與樣式的字面部分明確區別出來：

```perl
use v5.10;

$_ = "aa11bb";
if (/(.)\g{1}11/) {
  print " 匹配！\n";
}
```

\g{1} 大括號可以省略，而只用 \g1，但是在這個案例還是需要大括號。為了避免思考這種麻煩事，我們建議一律使用大括號，除非你知道你在做什麼。

你也可以使用負數。除了指定擷取分組的絕對數字編號，也可以用相對回溯參照（relative back reference）。你可以使用 -1 當作編號改寫上一個範例：

```
use v5.10;

$_ = "aa11bb";
if (/(.)\g{-1}11/) {
  print " 匹配！\n";
}
```

假如增加了另一個擷取分組，會改變所有回溯參照的絕對數字編號。然而相對數字編號是由它自己的位置開始計算，指稱在它之前的分組而無關絕對數字編號，所以維持不變：

```
use v5.10;

$_ = "xaa11bb";
if (/(.)(.)\g{-1}11/) {
  print " 匹配！\n";
}
```

複選符

豎線符號（|），使用上常稱為「或（or）」，表示左邊匹配或右邊匹配。如果豎線符號左側的樣式匹配失敗，右側的樣式還有匹配機會：

```
foreach ( qw(fred betty barney dino) ) {
  if ( /fred|barney/ ) {
    print "$_ 匹配 \n";
  }
}
```

此例會輸出兩個名字。一個匹配左側候選項目，一個匹配右側：

```
fred 匹配
barney 匹配
```

也可以有超過一個候選項目：

```
foreach ( qw(fred betty barney dino) ) {
  if ( /fred|barney|betty/ ) {
    print "$_ 匹配 \n";
  }
}
```

這會輸出三個名字：

```
fred 匹配
betty 匹配
barney 匹配
```

複選符將樣式分邊，但這可能不是你要的。假設你想要比對其中一個 Flintstones，但你不知道她是 Fred 還是 Wilma。你可能會想這樣做：

```
$_ = "Fred Rubble";
if( /Fred|Wilma Flintstone/ ) {  # 意外匹配
  print "匹配！\n";
}
```

但它意外匹配了！左側的候選項目只有 Fred，右側的則是 Wilma Flintstone。因為 Fred 出現在 $_，所以匹配。如果你想限制複選符，可以使用圓括號將其分組：

```
$_ = "Fred Rubble";
if( /(Fred|Wilma) Flintstone/ ) {  # 不匹配
  print "匹配！\n";
}
```

或許你的字串有令人討厭、數量不一的 tab 字元和空格。你可以這樣設定複選符（ |\t）。要找到一或多個這樣的字元，可以使用量詞 +：

```
$_ = "fred  \t \t  barney"; # 可以是 tab 字元、空格或兩者的組合
if (/fred( |\t)+barney/) {
  print "匹配！\n";
}
```

將量詞作用在複選符分組（以圓括號建立而成的），和將量詞作用在複選符內的每個項目是不同的：

```
$_ = "fred  \t \t  barney";  # 可以是 tab 字元、空格或兩者的組合
if (/fred( +|\t+)barney/) {  # 所有的 tab 字元或所有的空格
  print "匹配！\n";
}
```

請注意沒有圓括號的區別。即使字串中沒有 barney，這個樣式仍然匹配：

```
$_ = "fred  \t \t  wilma";
if (/fred |\tbarney/) {
  print "匹配！\n";
}
```

此樣式匹配 fred 加上一個空格，或匹配一個 tab 字元之後接著 barney。不是左側匹配，就是右側匹配。如果你想要限制複選符的範圍，就是圓括號作用之時。

現在請思考如何讓你的樣式不分大小寫。或許有些人會將 Bamm-Bamm 名字第二個部分的首字大寫，但有些人不會。可以使用複選符匹配兩者：

```
$_ = "Bamm-Bamm";
if (/Bamm-?(B|b)amm/) {
  print " 此字串中有 Bamm-Bamm\n";
}
```

最後來看用複選符匹配所有小寫字母：

```
/(a|b|c|d|e|f|g|h|i|j|k|l|m|n|o|p|q|r|s|t|u|v|w|x|y|z)/
```

這實在很惱人，會有更好的方法來做。請繼續閱讀！

字元集

字元集（*Character classes*）是可以匹配樣式中單一位置的一組字元組合。可以將這些字元放在方括號內，像是 [abcwxyz]。在樣式中的那個位置，它可以匹配這七個字元中的任何一個。有點像是複選符，但是只能匹配單一字元。

為了方便，可以使用連字號 - 指定一個範圍的字元，所以上述字元集也可以寫成 [a-cw-z]。這沒有少打幾個字，但是更常用的做法是建立像是 [a-zA-Z] 的字元集來比對 52 個字母其中之一，或是 [0-9] 來比對數字：

```
$_ = "The HAL-9000 requires authorization to continue.";
if (/HAL-[0-9]+/) {
  print " 字串提及某個型號的 HAL 電腦。\n";
}
```

如果想匹配連字號字面值，要脫逸它或是將連字號放在開頭或結尾：

```
[-a]        # 連字號或一個 a
[a-]        # 連字號或一個 a
[a\-z]      # 連字號或一個 a 或一個 z
[a-z]       # 從 a 到 z 的小寫字母
```

在字元集中，點就是點字面值：

```
[5.32]       # 匹配點字面值或是一個 5、3 或 2
```

定義字元時，可以使用和雙引號字串內同樣的字元縮寫，所以字元集 [\000-\177] 匹配任何七位元 ASCII 字元。在方括號內，\n 和 \t 仍然是換行字元和 tab 字元。請記得這些樣式有他們自己的迷你語言，所以這些規則僅能適用於正規表達式裡，而不能作用在 Perl 其他部分。

現在你有第二種建立不分大小寫匹配的方法。可以指定一個位置允許同一個字母的大小寫版本：

```
$_ = "Bamm-Bamm";
if (/Bamm-?[Bb]amm/) {
  print "字串中有 Bamm-Bamm\n";
}
```

有時候指定你不想要的字元會比指定想要的字元集還容易。在字元集開頭加上插入記號（caret，^）可以建立排除的字元集：

```
[^def]      # d、e 或 f 以外的任何字元
[^n-z]      # 小寫字母 n 到 z 以外的其他字元
[^n\-z]     # n、- 或 z 以外的其他字元
```

當你不想匹配的字元比你想匹配的字元還少時，這很方便。

字元集縮寫

有些字元集很常用所以 Perl 為它們提供了縮寫，列於表 7-2。例如，你能改寫之前關於空格或 tab 字元的範例來比對其他置於名字間的空白字元。\s 是表示空白字元的縮寫（然而它不能匹配每一個 Unicode 空白字元：稍後請見 \p{Space}）：

```
$_ = "fred  \t \t  barney";
if (/fred\s+barney/) {  # 空白字元
  print "匹配！\n";
}
```

這和之前不完全一樣，因為空白字元不只包含 tab 字元和空格而已。這對你來說可能無所謂。如果你只想匹配水平空白字元，你可以使用 v5.10 新增的 \h 縮寫：

```
$_ = "fred  \t \t  barney";
if (/fred\h+barney/) {  # 任何水平空白字元
  print "匹配！\n";
}
```

 在 Perl v5.18 以前的版本，\s 並不匹配垂直空白：詳情請見部落格貼文「Know your character classes under different semantics（*https://reurl.cc/YvkW4o*）」。

你可以將表示任何數字的字元集縮寫成 \d。因此，可以將先前關於 HAL 範例的樣式寫成 /HAL-\d+/ 替代：

```
$_ = 'The HAL-9000 requires authorization to continue.';
if (/HAL-\d+/) {
  print " 字串提及某個型號的 HAL 電腦。\n";
}
```

縮寫 \w 是所謂的「單字（word）」字元，然而此單字的概念和一般的單字完全不同。這個單字實際上是指識別字（*identifier*）字元：用於命名 Perl 的變數或副程式。

Perl 5.10 新增了 \R 縮寫，用於比對任何換行字元（linebreak），表示你不用考慮你用哪一種作業系統和它使用什麼換行字元，因為 \R 會認出它。這表示你不必煩惱 \r\n、\n 和其他 Unicode 允許行結尾字元的差別。不管是 DOS 或是 Unix 的換行字元，對你來說都沒關係。嚴格來說，\R 並不是字元集縮寫，即使我們在此這樣稱呼它。它可以匹配雙字元序列 \r\n，然而真正的字元集只能匹配單一字元。

第 8 章會做更多說明。屆時細節會比此處所介紹的更複雜一些。

反向字元集縮寫

有時候你想要這三個縮寫之一的反義。也就是你想用 [^\d]、[^\w] 或 [^\s] 來分別表示非數字字元、非單字字元或非空白字元。這很容易，只要使用它們的大寫形式：\D、\W 和 \S。這些可以比對其相對應小寫形式所不相符的字元。

表 7-2　ASCII 字元集縮寫

縮寫	匹配
\d	十進位數字
\D	非十進位數字
\s	空白字元
\S	非空白字元
\h	水平空白字元（v5.10 和之後的版本）
\H	非水平空白字元（v5.10 和之後的版本）
\v	垂直空白字元（v5.10 和之後的版本）
\V	非垂直空白字元（v5.10 和之後的版本）
\R	廣義行結尾字元（v5.10 和之後的版本）
\w	「單字」字元
\W	非「單字」字元
\n	換行字元（不是真正的縮寫）
\N	非換行字元（在 v5.18 穩定下來）

這些縮寫可以作用於字元集縮寫或在更大字元集的方括號內。例如，[\s\d] 會匹配空白字元和數字。另一個複合字元集是 [\d\D]，表示任何數字或非數字，也就是匹配所有字元！這是匹配任何字元（包括換行字元）的常見做法。

Unicode 屬性

Unicode 字元知道自己的一些資訊；它們不只是位元序列。每個字元不僅知道自己是什麼，還知道自己有什麼屬性。你可以比對字元類型，而不用只比對特定字元。

每種屬性（property）都有一個名稱，可以在 perluniprops 文件中看到這些名稱。要比對特定屬性，可以將名稱放在 \p{PROPERTY} 中。例如，有些字元是空白字元，對應的屬性名稱是 Space。要比對任何空白，可以用 \p{Space}：

```
if (/\p{Space}/) { # v5.34 有 25 個不同的字元
  print "此字串中有某空白字元。\n";
}
```

> \p{Space} 涵蓋的字元比 \s 多一些，因為該屬性亦匹配 NEXT LINE（下一行）和 NONBREAKING SPACE（不換行空白）字元。它也匹配 LINE TABULATION （垂直 tab 字元，vertical tab），這是 \s 在 v5.18 以前無法匹配的。

如果想比對數字，可以使用 Digit 屬性，這和 \d 匹配的字元相同：

```
if (/\p{Digit}/) { # v5.34 有 650 個不同的字元
  print "此字串中有數字。\n";
}
```

這兩種屬性包含的字元都比你可能會用到的多很多。然而有些屬性是更明確。如果想要比對兩個相鄰的十六進位數字 [0-9A-Fa-f]：

```
if (/\p{AHex}\p{AHex}/) { # 22 個不同的字元
  print "此字串中有一對十六進位數字。\n";
}
```

也可以比對不含特定 Unicode 屬性的字元。你可以用大寫字母而不用小寫字母，來表示該屬性的反義：

```
if (/\P{Space}/) { # 不是空白字元（許多許多字元！）
  print "此字串中有一或多個非空白字元。\n";
}
```

Perl 使用 Unicode Consortium（統一碼聯盟）命名的屬性（除了少數例外），並為了方便性而增加一些自己的屬性。它們被列在 perluniprops 中。

錨點

預設情況下，如果樣式比對在字串開頭處無法匹配，那它會沿著字串往下「飄移」嘗試比對其他位置。但有一些錨點可以讓樣式直接到字串的某處比對。

\A 錨點用於比對字串最開頭處，也就是樣式不會沿著字串往下移動。下列的樣式只會比對字串開頭的 https：

```
if ( /\Ahttps?:/ ) {
  print "找到了一個 URL\n";
}
```

錨點是一個零寬斷言（*zero-width assertion*），也就是它會在目前比對位置（current match position）比對條件，但不會比對字元。在此案例中，目前比對位置必須是字串的開頭。這使 Perl 在一開始比對失敗後不會往下移動一個位元，然後再試一次。

如果要定位在字串結尾，可以使用 \z。此樣式只匹配字串最末端的 .png：

```
if ( /\.png\z/ ) {
  print "找到了一個 PNG\n";
}
```

為什麼說「字串的最末端」呢？我們必須強調的是 \z 之後不可以再有任何東西，這裡有一些歷史因素。有另一個字串結尾（**end-of-string**）錨點 \Z，它允許其後可以有一個換行字元。這讓你容易比對一行文字的結尾部份，而不用擔心結尾的換行字元：

```
while (<STDIN>) {
  print if /\.png\Z/;
}
```

如果要考慮換行字元，必須在比對前先移除它，然後輸出時再放回去：

```
while (<STDIN>) {
  chomp;
  print "$_\n" if /\.png\z/;
}
```

有時候你會同時使用這兩個錨點以確保樣式匹配整個字串。一個常見的例子是 /\A\s*\Z/，它用來比對一個空行。但是這個「空」行包含某些空白字元，像是 tab 字元或空格，這對我們來說是看不到的。匹配此樣式的任何一行看起來在紙上看起來都一樣，所以此樣式對所有空行一視同仁。沒有錨點的話，它也會批配非空行。

\A、\Z 和 \z 是 Perl 5 正規表達式的功能，但並不是每個人都會使用它們。在 Perl 4，許多人會照自己的程式設計習慣，字串開頭的錨點是插入符號（^），字串結尾的錨點是 $。這些在 Perl 5 仍然可以使用，但是它們演變成行開頭與行結尾錨點，有一點點不同。我們會在第 8 章介紹更多。

單字錨點

錨點不只位於字串兩端。單字邊界錨點（word-boundary anchor）\b 會比對單字的頭尾兩端。所以你可以使用 /\bfred\b/ 比對單字 fred，而不會匹配 frederick 或 alfred 或 manfred mann。這和文書處理程式搜尋指令的全字比對（match whole words only）功能很相似。

不過這些單字可不是一般來說的英文單字喔；它們是 \w 類型的單字，是由字母、數字和底線所組成。\b 錨點匹配一組 \w 字元的開頭和結尾。這如本章先前所述，受限於 \w 所遵循的規則。

圖 7-2 中，每個單字下方有一條線，箭頭所標示的就是 \b 可以匹配之處。因為每個單字都有開頭和結尾，所以字串中的單字邊界一定是偶數。

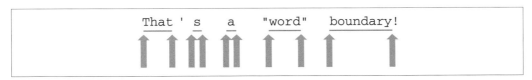

圖 7-2　匹配 \b 的單字邊界

所謂的「單字」是由一系列字母、數字和底線組成，也就是匹配 /\w+/ 樣式的單字。這個句子有五個單字：That、s、a、word 和 boundary。請注意包圍單字的引號並不會改變單字邊界；這些單字是由 \w 字元所組成。

因為單字邊界錨點 \b 只匹配一組單字字元的開頭或結尾，所以每個箭號都指向一個灰色底線的開頭或結尾。

單字邊界錨點很有用，可以確保不會意外地在 delicatessen 中找到 cat、在 boondoggle 中找到 dog 或在 selfishness 中找到 fish。有時候你只想用一個單字邊界，像是用 /\bhunt/ 比對 hunt、hunting 或 hunter 但排除 shunt，或用 /stone\b/ 比對 sandstone、flintstone 但不匹配 capstones。

非單字邊界錨點是 \B；它匹配所有 \b 不匹配的位置。所以樣式 /\bsearch\B/ 會匹配 searches、searching 和 searched，但不匹配 search 或 researching。

Perl v5.22 和 v5.24 增加了更炫的錨點，但你需要更多的比對技巧才能了解怎麼運作。在第 9 章討論替換運算子時會介紹它們。

習題

習題解答請見第 307 頁的「第 7 章習題解答」。

請記住，對正規表達式所做的事感到驚訝是很正常的；正因如此，本章的習題比其他章更重要。請做好會感到意想不到的心理準備：

1. [10] 寫一個程式，印出輸入中有提到 fred 的每一行。（其他的輸入行不做處理）。假如你輸入 Fred、frederick 或 Alfred 是否匹配？建立一個只有幾行的純文字檔，其中提到「fred flintstone」和他的朋友，並使用此檔案當作本題和以下幾題程式的輸入。

2. [6] 修改前一個程式，使其也可以匹配 Fred。現在如果輸入字串有 Fred、frederick 或 Alfred，也可以匹配嗎？（加入幾行包含這幾個名字的內容到文字檔中）

3. [6] 寫一個程式，印出輸入中包含點（.）的每一行，並忽略其他輸入行。將它以先前習題的文字檔做測試：是否能找到 Mr. Slate？

4. [8] 寫一個程式，印出輸入中有首字大寫單字的每一行，並忽略全字母都大寫的單字。它能匹配 Fred 而不匹配 fred 和 FRED 嗎？

5. [8] 寫一個程式，印出輸入中包含相鄰並重複之非空白字元的每一行。它應該能匹配包含像是 Mississippi、Bamm-Bamm 或 llama 單字的每一行。

6. [8] 加分題：寫一個程式，印出輸入中同時提到 wilma 和 fred 的每一行。

以正規表達式進行比對

在第 7 章，你見識到正規表達式的世界了。現在你會看到如何將那個世界與 Perl 的世界接軌。

以 m// 進行比對

之前，你將樣式放在兩個斜線之間，像是 /fred/，這其實是 m//（樣式比對運算子）的縮寫。就像曾經看過的 qw// 運算子一樣，可以選擇成對的分隔符來括住內容。所以你可以用這些成對分隔符來寫同樣的表達式，像是 m(fred)、m<fred>、m{fred} 或 m[fred]，或是使用非成對的分隔符，像是 m,fred,、m!fred!、m^fred^ 等等。

非成對分隔符是沒有「左」、「右」之分的符號：也就是在兩端使用同樣的標點符號。

如果選擇斜線當作分隔符，可以忽略開頭的 m。因為 Perl 程式設計師喜歡少打幾個字，所以絕大部分的樣式匹配都會只用斜線，像是 /fred/。

當然，你應該明智地選擇不會在樣式中出現的分隔符。假如想建立一個樣式比對一般網址 URL 的開頭部分，你可能會寫 /http:\/\// 來匹配開頭的「http://」，但是如果你選擇一個更好的分隔符：m%http://%，那程式就會更容易閱讀、撰寫、維護和除錯。大括號是常用的分隔符。如果使用程式設計師用的文字編輯器，可能有從大括號跳到對應的右大括號的功能，這在維護程式碼時很方便。

如果使用成對的分隔符，通常不必擔心在樣式中使用分隔符，因為該分隔符通常是在樣式內成對使用的。也就是，m(fred(.*)barney) 與 m{\w{2,}} 以及 m[wilma[\n \t]+betty] 都是沒問題的，即使樣式中有引號也可以，因為每一個「左」分隔符都有相對應的「右」分隔符。但是角括號（< 和 >）並非正規表達式的特殊字元，所以它們可能不能成對；假如樣式是 m{(\d+)\s*>=?\s*(\d +)}，以角括號作為引號圍住它時，大於符號前要加上反斜線才不會提早結束樣式。

比對修飾子

修飾子字母（modifier letter）有時候稱為*旗標*（*flag*），可以整組附加於結尾分隔符之後。有些旗標作用在樣式，有些用於改變比對運算子的行為。

以 /i 進行不分大小寫比對

使用 /i 修飾子可以建立不分大小寫的匹配樣式，使你很容易比對 FRED、fred 或 Fred：

```
print "你想玩遊戲嗎？";
chomp($_ = <STDIN>);
if (/yes/i) {  # 不分大小寫比對
  print "既然那樣，我建議打保齡球。\n";
}
```

以 /s 比對任意字元

預設情況下，點（.）不會比對換行字元，這對大部分「在單行內比對」的樣式來說很合理。如果字串內有換行字元，而你希望點能匹配它們，/s 修飾子可以做得到。它會將樣式裡的每一個點改成和字元集 [\d\D] 的作用一樣，也就是匹配任何字元，即使是換行字元也匹配。當然，你的字串要有換行字元才能看出差異：

```
$_ = "I saw Barney\ndown at the bowling alley\nwith Fred\nlast night.\n";
if (/Barney.*Fred/s) {
  print "字串在 Barney 之後提到了 Fred！\n";
}
```

如果沒有 /s 修飾子就會匹配失敗，因為這兩個名字不在同一行。

然而這有時候會造成一個問題。/s 修飾子會作用在樣式中的每一個點。若你仍然想匹配換行字元以外的字元呢？可以使用字元集 [^\n]，但這需要打比較多的字，所以 v5.12 新增了縮寫 \N 來表示 \n 的反義。

如果你不喜歡 /s 修飾子讓每個點都匹配所有字元，可以建立自己的字元集來匹配所有字元。只要涵蓋正反兩面的字元集縮寫即可，例如：[\D\d] 或 [\S\s]。所有數字與非數字的組合應該代表一切。

以 /x 加上空白

/x 修飾子能忽略樣式中大部分的空白字元。這麼做就可以讓你自由編排樣式使其容易閱讀：

```
/-?[0-9]+\.?[0-9]*/        # 這是做什麼的呢？
/ -? [0-9]+ \.? [0-9]* /x  # 比較好看一點
```

因為 /x 允許樣式中有空白字元，所以 Perl 會忽略樣式中的空格或 tab 字元。可以使用加上反斜線的空格或 \t（以及其他方式）來匹配這些空白字元，但是比較常用的是 \s（或 \s*，或 \s+）。你也可以脫逸一個空格字面（然而這很難以文字呈現），或使用 \x{20} 或 \040。

請記得 Perl 認為註解也是一種空白，所以可以將註解放進樣式中以說明你的目的：

```
/
  -?       # 一個可有可無的減號
  [0-9]+   # 小數點前有一個或多個數字
  \.?      # 一個可有可無的小數點
  [0-9]*   # 小數點後可能會有若干個數字
/x
```

因為井字號表示註解的開頭，所以如果要比對井字號字面值，需要使用脫逸字元 \# 或字元集 [#]：

```
/
  [0-9]+   # 一個或多個數字
  [#]      # 井字號字面值
/x
```

此外，要小心不要在註解中包含了結束分隔符，否則樣式會提前結束。樣式匹配會比你預期的還早結束：

```
/
  -?       # 減號可有 / 可無 - <--- 糟糕！
  [0-9]+   # 小數點前有一個或多個數字
  \.?      # 一個可有可無的小數點
  [0-9]*   # 小數點後可能會有若干個數字
/x
```

本節開頭處我們是寫「大部分的空白字元」，並沒有再詳細說明。即使使用 /x，你也無法在字元集中加入沒有意義的空白字元。任何括號內的字元，包括空格和其他空白字元，都能在字串中匹配。然而我們要來修正它了。

字元集中的空白字元

Perl v5.26 新增一個在樣式中加入空白字元的另一種方法。/xx 修飾子和 /x 的作用一樣，但是允許你在字元集中新增空白字元又不會讓那些空白字元成為該字元集的一部分。

想想這個匹配六個字元的字元集：

```
/ [abc123] /x   # 匹配 a、b、c、1、2、3
```

因為很短，所以不難理解，但假設這些字母和數字代表不同的事物呢？其中有一組是代表一類事物，另一組是代表另一類不同事物。你可能會想在字元集中將它們分開寫，但是這樣行不通，因為空格變成字元集的一部分了：

```
/ [abc 123] /x   # 匹配 a、b、c、1、2、3 或一個空格
```

要修正這個問題，寫兩個 x：

```
use v5.26;
/ [abc 123] /xx   # 匹配 a、b、c、1、2、3
/ [a-z 0-9] /xx   # 匹配小寫字母或數字
```

如果你高興，也可以將它分幾行來寫：

```
use v5.26;

/
    [
    abc
    123
    ]
/xx
```

但是有個限制。當 /xx 讓你加入這些沒有意義的空白時，它並不允許你新增註解。本例中的註解其實也是字元集的一部分。這表示你也會匹配到非你預期的字元：

```
use v5.26;

/
    [
    abc   # 這不是註解！
```

```
        123
        ]
    /xx
```

請注意 /xx 允許範圍中的空格。在其中加上空格，仍然是表示範圍：

```
use v5.26;
/[0 - 9]/xx    # 仍然表示 0-9
```

組合修飾子

如果想在同一個比對使用多個修飾子，只要將他們一起放在最後就可以了（順序不重要）：

```
if (/barney.*fred/is) {  # 同時使用 /i 和 /s
  print " 字串在 Barney 之後提到了 Fred！\n";
}
```

或是使用有註解的展開版本：

```
if (m{
  barney # 小個子
  .*     # 中間什麼都可以
  fred   # 大嗓門
}six) {  # /s、/i 和 /x 三個一起使用
  print " 字串在 Barney 之後提到了 Fred！\n";
}
```

請注意這裡改用大括號當分隔符，這樣可以讓程式設計師風格的文字編輯器輕易地在正規表達式頭尾移動。

選擇字元的解譯方式

Perl v5.14 新增一些修飾子讓你告訴 Perl 如何根據兩個重要議題來解讀樣式中的字元：大小寫轉換（case folding）和字元集縮寫。本節所做的介紹僅適用於 Perl v5.14 或之後的版本。

/a 告訴 Perl 採用 ASCII 解釋字元集，/u 告訴 Perl 採用 Unicode，/l 告訴 Perl 採用 locale（語系）。如果沒有這些修飾子，Perl 會依 perlre 文件描述的情況做它認為正確的事。你可以使用這些修飾子告訴 Perl 你想採用的方式，而無關於程式中的其他部分：

```
use v5.14;

/\w+/a   # A-Z, a-z, 0-9, _
/\w+/u   # 任何 Unicode 單字字元
/\w+/l   # ASCII 版本以及來自語系的單字字元，
         # 可能是來自 Latin-9 的字元，像是 Œ
```

哪一個對你來說是正確的？我們無法告訴你，因為我們不知道你要做什麼。依不同的情況，他們可能都各自適合你。當然，如果縮寫不符合你需求，你總是可以建立自己的字元集來達到你想要的結果。

現在進入較難的議題。想一想大小寫轉換（case folding），你需要知道從大寫字母轉換成小寫，會取得哪個小寫字母。這在 Perl 中屬於「Unicode bug」，Perl 內部的表示法決定了你會取得的結果。詳情請見 perlunicode 文件。

如果想要以不分大小寫的方式來比對，Perl 必須知道如何產生小寫字母。在 ASCII 中，你知道 K（0x4B）的小寫是 k（0x6B）。在 ASCII 中，你也知道 k 的大寫是 K（0x4B），這似乎很明顯，但其實不是。

你可能想仔細研究 Unicode 的大小寫轉換規則。我們會在第 164 頁的「大小寫轉換」更詳細介紹。

在 Unicode 中，事情沒有那麼簡單，但是仍然很容易處理，因為映射有明確定義。絕對溫度符號（kelvin sign）K（U+212A）的小寫也是 k（0x6B）。即使 K 和 K 對你來說看起來一樣，但是對電腦來說並不相同。也就是小寫的轉換並不是一對一的。一旦轉換成小寫後，無法再轉換回大寫，因為它的大寫不只一個。不僅如此，有些字元，像是 ﬀ（U+FB00）的小寫有兩個字元──此例為 ff。字母 ß 是 ss 的小寫，但或許你並不是想比對它。單一個 /a 修飾子會對字元集縮寫造成影響，但如果你有兩個 /a 修飾子，也可以告訴 Perl 只以 ASCII 進行大小寫轉換：

```
/k/aai    # 只會比對 ASCII 的 K 或 k，不會比對絕對溫度符號
/k/aia    # 兩個 /a 不需要彼此相鄰
/ss/aai   # 只比對 ASCII 的 ss、SS、sS、Ss，不會比對 ß
/ff/aai   # 只比對 ASCII 的 ff、FF、fF、Ff，不會比對 ﬀ
```

考慮到語系就沒那麼簡單了。你必須知道你使用的是哪一個語系以了解是哪個字元。如果序數值（ordinal value）是 0xBC，那它是 Latin-9 語系的 Œ 或 Latin-1 語系的 ¼ 或其他語系別的字元？除非你知道序數值在它的語系代表的字元，否則你無法知道如何轉

換成小寫。我們使用 chr() 建立字元來確保我們取得正確的位元樣式,而不用管編碼的問題:

```
$_ = <STDIN>;

my $OE = chr( 0xBC ); # 取得我們要的字元

if (/$OE/i) {          # 不分大小寫?可能不是
  print "找到 $OE\n";
}
```

在此例中,你可能會取得不同的結果,這取決於 Perl 如何處理 $_ 中的字串,以及處理比對運算子中的字串。如果你的原始碼使用 UTF-8,但是你輸入的是 Latin-9,會發生什麼事呢?在 Latin-9 中,字元 Œ 的序號值是 0xBC,而它的小寫 œ 的序號值是 0xBD。在 Unicode 中,Œ 的碼點是 U+0152,而 œ 的碼點是 U+0153。在 Unicode 中,U+00BC 是 ¼,沒有小寫的版本。如果你在 $_ 輸入 0xBD,Perl 將以 UTF-8 來處理正規表達式,最後結果會不如你預期。然而你可以用 /l 修飾子強迫 Perl 以語系規則解譯正規表達式:

```
use v5.14;

my $OE = chr( 0xBC ); # 取得我們要的字元

$_ = <STDIN>;
if (/$OE/li) {      # 這樣比較好
  print "找到 $OE\n";
}
```

若你總是想要採用 Unicode 語義(如同採用 Latin-1),可以使用 /u 修飾子:

```
use v5.14;

$_ = <STDIN>;
if (/Œ/ui) {     # 現在使用 Unicode
  print "找到 Œ\n";
}
```

如果你認為這是一個很令人頭痛的問題,你是對的。沒有人喜歡這種情況,但是 Perl 必須盡力處理它必須處理的輸入和編碼。歷史若能重來一次,我們不會再犯這些錯誤的。

行首與行尾錨點

行首（beginning-of-line）和字串開頭（beginning-of-string）有什麼不同呢？這可以歸結為你對行的看法與電腦對行的看法之間的差異。當你比對 $_ 中的字串時，Perl 不在乎裡面是什麼。對 Perl 來說，它只是一個大字串，即使對你來說它是很多行組成，因為字串內有很多換行字元。行對人類來說很重要，因為它在空間上將字串分成不同部分：

```
$_ = 'This is a wilma line
barney is on another line
but this ends in fred
and a final dino line';
```

假設你的任務是找到行尾有 fred 的字串，而不是在整個字串的結尾。在 Perl 5，你可以用 $ 錨點和 /m 修飾子來進行多行比對。因為範例的多行字串中，fred 位於行尾，所以此樣式可以匹配：

```
/fred$/m
```

/m 的加入改變了舊有 Perl 4 的錨點運作方式。現在它可以匹配字串中任何換行字元之後或是字串最末端處的 fred。

對於 ^ 錨點 /m 的作用是一樣的，^ 會匹配字串最開頭或換行字元之後的位置。因為範例的多行字串中，barney 位於行首，所以此樣式可以匹配：

```
/^barney/m
```

如果沒有 /m，^ 和 $ 的作用就像 \A 和 \Z。然而將來可能有人會加上 /m，而使你的錨點改變至非你預期的位置，所以保險的做法是只使用錨點來表示你真正的用意，不要有其他可能性。但是如我們說過的，程式設計師會有 Perl 4 的舊習慣，所以你仍然會看到許多其實是表示 \A 與 \Z 意思的 ^ 與 $ 錨點。本書之後的部分，除非我們想要進行多行比對，不然我們只會使用 \A 與 \Z。

> re 模組有一個旗標模式，允許你在作用範圍內為所有比對運算子設定預設旗標。有些人可能會將 /m 旗標設為預設值。

其他選項

還有許多其他的修飾子。我們會在用到的時候向你介紹，或是你也可以閱讀 perlop 文件和 m// 的說明，本章稍後會介紹其他正規表達式運算子。

綁定運算子 =~

匹配 $_ 只是預設的方式而已；綁定運算子（*binging operator*，=~）告訴 Perl 以右邊的樣式來比對左邊的字串，而不是比對 $_。例如：

```
my $some_other = "I dream of betty rubble.";
if ($some_other =~ /\brub/) {
  print "Aye, there's the rub.\n";
}
```

第一眼見到，綁定運算子看起來像是某種賦值運算子。但並非如此！它只是表示「本來預設會比對 $_ 的樣式，改比對左側的字串。」如果沒有綁定運算子，正規表達式預設會比對 $_。

在下一個（有點不尋常的）範例中，$likes_perl 設定了使用者在提示符號輸入的布林值。這算是有點匆忙完成的做法，因為輸入行本身會被丟棄。這段程式碼會讀取輸入行，將字串與樣式做比對，然後丟棄輸入行。它完全不會使用或改變 $_：

```
print "Do you like Perl? ";
my $likes_perl = (<STDIN> =~ /\byes\b/i);
...  # 時光流逝 ...if ($likes_perl) {
  print "You said earlier that you like Perl, so...\n";
  ...
}
```

請記得，Perl 不會主動將輸入行存入 $_ 中，除非整行輸入運算子（<STDIN>）單獨在 while 迴圈的條件運算式中。

因為綁定運算子有很高的優先順序，括住樣式測試運算式的圓括號是非必要的，所以下列的程式碼如同上一個的範例程式碼，會將匹配結果（而非輸入行）儲存在變數中：

```
my $likes_perl = <STDIN> =~ /\byes\b/i;
```

擷取變數

圓括號通常會觸發正規表達式引擎的擷取（capturing）功能。擷取分組（capture group）會保留匹配圓括號內樣式的字串匹配部分。如果有超過一對圓括號，就會有超過一對擷取分組。每個正規表達式擷取會保留原始*字串*的匹配部分，而非樣式。你可以在樣式內使用回溯參照指向這些擷取分組，不過這些分組在當擷取變數比對後仍然會存在。

因為這些變數都是字串，所以它們也是純量變數；在 Perl 中，它們有像 $1 和 $2 的名稱。樣式中有幾對圓括號擷取分組，這些變數就有幾個。如你預期的，$4 表示字串匹配第四組圓括號。在樣式匹配中，這個變數和回溯參照 \4 指的是同一個字串。但是這並不是同一件事的兩個名稱；\4 參照回樣式比對時樣式中的擷取分組，而 $4 則是參照樣式已經匹配完成後的結果。關於更多回溯參照的資訊請參閱 perlre 文件（*https://perldoc.perl.org/perlre*）。

這些擷取變數是正規表達式強大威力中很重要的部分，因為它們能讓你取出字串的一部分：

```
$_ = "Hello there, neighbor";
if (/\s([a-zA-Z]+),/) {        # 擷取空格與逗號之間的單字
  print "這個單字是 $1\n";       # 這個單字是 there
}
```

或你可以一次使用不只一個擷取：

```
$_ = "Hello there, neighbor";
if (/(\S+) (\S+), (\S+)/) {
  print "這些單字是 $1 $2 $3\n";
}
```

這個範例會告訴你「這些單字是 Hello there neighbor」。請注意輸出結果沒有逗號。因為逗號是在樣式的擷取圓括號之外，所以第二個擷取結果沒有逗號。使用此技巧可以在擷取中選擇你真正想要的和你想捨棄的。

如果該樣式的匹配部分是空的，你甚至會得到空的擷取變數。也就是擷取變數內是空字串：

```
my $dino = "我怕我在 1000 年後就會絕種了。";
if ($dino =~ /([0-9]*) years/) {
  print "句子內容是說 '$1' 年。\n";   # 1000
}

$dino = "我怕我在幾百萬年後就會絕種了。";
if ($dino =~ /([0-9]*) years/) {
  print "句子內容是說 '$1' 年。\n";   # 空字串
}
```

請記得空字串和未定義字串是不同的。如果樣式中只有三個或更少的圓括號分組，那 $4 就會是 undef。

擷取的持續性

這些擷取變數通常會維持到下一次成功樣式匹配時。也就是不成功的匹配會保留著前一次的擷取內容，而成功的匹配則會將它們全部重設。這意味著除非樣式匹配成功，不然不應該使用這些擷取變數；否則你會取得來自某個先前樣式的擷取。以下的（不良）例子應該要印出從 $wilma 匹配到的單字。但是如果匹配失敗，它會印出剛好留在 $1 的字串，不管內容是什麼：

```
my $wilma = '123';
$wilma =~ /([0-9]+)/;              # 成功，$1 是 123
$wilma =~ /([a-zA-Z]+)/;           # 不良示範！未測試匹配結果
print "Wilma 的單字是 $1... 是嗎？\n";  # 仍然是 123 ！
```

這是樣式比對總是出現在 if 或 while 條件運算式的另一個理由：

```
if ($wilma =~ /([a-zA-Z]+)/) {
  print "Wilma 裡的單字是 $1。\n";
} else {
  print "Wilma 裡沒有單字。\n";
}
```

因為這些擷取內容不會永遠保留，你不應該在樣式匹配後幾行程式碼之後還使用像 $1 這樣的擷取變數。如果你的維護程式設計師在你的正規表達式和你使用 $1 之間新增了正規表達式，$1 會是第二次匹配的值，而不是第一次的值。因此，若你需要在數行之後才會需要使用擷取內容，通常最好先將它複製到一般的變數裡。這麼做也可以使程式碼容易閱讀：

```
if ($wilma =~ /([a-zA-Z]+)/) {
  my $wilma_word = $1;
  ...
}
```

稍後，在第 9 章，你會看到如何在樣式匹配的同時，將擷取內容直接存到變數，而不須明確地使用 $1。

擷取的複選

擷取也可以用於複選符，也是以相同規則來編號：計算左圓括號的順序。然而，只有一個分支（branch）可以匹配。這裡有兩個擷取分組，哪一個有值在其中呢？

```
if ( $name =~ /(F\w+)|(P\w+)/ ) { # Fred 或 Pebbles?
  print "1: $1\n2: $2\n";
}
```

如果有開啟警告功能，會收到警告訊息表示其中一個擷取變數未初始化。

來玩得更複雜一些，在複選符之外加入第三個擷取分組，使它成為 $4。一切如你所知地運作如常：

```
/
(                  # $1
  (F\w+) |    # $2
  (P\d+)      # $3
)
\s+
  (\w+)       # $4
/x
```

如果複選符再分支會怎麼樣呢？新的分支會成為 $4，而最後的擷取分組會移到 $5：

```
/
(                  # $1
  (F\w+) |    # $2
  (P\d+) |    # $3
  (Dino)      # $4，新擷取分組
)
\s+
  (\w+)       # $5 now
/x
```

這樣不太好。你可能想要將整個複選符分組當作一個整體來看待，無論哪個擷取匹配都會取得相同的編號。這樣做你就可以知道擷取編號（只有唯一一個），且新分支也不會打亂樣式的其餘部分。

Perl v5.10 新增分支重設運算子（?|...）來處理這種情況：

```
/
(?|                # 這裡的任何東西都是 $1
  (F\w+) |
  (P\d+) |
  (Dino)
)
\s+
(\w+)           # $2
/x
```

在這個設計好的範例，我們藉由擷取整個複選符來取得同樣結果，因為每個分支都會擷取一切：

```
/
(              # 這裡的任何東西都是 $1
  F\w+ |
  P\d+ |
  Dino
)
\s+
(\w+)          # $2
/x
```

當有些分支匹配它們未擷取到的額外文字時，使用分支重設會很方便：

```
/
(?|            # 這裡的任何東西都是 $1
  (Fr)ed    |
  (Peb)\d+  |
  (D)ino
)
\s+
(\w+)          # $2
/x
```

還有一件事要注意。每個分支可以有不同的擷取編號，整個分支重設分組會讓分支取得相同數目的最多擷取分組。在下列樣式中，第三個分支，(D)(.)no，有兩個擷取分組，所以整個分支重設分組會有兩個擷取分組。就算最後是只有一個擷取分組的第一個分支匹配，也會是一樣成立：

```
/
(?|            # 總是會取得 $1 和 $2
  (Fr)ed    |
  (Peb)\d+  |
  (D)(.)no       # 有兩個擷取分組！
)
\s+
(\w+)          # $3
/x
```

無擷取功能的圓括號

到目前為止，你已經看過擷取匹配字串部分的圓括號並存入擷取變數，但如果你不需要擷取，只是想用圓括號來分組呢？想想有一個正規表達式，我們希望一部分的樣式可有可無，只想擷取樣式的另一部分。在此例中，「bronto」可有可無，但是要將其設為可有可無必須以圓括號將字元序列分組。接著在樣式中就可以用複選符取得「steak」或「burger」，但想知道取得哪一個：

```
if (/(bronto)?saurus (steak|burger)/) {
  print "Fred 想要一客 $2\n";
}
```

即使「bronto」沒有出現，該部分的匹配結果仍然會存入 $1。Perl 只會計算左圓括號的順序來決定是哪個擷取分組。你想記下的部分最後是在 $2。這在較複雜的樣式中會很困擾。

幸運地，Perl 的正規表達式有個方法以圓括號分組但不觸發擷取分組，叫**無擷取功能的圓括號**（*noncapturing parentheses*），要以特殊序列來寫。寫法是在左圓括號後加上問號和冒號，(?:)，以此標記告訴 Perl 你只想用圓括號來分組。

你可以修改你的正規表達式來使用無擷取功能的圓括號來括住「bronto」，你想記憶的部分就會出現在 $1：

```
if (/(?:bronto)?saurus (steak|burger)/) {
  print "Fred 想要一客 $1\n";
}
```

之後，當你修改正規表達式想增加 BBQ（烤肉）版本的雷龍漢堡（brontosaurus burger），可以新增「BBQ」（包含一個空格）選項，且使用無擷取功能的圓括號，讓你想記憶的部分仍然出現在 $1。否則有可能在每次新增擷取分組圓括號到正規表達式時都會需要調整擷取變數名稱的編號：

```
if (/(?:bronto)?saurus (?:BBQ )?(steak|burger)/) {
  print "Fred 想要一客 $1\n";
}
```

Perl 的正規表達式還有幾個特殊的圓括號序列，可以做一些很炫又複雜的事，像是往右旁觀比對（look-ahead）、往左旁觀比對（look-behind）、嵌入註解或甚至是在樣式中執行程式碼。細節請參閱 Perlre 文件。

如果你想做大量的分組而不擷取，可以使用 v5.22 新增的 /n 旗標。它會將所有圓括號轉換成無擷取功能的分組：

```
if (/(bronto)?saurus (BBQ )?(steak|burger)/n) {
  print " 匹配 \n"; # 現在沒有 $1
}
```

具名擷取

你可以以圓括號擷取字串的某個部分，然後使用數字變數 $1、$2... 等等取得匹配到的字串部分。即使是簡單的樣式，追蹤這些數字變數和其儲存的內容，常常會讓人混淆。考慮這個試著在 $name 中比對兩個名字的正規表達式：

```
use v5.10;

my $names = 'Fred or Barney';
if ( $names =~ m/(\w+) and (\w+)/ ) { # 不匹配
  say "我看到了 $1 和 $2";
}
```

你不會看到 say 輸出訊息，因為字串中預期是 and 的地方其實是一個 or。也許你假設兩種情況都有可能，所以修改了正規表達式讓它有 and 和 or 的候選項目，增加一組圓括號來將複選符分組：

```
use v5.10;

my $names = 'Fred or Barney';
if ( $names =~ m/(\w+) (and|or) (\w+)/ ) { # 現在匹配了
  say "我看到了 $1 和 $2";
}
```

哎呀！這次雖然看到了訊息，但是並沒有顯示第二個名字，因為你增加了一組擷取圓括號，$2 的值是來自複選符，而第二個名字現在是存在 $3（我們沒有輸出它）：

> 我看到了 Fred 和 or

你可能會使用無擷取功能的圓括號來解決這種狀況，但是真正的問題是你必須記住哪一個編號的圓括號是屬於哪個你想擷取的資料。想像當有很多擷取分組時有多麻煩。

v5.10 和之後的版本讓你可以直接在正規表達式中命名擷取，而不用記住像是 $1 的編號。它會將匹配到的文字存在名為 %+ 的雜湊中，鍵就是你使用的標記，值是匹配到的字串部分。要標記擷取變數，可以用 (?<LABEL>PATTERN)，以你用的名稱替換 LABEL。下列例子中，第一個擷取變數標記為 name1，第二個標記為 name2，並使用 $+{name1} 和 $+{name2} 來取得它們的值：

```
use v5.10;

my $names = 'Fred or Barney';
if ( $names =~ m/(?<name1>\w+) (?:and|or) (?<name2>\w+)/ ) {
  say "我看到了 $+{name1} 和 $+{name2}";
}
```

現在你可以看到正確的訊息：

> 我看到了 Fred 和 Barney

一旦標記了擷取變數，就可以移動它們和新增額外的擷取分組而不用擔心打亂了擷取分組的順序：

```
use v5.10;

my $names = 'Fred or Barney';
if ( $names =~ m/((?<name2>\w+) (and|or) (?<name1>\w+))/ ) {
  say "我看到了 $+{name1} 和 $+{name2}";
}
```

知道怎麼標記匹配部分後，還需要一個參照它們的回溯參照方式。之前，你會用 \1 或 \g{1} 來處理。有了具名分組後，可以在 \g{label} 使用標記：

```
use v5.10;

my $names = 'Fred Flintstone and Wilma Flintstone';

if ( $names =~ m/(?<last_name>\w+) and \w+ \g{last_name}/ ) {
  say "我看到了 $+{last_name}";
}
```

你還可以用另一個語法來做同樣的事。使用 \k<label>，而不用 \g{label}：

```
use v5.10;

my $names = 'Fred Flintstone and Wilma Flintstone';

if ( $names =~ m/(?<last_name>\w+) and \w+ \k<last_name>/ ) {
  say "我看到了 $+{last_name}";
}
```

\k<label> 本質上和 \g{label} 一樣，但你也可以使用 \g{} 語法像是 \g{N} 來使用相對回溯參照。若樣式中有兩個以上使用相同名稱標記的擷取分組，\k<label> 和 \g{label} 總是會參照最左邊的分組。

Perl 還允許你使用 Python 語法。(?P<LABEL>...) 序列用於擷取，而 (?P=LABEL) 則是參照該擷取結果：

```
use v5.10;

my $names = 'Fred Flintstone and Wilma Flintstone';
```

```
if ( $names =~ m/(?P<last_name>\w+) and \w+ (?P=last_name)/ ) {
  say " 我看到了 $+{last_name}";
}
```

自動擷取變數

無論樣式是否有擷取圓括號，都有三個擷取變數可以自由使用。這是個好消息；但是壞消息是這些變數的名字都很怪異。

現在 Larry 或許會很高興為這些變數取個比較不怪異的名字，像是 $gazoo 或 $ozmodiar。但是這些名字你可能會在你的程式碼中使用。為了使一般的 Perl 程式設計師在為他們的一個程式第一個變數命名前，不用記住所有的 Perl 特殊變數名字，Larry 選擇為 Perl 內建變數取奇怪、「打破規則」的名字。在此，名字都是標點符號：$&、$` 和 $'。它們很奇怪、醜陋和怪異，但是這就是它們的名字。字串裡實際比對到樣式的部分會自動儲存在 $& 裡：

```
if ("Hello there, neighbor" =~ /\s(\w+),/) {
  print " 實際比對到的是 '$&'。\n";
}
```

這會告訴你比對到的部分是 " there,"（一個空格、一個單字和一個逗號）。第一個擷取在 $1，是有五個字母的單字 there，但 $& 是整個比對到的段落。

相符段落之前的部分會存在 $`，之後的部分會存在 $'。換句話說，$` 會保留正規表達式引擎發現樣式比對相符前所略過的部分，而 $' 則是保留字串剩下的、從未比對過的部分。如果將這三個字串照順序連起來，就會得到原始的字串：

```
if ("Hello there, neighbor" =~ /\s(\w+),/) {
  print " 原始字串是 ($`)($&)($')。\n";
}
```

訊息會顯示 (Hello)(there,)(neighbor) 字串，展示了這三個自動擷取變數的作用。稍後我們會看到更多例子。

當然，如同編號擷取變數一樣，這三個自動擷取變數都有可能是空字串。它們的作用範圍也和編號擷取變數一樣。一般來說，這表示它們的值會持續到下一次成功比對前。

我們之前提過這三個變數是自由的。嗯，自由是有代價的。在這裡的代價是一旦你在程式裡的任何地方使用其中一個自動擷取變數，每個正規表達式執行速度就會變得比較慢一點。

這不會嚴重拖累速度，但是卻足以令 Perl 程式設計師擔憂而從來不去使用這些自動擷取變數。他們會用其他替代方法。例如，如果只需要用 $&，那就用圓括號括住整個樣式，然後使用 $1 代替（當然，你可能需要重新調整擷取變數的編號）。

如果你使用 v5.10 或之後的版本，你可以魚與熊掌兼得。/p 修飾子讓你有同樣的變數卻只要為特定的正規表達式付一點點代價。可以用 ${^PREMATCH}、${^MATCH} 或 ${^POSTMATCH}，而不用 $`、$& 或 $'。前一個例子可以寫成：

```
use v5.10;
if ("Hello there, neighbor" =~ /\s(\w+),/p) {
  print "實際比對到的是 '${^MATCH}'。\n";
}

if ("Hello there, neighbor" =~ /\s(\w+),/p) {
  print "原始字串是 (${^PREMATCH})(${^MATCH})(${^POSTMATCH})。\n";
}
```

這些變數看起來有點奇怪，因為它們的名稱被大括號括住且以 ^ 開頭。隨著 Perl 發展，可以當做特殊名稱的名字取完了。開頭的 ^ 是避免和你自己取的名字衝突（在使用者定義變數中，^ 是非法字元），但整個變數名稱還是需要大括號包圍。

擷取變數（包含自動的或是編號的）最常用在替換操作，會在第 9 章介紹。

優先順序

看過所有正規表達式的特殊字元，你應該會覺得需要一張選手記分卡才能記住全部的球員。這就是優先順序表（precedence chart），可以告訴我們哪些樣式「黏得比較緊」。不像運算子優先順序表，正規表達式優先順序表很簡單，只有五個等級。我們還送額外的紅利，這一節幫你複習 Perl 在樣式中用到的所有特殊字元。表 8-1 列出優先順序，描述如下：

1. 最高等級是圓括號，()，用來分組和擷取。圓括號內的任何東西都會比圓括號外的其他字元更緊密地黏在一起。

2. 第二級是量詞。這些是重複運算子——星號（*）、加號（+）和問號（?）——以及大括號組成的量詞，像是 {5,15}、{3,}、{,3}（v5.34 新增的）和 {5}。他們都會和其前面的項目緊密黏在一起。

3. 第三級是錨點和序列。你已經看過的錨點是 \A、\Z、\z、^、$、\b 和 \B。還有 \G 錨點本書並未介紹。雖然沒有使用特殊字元，序列（前後相接的項目）其實也是運算子。也就是說單字裡的字母和錨點與字母之間的連結程度是相同的。

4. 倒數第二級是豎線符號（|）複選。因為順位較低，它能有效地將樣式切成幾個部分。會出現在這裡是因為你希望 /fred|barney/ 裡單字的字母相對於豎線符號是黏在一起的。如果複選符比序列有更高的優先順序，那樣式就會被解讀成「fre，d 或是 b，arney」。所以複選符排在接近順序表的底部，讓單字內的字母可以黏在一起。

5. 最低等級是所謂的原子（*atom*），組成樣式最基本的單位。它們是個別的字元、字元集和回溯參照。

表 8-1　正規表達式的優先順序

正規表達式功能	範例
圓括號（分組或擷取）	(...)、(?:...)、(?<LABEL>...)
量詞	a*、a+、a?、a{n,m}
錨點和序列	abc、^、$、\A、\b、\B、\z、\Z
複選符	a|b|c
原子	a、[abc]、\d、\1、\g{2}

優先順序範例

當你需要破解複雜的正規表達式時，你需要以 Perl 的方式，使用優先順序表來看看該如何拆解。

例如，/\Afred|barney\z/ 可能不是程式設計師想要的樣式。因為豎線符號的優先順序比較低；它會將樣式切成兩半。樣式比對會和字串開頭的 fred 相符，或是和結尾的 barney 相符。但程式設計師想要的很有可能是 /\A(fred|barney)\z/，也就是整行只有 fred，或是只有 barney。/(wilma|pebbles?)/ 會比對到什麼呢？問號會作用在前一個字元，所以這會比對到 wilma、pebbles 或 pebble，或是長字串的一部分（因為樣式中沒有錨點）。

樣式 /\A(\w+)\s+(\w+)\z/ 會比對到一個「單字」，還有一些空白，然後是另一個「單字」，而前後都沒有其他東西。這有可能比對像是 fred flintstone 的字串。括住單字的圓括號並沒有需要分組，所以可能只是要保留比對到的子字串。

當你嘗試去搞懂一個複雜的樣式時，自己加上圓括號來釐清優先順序是很有幫助的。這沒什麼關係，但請記得分組圓括號也是自動擷取圓括號；如果只是想要分組，可以用無擷取功能的圓括號。

還有更多

雖然我們涵蓋了大部分人日常程式設計會用到的全部正規表達式功能，但是仍然有更多功能未提到。有一些會在《*Intermediate Perl*》中介紹，也請查閱 perlre、perlrequick 和 perlretut 取得更多 Perl 樣式功能的資訊。

樣式測試程式

在寫 Perl 程式時，程式設計師難免會需要撰寫正規表達式，但是要分辨樣式會做什麼事是很困難的。也很常見樣式比對的結果比預期結果多或少。或是在字串中比對到的位置比預期更早、更晚或都沒有比對到。

這個程式對於測試某個字串中的樣式很有用，可以看出在哪裡比對到什麼：

```
while (<>) {               # 一次讀取一行
  chomp;
  if (/YOUR_PATTERN_GOES_HERE/) {
    print "符合：|$`<$&>$'|\n";   # 使用特殊比對變數
  } else {
    print "不相符：|$_|\n";
  }
}
```

 如果你不是使用電子書（可以剪下和貼上程式碼），可以從本書網站的下載專區取得範例程式碼。

此樣式測試程式是給程式設計師使用的，不是給一般使用者；你可以從它沒有任何提示或使用資訊看得出來。它會取得多行輸入，然後一行一行與你在 YOUR_PATTERN_GOES_HERE 指定的樣式比對。比對相符的每行都會以三個擷取變數 ($`、$& 和 $') 描繪出比對結果的位置。看起來會是這樣：如果樣式是 /match/，輸入字串是 beforematchafter，輸出結果會顯示符合：「|before<match>after|」，使用角括號顯示字串哪一個部分和你的樣式比對相符。如果樣式比對到非預期的部分，就可以立刻看到。

習題

習題解答請見第 309 頁的「第 8 章習題解答」。

這些習題中有些會要求你使用本章的樣式測試程式。你可以手動輸入此程式，請小心謹慎地確定所有奇怪的標點符號是正確的，也可以在本書網站的下載專區取得程式碼。

1. [8] 使用樣式測試程式，建立一個樣式來比對字串 match。嘗試把字串 beforematchafter 輸入程式測試。查看輸出結果會以正確順序顯示比對的三個部分嗎？

2. [7] 使用樣式測試程式，建立一個樣式可以比對任何以字母 a 結尾的單字（\w 組成的單字）。它可以比對到 wilma，而不能比對到 barney 嗎？能夠比對到 Mrs. Wilma Flintstone 嗎？那 wilma&fred 呢？把第 7 章習題的文字檔以它測試看看（並將此題的測試字串加到檔案裡）。

3. [5] 修改前一個習題的程式，讓字母 a 結尾的單字能擷取到 $1。更新程式碼以顯示單引號括住的該變數內容，像這樣：「$1 內容是 'Wilma'」。

4. [5] 修改前一個習題的程式，使用具名擷取，而不是 $1。更新程式碼以顯示標記名稱，像是「'word' 內容是 'Wilma'」。

5. [5] 加分題：修改前一個習題的程式，在比對到的字母 a 結尾單字之後也擷取最多五個字元（如果有這麼多字元的話），存入另一個擷取變數中。更新程式碼以顯示兩個擷取變數。例如，如果輸入字串是「I saw Wilma yesterday」，最多五個字元是「 yest」（前面有一個空格）。如果輸入的是「I, Wilma!」，那另一個擷取應該只有一個字元。你的樣式是否還可以成功比對 wilma 這樣的簡單字串呢？

6. [5] 寫一個新程式（不是那個樣式測試程式！），輸出任何以空白字元結尾（不算換行字元）的輸入行。並放置一個標記字元在輸出行結尾，比較容易看見空白字元。

## 第九章

以正規表達式處理文字

你也可以用正規表達式來修改文字。到目前為止我們只介紹如何比對樣式，現在我們將介紹如何用樣式定位你想修改的字串部分。

以 s/// 進行替換

如果你將 m// 樣式比對想像成文書處理程式的「搜尋」功能，那「搜尋並取代」的功能就是 Perl 的 s/// 替換（substitution）運算子。就是以替代字串來將變數中比對相符的部分替換掉：

```
$_ = "He's out bowling with Barney tonight.";
s/Barney/Fred/;  # 用 Fred 替換 barney
print "$_\n";
```

不像 m// 可以比對任何字串運算式，s/// 修改的資料必須是左值（lvalue）的內容。這幾乎都是變數，就是任何可以放在賦值運算子左側的東西。

如果比對失敗，什麼事都不會發生，變數也不會被修改：

```
# 承上題；$_ 的內容現在是 "He's out bowling with Fred tonight."
s/Wilma/Betty/;  # 用 Betty 替換 Wilma（失敗）
```

當然，樣式和替換字串可能都會更複雜。此處，替換字串使用樣式比對所設的第一擷取變數 $1：

```
s/with (\w+)/against $1's team/;
print "$_\n";  # 輸出結果為 "He's out bowling against Fred's team tonight."
```

這裡有些其他可能的替換。這些只是當作範例；實務上，並不太會連續進行這麼多不相關的替換：

```
$_ = "green scaly dinosaur";
s/(\w+) (\w+)/$2, $1/;      # 現在字串是 "scaly, green dinosaur"
s/\A/huge, /;               # 現在字串是 "huge, scaly, green dinosaur"
s/,.*een//;                 # 替換成空字串：現在字串是 "huge dinosaur"
s/green/red/;               # 比對失敗：仍然是 "huge dinosaur"
s/\w+$/($`!)$&/;            # 現在字串是 "huge (huge !)dinosaur"
s/\s+(!\W+)/$1 /;           # 現在字串是 "huge (huge!) dinosaur"
s/huge/gigantic/;           # 現在字串是 "gigantic (huge!) dinosaur"
```

s/// 會回傳有用的布林值；如果替換成功，會回傳真，否則為假：

```
$_ = "fred flintstone";
if (s/fred/wilma/) {
  print " 成功將 fred 替換成 wilma！\n";
}
```

以 /g 進行全域替換

你可能在上一個例子有注意到，即使有其他地方樣式比對相符，s/// 還是只會進行一次替換。當然，這只是預設行為。/g 修飾子可以讓 s/// 進行所有不重疊的替換；也就是，每次會從最近一次置換處開始新的比對：

```
$_ = "home, sweet home!";
s/home/cave/g;
print "$_\n";  # "cave, sweet cave!"
```

一個相當常見的全域替換應用是縮減空白字元，也就是將任何連續的空白字元轉換成一個空格：

```
$_ = "Input   data\t may have     extra whitespace.";
s/\s+/ /g;  # 現在字串是 "Input data may have extra whitespace."
```

每次我們介紹縮減空白字元，所有人都想知道如何刪除開頭和結尾的空白字元。這很簡單，有兩個步驟：

```
s/\A\s+//;  # 將開頭的空白字元替換成空字串
s/\s+\z//;  # 將結尾的空白字元替換成空字串
```

我們也可以用候選符加上 /g 修飾子將它寫成一個步驟，但是這會讓速度變得稍微慢一點，至少在本書完成時仍然如此。正規表達式引擎一直在調整，如果想要瞭解更多，可以閱讀 Jeffrey Friedl 所寫的《精通正規表達式》，來找出如何讓正規表達式更快（或更慢）：

```
s/\A\s+|\s+\z//g;   # 去除頭尾的空白
```

不同的分隔符

就如 m// 和 qw// 一樣，你也可以改變 s/// 的分隔符。但替換會使用三個分隔符，所以情況有點不同。

若是一般沒有左右之分的字元（不成對的），用法就和斜線一樣，用三個字元。此例，使用井字號（pound sign）當分隔符：

```
s#\Ahttps://#http://#;
```

但若使用有左右之分的成對分隔符，就必須使用兩對：一對包住樣式，一對包住替換字串。在此情況下，包住替換字串的分隔符和包住樣式的分隔符不必相同。事實上，替換字串甚至可以用不成對的分隔符。以下這三行作用都一樣：

```
s{fred}{barney};
s[fred](barney);
s<fred>#barney#;
```

替換修飾子

除了 /g 修飾子，還可以用你在一般樣式比對中看到的 /i、/x、/m 和 /s 修飾子（修飾子順序並不重要）：

```
s#wilma#Wilma#gi;   # 以 Wilma 替換每個 WiLmA 或 WILMA
s{__END__.*}{}s;    # 刪除結尾標記和之後所有的行
```

綁定運算子

如同在 m// 看到的，我們可以用綁定運算子為 s/// 選擇不同的目標：

```
$file_name =~ s#\A.*/##s;   # 移除 $file_name 裡所有 Unix 路徑
```

非破壞性替換

如果你想同時保有原始的字串和修改過後的版本呢？你可以先建立一個複本，再對複本進行處理：

```perl
my $original = 'Fred ate 1 rib';
my $copy = $original;
$copy =~ s/\d+ ribs?/10 ribs/;
```

你也可以寫成單行敘述，進行賦值，再替換賦值結果：

```perl
(my $copy = $original) =~ s/\d+ ribs?/10 ribs/;
```

這可能會令人有點困惑，因為許多人忘記賦值的結果是一個字串，所以改變的實際上是 $copy。Perl 5.14 新增了 /r 修飾子改變了作用方式。正常來說，s/// 的執行結果是替換的次數，但是使用 /r 後，它會保留原始字串，並回傳修改過後的複本：

```perl
use v5.14;

my $copy = $original =~ s/\d+ ribs?/10 ribs/r;
```

看起來和前面的例子幾乎相同，只是少了圓括號。然而在此例，執行順序剛好是相反的。是先進行替換，接著才賦值。從第 2 章的優先順序表（和 perlop 文件）可以得知 =~ 的優先順序高於 =。

大小寫轉換

在替換時，常常會希望被替換的單字有適當的大小寫（或沒有，視情況而定）。這很容易用 Perl 做到，可以使用某些反斜線脫逸。\U 脫逸強制將其後的字元全部改成大寫：

```perl
$_ = "I saw Barney with Fred.";
s/(fred|barney)/\U$1/gi;  # $_ 現在是 "I saw BARNEY with FRED."
```

記得我們在第 143 頁「選擇字元的解譯方式」所提到的注意事項！

同樣地，\L 脫逸會強制其後的字元全部改成小寫。承前例：

```perl
s/(fred|barney)/\L$1/gi;  # $_ 現在是 "I saw barney with fred."
```

預設，這些會影響之後全部的（替換）字串，或者你可以用 \E 來關閉大小寫轉換：

```perl
s/(\w+) with (\w+)/\U$2\E with $1/i;  # $_ 現在是 "I saw FRED with barney."
```

以小寫的形式來寫（\l 和 \u），就只會影響隨後第一個字元：

```
s/(fred|barney)/\u$1/ig;   # $_ 現在是 "I saw FRED with Barney."
```

甚至可以將他們合併使用。可以同時用 \u 和 \L 表示「全部小寫，但是首字母大寫」：

```
s/(fred|barney)/\u\L$1/ig;  # $_ 現在是 "I saw Fred with Barney."
```

雖然我們在介紹替換時的大小寫轉換，巧的是這些脫逸序列在任何雙引號字串也適用：

```
print "Hello, \L\u$name\E, would you like to play a game?\n";
```

\L 和 \u 可能會以任意順序同時出現。Larry 了解到人們有時候會將它們的順序顛倒，所以他讓 Perl 知道你只是想要首字母大寫，其餘都小寫。

不是所有的小寫轉換都一樣。通常你可能會在比較字串前，將字串全部轉換為小寫以標準化：

```
my $input  = 'fRed';
my $string = 'FRED';
if( "\L$input" eq "\L$string" ) {
  print "他們是同名 \n";
}
```

然而並非所有小寫都如你預期，或是它們是等價的形式。*ß* 相當於 *ss*，但：

```
use utf8;

my $input  = 'Steinerstraße';
my $string = 'STEINERSTRASSE';
if ( "\L$input" eq "\L$string" ) {      # 沒有作用
  print "他們是同名 \n";
}
```

這兩者在 Perl 並不匹配，儘管邏輯上它們是匹配的。Perl 的小寫轉換並不知道 Unicode 的規則。如果你有 v5.16 或之後的版本，想要進行適當的 Unicode 大小寫轉換，可以用 \F（表示 foldcase）脫逸：

```
use v5.16;

my $input  = 'Steinerstraße';
my $string = 'STEINERSTRASSE';
if ( "\F$input" eq "\F$string" ) {      # 可以作用
  print "他們是同名 \n";
}
```

新的大小寫轉換（case-folding）功能對像是 İstanbul 的字串並沒有幫助，其 I 的小寫版本是帶點的（dotted），但是另一個 i 也會出現組合的點。你可以用 Unicode::Casing 模組做更複雜的操作。

大小寫轉換運算子也有函式形式的 lc、uc、fc、lcfirst 和 ucfirst：

```
my $start   = "Fred";
my $uncapp  = lcfirst( $start );      # fred
my $uppered = uc( $uncapp );          # FRED
my $lowered = lc( $uppered );         # fred
my $capped  = ucfirst( $lowered );    # Fred
my $folded  = fc( $capped );          # fred
```

括住特殊字元

有另一個脫逸序列和大小寫轉換類似。\Q 可以括住字串中的特殊字元。假設你使用此樣式，想移除姓名前的圓括號字面值：

```
if ( s/(((Fred/Fred/ ) {        # 無法編譯！
  print "Removed parens\n";
}
```

需要括住這些字元來讓它們變成圓括號字面值：

```
if ( s/\(\(\(Fred/Fred/ ) {     # 可以編譯，但是很混亂！
  print "Removed parens\n";
}
```

這有點惱人，所有的反斜線讓樣式亂成一團。可以使用 \Q 來括住之其後的所有字元。這可以讓樣式比較清晰：

```
if ( s/\Q(((Fred/Fred/ ) {      # 比較不亂
  print "Removed parens\n";
}
```

如果只想括住樣式的一部分，可以用 \E：

```
if ( s/\Q(((\E(Fred)/$1/ ) {    # 更不混亂
  print "Cleansed $1\n";
}
```

若你想插入當作字元字面值的變數，這就很有用。因為當變數插入時，\Q 會作用在變數的值：

```
if ( s/\Q$prefix\E(Fred)/$1/ ) {       # 可以編譯！
  print "Cleansed $1\n";
}
```

也可以事先使用 quotemeta 函式做同樣的事：

```
my $prefix = quotemeta( $input_pattern );
if ( s/$prefix(Fred)/$1/ ) {       # 可以編譯！
  print "Cleansed $1\n";
}
```

split 運算子

另一個用正規表達式的運算子是 split，可以根據樣式將字串分解。這對於處理以 tab 字元、冒號、空白字元或任何字元分隔的資料很有用。只要能以正規表達式（通常是簡單的正規表達式）指定分隔符號，就能使用 split。看起來像這樣：

```
my @fields = split /separator/, $string;
```

 用 split 處理 CSV（Comma-separated values，逗號分隔值）檔案會很痛苦；你最好用 CPAN 上的 Text::CSV_XS 模組。

split 會拉著當作分隔符（separator）的樣式掃過字串，並回傳以分隔符分開的一串欄位（子字串）。當樣式比對相符時，該處就是一個欄位的結尾，然後又開始下次比對。所以，回傳的欄位不會出現和樣式相符的內容。此例是典型的 split 樣式，以冒號分隔：

```
my @fields = split /:/, "abc:def:g:h";  # 產生 ("abc", "def", "g", "h")
```

如果有兩個分隔符相鄰，甚至會有空欄位：

```
my @fields = split /:/, "abc:def::g:h";  # 產生 ("abc", "def", "", "g", "h")
```

這裡有一個規則，乍看之下很奇怪，但是很少造成問題——開頭的空欄位都會回傳，但是結尾的空欄位會被丟棄：

```
my @fields = split /:/, ":::a:b:c:::"; # 產生 ("", "", "", "a", "b", "c")
```

如果想要結尾的空欄位，請給 split 第三個引數 -1：

```
my @fields = split /:/, ":::a:b:c:::", -1;  # 產生
("", "", "", "a", "b", "c", "", "", "")
```

將 split 用於空白字元很常見，可以用 /\s+/ 當作樣式。在此樣式下，所有空白字元都和一個空格等價：

```perl
my $some_input = "This  is a \t        test.\n";
my @args = split /\s+/, $some_input; # ("This", "is", "a", "test.")
```

split 的預設行為就是以空白字元分割 $_：

```perl
my @fields = split;  # 等於 split /\s+/, $_;
```

這幾乎和以 /\s+/ 為樣式相同，此作法中開頭的空白欄位會被省略——所以如果該行是以空白字元開始的，產生的串列開頭不會有空欄位。如果想要以空白字元分割其他字串也有相同效果，只要在樣式使用一個空格：split ' ', $other_string。用一個空格取代樣式是 split 的特別用法。

一般來說，在 split 使用的樣式都像在本書看到的一樣簡單。但如果樣式更複雜，請確定避免在樣式中使用擷取圓括號，因為這（通常）會觸發未預期的「分隔符記憶模式（separator retention mode）」（詳情請見 perlfunc 文件）。若要在 split 中分組，請使用無擷取功能圓括號 (?:)。

join 函式

join 函式不使用樣式；他是執行 split 的相反功能：split 把字串分成許多片段，而join 則是把許多片段黏起來，組成一個單一字串。join 函式用起來像這樣：

```perl
my $result = join $glue, @pieces;
```

join 的第一個引數是黏膠字串，可以是任何字串。剩下的引數是一串字串片段。join 會把黏膠字串放在每個片段之間，並回傳得到的字串：

```perl
my $x = join ":", 4, 6, 8, 10, 12;  # $x 是 "4:6:8:10:12"
```

在此例，有五個項目，所以只有四個冒號。也就是有四個黏膠字串。黏膠只會出現在片段間，不會在頭尾。所以黏膠字串數目會比串列的項目數少一。

這表示如果串列不到兩個元素的話，可能根本就沒有黏膠：

```perl
my $y = join "foo", "bar";        # 產生 "bar"，因為不需要黏膠
my @empty;                        # 空陣列
my $empty = join "baz", @empty;   # 沒有項目，所以 $empty 是空字串
```

使用之前的 $x，你可以將字串分開後，再用不同的分隔符黏回去：

```
my @values = split /:/, $x;   # @values 是 (4, 6, 8, 10, 12)
my $z = join "-", @values;    # $z 是 "4-6-8-10-12"
```

雖然 split 和 join 合作無間，但是別忘了 join 的第一個引數一定是字串，而非樣式。

串列語境的 m//

當使用 split 時，樣式是當作分隔符：亦即資料中沒有用處的部分。有時候指出想保留的部分反而比較容易。

當樣式比對（m//）用在串列語境時，回傳值是比對成功建立的擷取變數串列，若是比對失敗則是空串列：

```
$_ = "Hello there, neighbor!";
my ($first, $second, $third) = /(\S+) (\S+), (\S+)/;
print "$second is my $third\n";
```

這樣可以很容易地為擷取變數取好用的名字，而這些變數內容可能在下一次樣式比對時沿用。（也請注意，因為此程式碼並未使用 =~ 綁定運算子，所以預設是針對 $_ 做樣式比對。）

 Perl v5.26 新增會保留所有擷取變數的特殊 @{^CAPTURE} 陣列變數。其第一個元素和 $& 相同（整個比對相符部分）；剩下的元素則依擷取緩衝區編號排列。

你第一次在 s/// 看到的 /g 修飾子也適用於 m//，可以讓樣式比對到字串許多地方。在此例，有一對圓括號的樣式會回傳每次樣式比對相符的擷取：

```
my $text = "Fred dropped a 5 ton granite block on Mr. Slate";
my @words = ($text =~ /([a-z]+)/ig);
print " 結果：@words\n";
# 結果：Fred dropped a ton granite block on Mr Slate
```

這就像是將 split 反過來用：不指定想要移除的，而是指定想保留的。

事實上，如果有超過一對圓括號，每次比對相符都會回傳超過一個字串。比方說，我們有一個字串想要讀進雜湊，像這樣：

```
my $text = "Barney Rubble Fred Flintstone Wilma Flintstone";
my %last_name = ($text =~ /(\w+)\s+(\w+)/g);
```

每次樣式比對相符，就會回傳一對擷取的值。然後這一對值就成了新雜湊的鍵值對。

更強大的正規表達式

讀過（幾乎）三章的正規表達式後，你已經知道它是 Perl 核心的強項。但還有更多 Perl 開發者加入的功能；你會在本節看到其中一些最重要的。同時，你也會看到一些正規表達式引擎內部的運作。

不貪婪的量詞

到目前為止，你看到的 Perl 量詞都是貪婪的。它們遵循最左邊、最長規則，會盡可能比對最多文字。有時候這會匹配到太多文字。

想想這個例子，你想將標記間的名字全部替換成大寫字母版本：

```perl
my $text = '<b>Fred</b> and <b>Barney</b>';
$text =~ s|<b>(.*)</b>|<b>\U$1\E</b>|g;
print "$text\n";
```

但是卻不可行：

```
<b>FRED</B> AND <B>BARNEY</b>
```

發生什麼事了？你嘗試做全域比對並預期有兩個比對相符？實際上相符了幾次呢？

```perl
my $text = '<b>Fred</b> and <b>Barney</b>';
my $match_count = $text =~ s|<b>(.*)</b>|<b>\U$1|g;
print "$match_count: $text\n";
```

如你所見，只有一次比對相符：

```
1: FRED</B> AND <B>BARNEY
```

因為 .* 是貪婪的，他會比對到從第一個 <b> 到最後一個 </b> 之間的所有內容。但你想比對的是從 <b> 到下一個 </b> 之間的內容。這是用正規表達式解析配對 HTML 標記的問題之一。

大部分 Perl 程式設計師會告訴你，你不能用正規表達式解析 HTML，但是那比 Perl 的能力更關乎你的技能和對細節的關注。Tom Christiansen 在 StackOverflow 的回答中展示了作法（ *https://stackoverflow.com/a/4234491/2766176* ）。

你不希望 .* 比對它能比對的最長部分。希望它比對足夠的部分就好。如果在任何量詞後加上一個 ?，當量詞第一次在其後比對到相符的部分就會停止：

```
my $text = '<b>Fred</b> and <b>Barney</b>';
my $match_count = $text =~ s|<b>(.*?)</b>|\U$1|g; # 不貪婪
print "$match_count: $text\n";
```

現在它比對到兩次，只有名字被改成全部大寫：

```
2: FRED and BARNEY
```

不會比對到字串結束和回溯，直到它找到一個方式來比對樣式剩餘部分，正規表達式會持續檢查它並沒有進入樣式的下個部分（請見表 9-1）。

表 9-1　使用不貪婪修飾子的正規表達式量詞

特殊字元	比對次數
??	至少零次或一次
*?	零或多次，儘量少
+?	一或多次，儘量少
{3,}?	至少三次，但儘量少
{3,5}?	至少三次，至多五次，但儘量少

更炫的單字邊界

\b 用於比對「單字」字元和非「單字」字元的部分。如你於第 7 章所見，Perl 的單字觀念和我們的不太一樣。假設你想將字串中每個單字的首字母改成大寫。你可能認為你可以替換在單字邊界後所有內容：

```
my $string = "This doesn't capitalize correctly.";
$string =~ s/\b(\w)/\U$1/g;
print "$string\n";
```

在 Perl 的定義，撇號也是一個單字邊界，即使它是在單字中間（嗯，是兩個單字的縮寫，但是仍然是）：

```
This Doesn'T Capitalize Correctly.
```

> Unicode 在 Unicode 技術報告 #18 中規定了正規表達式的支援層次，其中包含了複雜的邊界斷言。Perl 的目標是成為最符合 Unicode 規範的程式語言。

Perl v5.22 基於 Unicode 定義新增了一種新的單字邊界。這個定義對於單字的開頭或結尾位置能進一步做出更好的猜測。新的單字邊界語法建構於 \b 之上，藉由增加大括號來表示此類邊界：

```
use v5.22;

my $string = "this doesn't capitalize correctly.";
$string =~ s/\b{wb}(\w)/\U$1/g;
print "$string\n";
```

\b{wb} 很聰明能辨識出撇號後的 t 不是新單字的開頭：

```
This Doesn't Capitalize Correctly.
```

它使用的規則有點錯綜複雜，不是很完美，但比以前的 \b 還要好。

v5.22 還新增了新的句子邊界。\b{sb} 用一組規則來猜測標點符號是在句尾還是在句中，像是「Mr. Flintstone」。

然而這還不夠。Perl v5.24 新增了行邊界，能指出適合斷行（break text）的位置，讓你不會在單字中間、不適當的標點符號或不換行空格（nonbreaking space）間斷行。\b{lb} 知道可以在哪裡插入換行字元：

```
$string =~ s/(.{50,75}\b{lb})/$1\n/g;
```

就像其他很炫的單字邊界，這一個是基於嘗試錯誤來猜測。在有些情況，它可能不會在你認為該斷行的地方斷行。

比對多行文字

傳統的正規表達式只用來比對單行文字。但因為 Perl 可以處理任意長度的字串，所以 Perl 的樣式也可以像單行一樣輕鬆比對多行文字。當然，你必須要有一個能表示多行文字的表達式。此例是長度四行的字串：

```
$_ = "I'm much better\nthan Barney is\nat bowling,\nWilma.\n";
```

現在，錨點 ^ 和 $ 正常來說是表示整個字串頭尾的錨點（見第 8 章）。但是 /m 修飾子也可以讓他們表示中間的換行字元（請將 m 想成多行（multiple lines））。這使得他們表示的位置不是字串的頭尾，而是行首和行尾。所以此樣式可以比對相符：

```
print " 在行首找到 'wilma'\n" if /^wilma\b/im;
```

同樣地，你可以在多行字串的每一行做替換。這裡，我們將整個檔案讀進一個變數，再將檔名前置於每一行開頭：

```
open FILE, $filename
  or die " 無法開啟 '$filename' : $!";
my $lines = join '', <FILE>;
$lines =~ s/^/$filename: /gm;
```

一次更新多個檔案

用程式更新文字檔最常見的方式是寫入一個和舊檔案相似的全新檔案，然後一邊視需要做修改。如你所見，這個技巧和直接更新檔案差不多，但是有一些有利的副作用。

此例中，假設你有數百個類似格式的檔案。其中一個是 *fred03.dat*，看起來長這樣：

```
Program name: granite
Author: Gilbert Bates
Company: RockSoft
Department: R&D
Phone: +1 503 555-0095
Date: Tues March 9, 2004
Version: 2.1
Size: 21k
Status: Final beta
```

你需要修正此檔案，讓它呈現不同資訊。這裡粗略提供修正完要有的樣貌：

```
Program name: granite
Author: Randal L. Schwartz
Company: RockSoft
Department: R&D
Date: June 12, 2008 6:38 pm
Version: 2.1
Size: 21k
Status: Final beta
```

簡而言之，有三處要修改。Arthur 需要修改；Date 要改成今天的日期；而 Phone 要完全刪除。而有幾百個類似檔案都要這樣修改。

Perl 支援一種由鑽石運算子（<>）從旁協助的直接修改檔案方式。此程式雖然乍看之下看不出端倪，但它可以做到剛剛要求的工作。這個程式唯一的新功能是特殊變數 $^I；現在先別管它，等一下會說明：

```
#!/usr/bin/perl -w

use strict;

chomp(my $date = `date`);
$^I = ".bak";

while (<>) {
  s/\AAuthor:.*/Author: Randal L. Schwartz/;
  s/\APhone:.*\n//;
  s/\ADate:.*/Date: $date/;
  print;
}
```

因為需要今天的日期，程式一開始呼叫了系統的 *date* 指令。另一個比較好的做法是在純量語境下使用 Perl 自己的 `localtime` 函式（但格式會有點不同）：

```
my $date = localtime;
```

下一行設定 `$^I`，但現在還是先別管它。

這裡的鑽石運算子會從命令列讀取一串檔案。主迴圈會一次讀取、更新和列印一行出來。以你目前所學的知識，這表示會將所有檔案修改過的內容傾印到終端機上，狂亂地掃過你的視線，而原來的檔案好像都沒有改過。不過請繼續看下去。請注意第二個替換會將 Phone 整行以空字串取代，連換行字元也去掉。所以當列印時，什麼都不會印出來，好像 Phone 從來沒有出現過一樣。因為大部分輸入行都不符合那三個樣式，所以輸出時都不會改變。

所以執行結果很接近你要的，除了我們還沒告訴你更新的資訊怎麼寫回磁碟中。答案就在 `$^I` 變數中。它的預設值是 undef，這時一切正常。但是將它賦值成某個字串時，它會讓鑽石運算子比平常更具有魔力。

你已經知道許多鑽石運算子的魔力——它會幫你自動開啟和關閉一系列檔案，如果沒有指定檔名的話，會從標準輸入串流讀取。但是如果有字串在 `$^I` 中，字串會被當作備份檔案的副檔名。讓我們來看這是怎麼運作的。

先假設鑽石運算子開啟了檔案 *fred03.dat*。它如往常般開啟檔案，但現在它將檔名改成了 *fred03.dat.bak*。仍然是開啟同一個檔案，但它現在在磁碟上有了不同的檔案名稱。下一步，鑽石運算子建立了一個新檔案並命名為 *fred03.dat*。這沒關係，你已經不再使用這個檔案名稱了。現在鑽石運算子會將預設的輸出設為新的檔案，如此一來，我們的輸出內容都會寫入這個新檔案。在一般的機器上,此程式能在幾秒內更新幾千個檔案。很厲害吧?

 鑽石運算子也會儘可能嘗試複製原始檔案的權限和使用者設定。詳情請見你的系統文件。

一旦此程式執行完畢,使用者會看到的什麼呢?使用者會說:「阿,我看到怎麼回事了!Perl 編輯了我的檔案 *fred03.dat*,依我的需要修改它,然後將原始檔案儲存了一個備份 *fred03.dat.bak* 以備不時之需!」不過你知道真相:Perl 沒有真的修改任何檔案,它在建立複本時順便修改了一下,然後說:「天靈靈,地靈靈!」,然後趁你還在注意魔法棒揮舞時將檔案調包了。真巧妙。

有些人會用波浪符號 ~ 當作 $^I 的值,因為 *emacs* 備份檔案也這麼做。另一個可能當作 $^I 的值是空字串。這會直接編輯,但不會將原始資料儲存在備份檔案。由於樣式中的錯別字可能會清空原來所有資料,所以只有在你想知道你的備份磁帶機有多棒時,才建議使用空字串。處理完後刪除備份檔案是很簡單的。而且當出問題時,你還需要將備份檔案改名回來,你會很高興你知道如何用 Perl 來這樣做(在第 233 頁「檔案重新命名」中會舉例)。

從命令列直接修改

寫像前一節範例的程式很簡單,但是 Larry 覺得還不夠簡單。

想像你需要更新幾百個檔案,將拼錯成 Randall 的名字,改回只有一個 l 的 Randal。你可以寫像前一節的程式。或是你可以使用單行程式來做,就在命令列完成:

```
$ perl -p -i.bak -w -e 's/Randall/Randal/g' fred*.dat
```

Perl 有一大堆命令列選項可以打幾個字就能建構完整程式。我們來看這幾個選項能做什麼(其餘請見 perlrun 文件)。

一開始的 Perl 就像檔案開頭放的 #!/usr/bin/perl:表示用 *perl* 處理下列內容。

-p 選項告訴 Perl 幫你寫一個程式。其實也不太算是程式,它比較像是這樣的內容:

```
while (<>) {
  print;
}
```

如果你還覺得太多,可以用 -n 選項代替;就會將自動執行的 print 敘述去除,所以你可以自行決定要不要執行 print。(awk 迷應該認得 -p 和 -n。)再次說明,這不太算是程式,但是就少打幾個字來說,是很棒的。

下一個選項是 -i.bak,你可能已經猜到,作用是在程式開始前是將 $^I 設為 ".bak"。如果你不想要備份檔,可以只使用 -i,不加副檔名。如果你不想要備份降落傘,那就只帶一個上飛機吧。

你之前已經看過 -w,它會開啟警告功能。

-e 選項告訴 Perl「後面就是程式碼了」。這表示 s/Randall/Randal/g 字串會被當作 Perl 程式碼。因為你已經有 while 迴圈了(來自 -p 選項),這段程式碼會被放進迴圈內,置於 print 之前。因為技術性因素,-e 程式碼最後的分號可有可無。但若有超過一個 -e 和超過一段程式碼,你只能省略最後一個分號。

最後一個命令列參數是 fred*.dat,表示 @ARGV 應該保留符合該檔名樣式的檔案串列。將這些片段湊在一起,就好像你自己寫一個像這樣的程式,讓它作用於所有 fred*.dat 檔案:

```perl
#!/usr/bin/perl -w

$^I = ".bak";

while (<>) {
  s/Randall/Randal/g;
  print;
}
```

將此程式和上一節的程式比較,可以看出非常相似。這些命令列選項很方便,不是嗎?

習題

習題答案請見第 311 的「第 9 章習題解答」。

1. [7] 建立一個樣式,無論 $what 目前是什麼,都能比對連續三個 $what 複本的內容。也就是,如果 $what 是 fred,你的樣式能比對 fredfredfred。如果 $what 是 fred|barney,你的樣式能比對 fredfredbarney、barneyfredfred 或 barneybarneybarney,或是其他組合。(提示:你應該在樣式測試程式開頭用一個敘述設定 $what,像是:my $what = 'fred|barney';)。

2. [12] 寫一個程式，用來建立一個文字檔修改過的複本。在複本中，每一個 Fred
（不分大小寫）字串都應該被替換成 Larry。（所以 Manfred Mann 應該變成
ManLarry Mann。）應該從命令列輸入檔名（不要詢問使用者！），輸出檔名是 .out 結
尾的相對應檔名。

3. [8] 修改前一個程式，將每個 Fred 改成 Wilma，每個 Wilma 改成 Fred，輸入
fred&wilma 的話，輸出應該是 Wilma&Fred。

4. [10] 加分題：寫一個程式，將你目前所有習題練習程式都加上版權宣告，放像這樣
的一行：

```
## Copyright (C) 20XX by Yours Truly
```

放在檔案的「shebang」列之後。你應該直接修改檔案，並保留備份。假設程式會從
命令列加上指定要修改的檔名來呼叫。

5. [15] 額外加分題：修改前一個程式讓它不會修改已經有版權宣告行的檔案。提示是，
你可能需要知道鑽石運算子讀取的檔名會存在 $ARGV。

## 第十章

更多控制結構

在本章中，你會看到一些寫 Perl 程式的替代做法。大部分情況下，這些技巧不會讓程式語言更強大，但是可以讓它更簡單或讓工作更方便地完成。你不必在你自己的程式中使用這些技巧，但是不要因此跳過本章——你遲早一定會在別人的程式碼看到這些控制結構（事實上，你絕對會在讀完本書前看到這些控制結構的應用）。

unless 控制結構

在 if 控制結構，只有在條件運算式為真時才會執行區塊裡的程式碼。如果你希望只有在條件式為假時才執行區塊程式碼，請將 if 改成 unless：

```
unless ($fred =~ /\A[A-Z_]\w*\z/i) {
  print "\$fred 的值看起來不像是 Perl 的識別字。\n";
}
```

使用 unless 表示，除非（*unless*）這個條件式為真，否則就執行區塊的程式碼。它就像是使用反面條件式的 if 測試。另一個想法是，把它想成是一個獨立的 else 子句。也就是當你看到一個看不懂的 unless 敘述時，可以（在腦袋裡或是實際上）把它改寫成一個 if 測試：

```
if ($fred =~ /\A[A-Z_]\w*\z/i) {
  # 什麼都不做
} else {
  print "\$fred 的值看起來不像是 Perl 的識別字。\n";
}
```

這並不會增加或降低效率,它和 if 應該會被編譯成一樣的內部 bytecode。另一種改寫方法是使用反義運算子(!)將條件運算式改成否定:

```perl
if ( ! ($fred =~ /\A[A-Z_]\w*\z/i) ) {
  print "\$fred 的值看起來不像是 Perl 的識別字。\n";
}
```

一般來說,你應該選一個對你來說最有意義的程式寫法,因為那對你程式的維護工程師可能也會是最有意義的。如果寫否定的 if 對你來說最有意義,那就寫吧。然而更常見的是,你會發現使用 unless 比較自然。

搭配 unless 的 else 子句

你甚至可以在 unless 之後加上 else 子句。雖然 Perl 支援這個語法,不過它是有可能造成混淆的:

```perl
unless ($mon =~ /\AFeb/) {
  print "這個月至少有三十天。\n";
} else {
  print "你知道這是怎麼回事嗎?\n";
}
```

有些人會想要這樣用,特別是第一個子句很短(可能只有一行),而第二個子句有好幾行時。但是你也可以用反義的 if,或只是交換兩個子句來使用正常的 if:

```perl
if ($mon =~ /\AFeb/) {
  print "你知道這是怎麼回事嗎?\n";
} else {
  print "這個月至少有三十天。\n";
}
```

切記你的程式碼是寫給兩種讀者看:執行程式的電腦和必須維護程式的人類。如果人類都無法理解你寫的程式,過沒多久電腦也不會做出正確的事。

until 控制結構

有時候你想要顛倒 while 迴圈的條件式。可以用 until 這麼做:

```perl
until ($j > $i) {
  $j *= 2;
}
```

此迴圈會一直執行，直到條件運算式回傳真。但是它只是偽裝的 while 迴圈而已，差別在 until 會在條件式為假時反覆執行。條件運算式會在第一次迭代時評估，所以 until 仍然是「零或多次」迴圈，就像 while 迴圈一樣。如同 if 和 unless 一樣，你也可以將任何 until 迴圈的條件式改成否定來改寫成 while 迴圈。但是一般來說，你會發現使用 until 比較簡單和自然。

敘述修飾子

為了要有更簡潔的標記，敘述後可以接著控制它的修飾子。例如，if 修飾子的作用和 if 區塊很類似：

```
print "$n 是負數。\n" if $n < 0;
```

去掉圓括號和大括號，除了少打幾個字以外，它執行的結果和以下程式碼幾乎一樣：

```
if ($n < 0) {
  print "$n 是是負數。\n";
}
```

如我們說過的，Perl 一族通常喜歡少打字。而且此簡潔形式讀起來很像英文：「print this message if $n is less than zero.」（如果 $n 小於零的話，印出此訊息。）

請注意即使條件運算式寫在後面，它仍然是先評估。這和平常由左到右的順序相反；在理解 Perl 程式碼時，你要像 Perl 內部編譯器一樣，把敘述全部讀完，才來判斷真正的意思。

也有其他的修飾子：

```
&error(" 輸入錯誤 ") unless &valid($input);
$i *= 2 until $i > $j;
print " ", ($n += 2) while $n < 10;
&greet($_) foreach @person;
```

以上的運作和你想的一樣（希望如此）。也就是以上每一行都能和 if 修飾子範例一樣改寫。以下是其中一個例子：

```
while ($n < 10) {
  print " ", ($n += 2);
}
```

值得注意的是，在 print 引數串列中圓括號內的運算式，它將 $n 加 2，再把值存回 $n。然後它會回傳要列印的新值。

這些簡潔形式讀取來幾乎像是自然語言：「call the &greet subroutine for each @person in the list.」（為串列中的每個人呼叫 &greet 副程式。）、「Double $i until it's larger than $j.」（將 $i 加倍，直到它的值比 $j 還大為止。）這些修飾子最常見的用法之一是像這樣的敘述：

```
print "fred 是 '$fred'，barney 是 '$barney'\n" if $I_am_curious;
```

藉由寫這種「倒裝句」的程式碼，可以將敘述中重要的部分放在前面。該敘述的重點是監測某些變數，而非檢查你是否好奇（$I_am_curious）。當然，$I_am_curious 是我們命名的；它不是 Perl 內建變數。一般來說，人們使用此技巧時也會呼叫他們的變數 $TRACING，或是使用以 constant 指示詞宣告的常數。有些人喜歡將整個敘述寫成一行，也許會在 if 前加上一些 tab 字元，將它如前例一樣靠右對齊。也有人喜歡把 if 修飾子縮排置於新的一行：

```
print "fred is '$fred', barney is '$barney'\n"
    if $I_am_curious;
```

然而你可以將這些使用修飾子的運算式以區塊形式改寫（「老派」的做法），但反過來的轉換不一定成立。Perl 只允許在修飾子兩側各放一個運算式。所以你不能寫「某式 if 某式 while 某式 until 某式 unless 某式 foreach 某式」，這樣太容易混淆了。而且你不能在修飾子左側放置多個敘述。如果你在兩邊都有一個以上的運算式，請用老派的做法，以圓括號和大括號來寫。

如我們在 if 修飾子提到的，（位於右側的）條件運算式總是會先評估，就如同在老派的形式一樣。

使用 foreach 修飾子無法選擇不同的控制變數——它一定是 $_。通常這沒什麼問題，但是如果你想要用不同的變數，你需要以傳統的 foreach 迴圈來改寫。

純區塊控制結構

所謂的「純（naked）」區塊是沒有關鍵字或條件式的區塊。也就是，假設你有一個像這樣的 while 迴圈：

```
while ( 條件式 ) {
    程式本體 ;
    程式本體 ;
    程式本體 ;
}
```

現在，拿掉 while 關鍵字和條件式，就會有一個純區塊：

```
{
    程式本體;
    程式本體;
    程式本體;
}
```

純區塊就像 while 或 foreach 迴圈，除了不會循環執行；它只會執行區塊內容一次，然後就完成了。它是不循環的迴圈！

稍後，會看到純區塊的其他應用，他的其中一個功能是為臨時語彙變數提供作用範圍：

```
{
    print "請輸入一個數字: ";
    chomp(my $n = <STDIN>);
    my $root = sqrt $n;  # 計算平方根
    print "$n 的平方根是 $root。\n";
}
```

在這個區塊裡，$n 和 $root 是區塊作用範圍內的臨時變數。一般的原則是，所有的變數都應該宣告於最小所需的作用範圍。如果你只有在幾行程式碼內需要使用變數，可以將這幾行程式放在純區塊內，並在此區塊裡宣告變數。當然，如果在之後會用到 $n 或 $root，那你需要在更大的作用範圍內宣告它們。

你可能注意到程式裡的 sqrt 函式且不知道它的作用──沒錯，它是我們未曾介紹過的函式。Perl 有許多本書未介紹的內建函式。當你準備好的時候，請查閱 perlfunc 文件來學習更多內建函式。

elsif 子句

偶爾，你需要檢查條件運算式的數值，一個接著一個，來看其中哪一個為真。這可以由 if 控制結構的 elsif 子句來做到，如這個範例：

```
if ( ! defined $dino) {
    print "這個值是 undef。\n";
} elsif ($dino =~ /^-?\d+\.?$/) {
    print "這個值是整數。\n";
} elsif ($dino =~ /^-?\d*\.\d+$/) {
    print "這個值是「幾單的」浮點數。\n";
} elsif ($dino eq '') {
    print "這個值是空字串。\n";
} else {
```

```
    print " 這個值是字串 '$dino'。\n";
}
```

Perl 會一一測試條件運算式。當其中某項符合時，會執行相對應的區塊，然後整個控制結構就完成了，繼續執行其餘的程式碼。如果沒有項目符合，就會執行最後的 else 區塊。（當然，else 子句是可以省略的，然後在這個例子，加上它是個好主意。）

elsif 子句的數目並沒有限制，但請記得 Perl 必須評估前 99 次測試才能到達第 100 個。如果你有超過半打以上的 elsif，那應該考慮用更有效率的寫法。

此刻你可能已經注意到關鍵字是拼成 elsif，只有一個 e。如果你寫成有第二個 e 的 elseif，Perl 會告訴你這不是正確的拼法。為什麼？Larry 說了算。

自動遞增與自動遞減

你時常會將純量變數加一或減一。因為這太常見了，所以就像其他常用的運算式一樣，它們也有縮寫。

自動遞增運算子（++）會將純量變數加一，這和 C 或其他類似程式語言一樣：

```
my $bedrock = 42;
$bedrock++;  # 將 $bedrock 加一：它現在是 43
```

就像將變數加一的其他方法，如果有需要，會建立新的純量變數：

```
my @people = qw{ fred barney fred wilma dino barney fred pebbles };
my %count;                  # 新的空雜湊
$count{$_}++ foreach @people;  # 視需要建立新的鍵和值
```

第一次執行 foreach 迴圈時，$count{$_} 會自動遞增。先是 $count{"fred"}，它是從 undef（因為本來不存在於雜湊中）變成 1。下次執行迴圈時，$count{"barney"} 變成 1；之後 $count{"fred"} 變成 2。每次執行迴圈都會遞增 %count 中一個元素的值，也有可能建立它。迴圈執行完畢後，$count{"fred"} 會是 3。這提供了一個快速簡單的方法來看串列中有哪些元素和每一個元素出現幾次。

類似地，自動遞減運算子（--）會將一個純量變數減一：

```
$bedrock--;  # 將 $bedrock 減一；它現在又是 42
```

自動遞增的值

你可以取得變數的值，同時改變該值。在變數名稱前放置 ++ 運算子可以先遞增變數值，再取得值。這是前置遞增（*pre-increment*）：

```
my $m = 5;
my $n = ++$m;  # 遞增 $m 的值到 6，再將該值存入 $n
```

或是前置 -- 運算子先遞減變數，再取得值。這是前置遞減（*pre-decrement*）：

```
my $c = --$m;  # 遞減 $m 的值到 5，再將該值存入 $c
```

接著是很巧妙的部分。將變數名稱放前面，先取得值，然後再遞增或遞減。這叫做後置遞增（*post-increment*）或後置遞減（*post-decrement*）：

```
my $d = $m++;  # $d 會取得舊的值 5，然後將 $m 遞增到 6
my $e = $m--;  # $e 會取得舊的值 6，然後將 $m 遞減到 5
```

之所以巧妙是因為一次同時做兩件事。在同一個運算式中取得值，也改變它的值。如果運算子在前，就會先遞增（或遞減），然後使用新值。如果變數在前，就會先回傳（舊）值，然後才遞增（或遞減）。另一種說法是，這些運算子會回傳值，但是它們也有修改變數值的副作用。

如果你將它們單獨寫在運算式中，不使用其值，只利用其副作用，那運算子放在變數前或後就沒有差別了：

```
$bedrock++;  # $bedrock 加一
++$bedrock;  # 一模一樣；$bedrock 加一
```

這些運算子的常見用法是用於雜湊，判斷某個項目是否曾經見過：

```
my @people = qw{ fred barney bamm-bamm wilma dino barney betty pebbles };
my %seen;

foreach (@people) {
  print " 我以前在某個地方見過你，$_ ！\n"
    if $seen{$_}++;
}
```

當 barney 第一次出現時，$seen{$_}++ 的值為假，因為它是 $seen{$_} 的值，即 $seen{"barney"}，它是 undef。但是該表達式有個遞增 $seen{"barney"} 的副作用。當 barney 再次出現時，$seen{"barney"} 現在會是真值，所以會印出訊息。

for 控制結構

Perl 的 for 控制結構就像你可能在其他程式語言，像是 C 語言，看過的。看起來像這樣：

```
for ( 初始化 ; 測試 ; 遞增 ) {
  程式本體 ;
  程式本體 ;
}
```

對 Perl 來說，這類迴圈實際上是改寫的 while 迴圈，像是這樣：

```
初始化 ;
while ( 測試 ) {
  程式本體 ;
  程式本體 ;
  遞增 ;
}
```

for 迴圈最常見的用法是做迭代運算：

```
for ($i = 1; $i <= 10; $i++) {  # 從一數到十
  print " 我會數到 $i ! \n";
}
```

如果你曾經看過此做法，不用看註解你就知道第一行在說什麼。迴圈開始前，控制變數 $i 設為 1。然後這個迴圈實際上是改裝過的 while 迴圈，當 $i 的值小於或等於 10 時，迴圈會一直執行。在每次迭代和下一次迴圈之間會進行遞增，亦即將控制變數 $i 加一。

迴圈第一次執行時，$i 是 1。因為它小於或等於 10，所以可以看到輸出訊息。雖然遞增是寫在迴圈頂端，但邏輯上是發生在迴圈底部，印出訊息之後。所以 $i 變成 2，仍然小於或等於 10，所以再次印出訊息，接著 $i 遞增到 3，還是小於或等於 10，依此類推。

最後，程式會印出「我會數到 9！」，然後 $i 遞增到 10，小於或等於 10，所以會執行最後一次迴圈，印出「我會數到 10！」。最後，最後一次遞增 $i 為 11，不是小於或等於 10 了。所以控制權會跳出迴圈，執行剩下的程式碼。

這三個部分會一起放在迴圈頂端，所以程式設計老手看第一行就可以說出：「喔，這是一個以 $i 從 1 數到 10 的迴圈。」

請注意當迴圈結束後，控制變數會是「超過」迴圈的值。也就是，以此範例來說，控制變數會一路跑到 11。這個迴圈是多功能的，因為你可以用各種方式來計數。舉例來說，可以從 10 倒數至 1：

```
for ($i = 10; $i >= 1; $i--) {
  print " 我可以倒數至 $i\n";
}
```

也可以從 -150，每次加 3，數到 1000：

```
for ($i = -150; $i <= 1000; $i += 3) {
  print "$i\n";
}
```

它不會剛好數到 1000。最後一次迭代會數到 999，因為每次 $i 的值是 3 的倍數。

事實上，你可以隨意省略三個控制項目（初始化、測試或遞增）中的任何一個，但是你還是要寫那兩個分號。在這個（相當不尋常的）例子，測試是替換運算，遞增部分則是空的：

```
for ($_ = "bedrock"; s/(.)//; ) {   # 若 s/// 替換成功就繼續執行迴圈
  print " 一個字元是：$1\n";
}
```

測試運算式（在隱含的 while 迴圈中）是替換運算，成功時會回傳真值。在此例中，第一次執行迴圈時，替換移除了 bedrock 的 b。每一次迭代會移除一個字母。當字串變成空的時，替換會失敗，迴圈結束。

如果測試運算式（兩個分號之間）是空的，它會自動為真，成為無窮迴圈。但在你學會如何中斷這種迴圈前，請不要真的寫出一個無窮迴圈，我們會在本章稍後做介紹：

```
for (;;) {
  print " 這是一個無窮迴圈！\n";
}
```

當你真的想寫無窮迴圈，更具 Perl 的寫法是用 while：

```
while (1) {
  print " 這是另一個無窮迴圈！\n";
}
```

如果你不小心建立一個不聽你使喚的無窮迴圈，可以試著按 Ctrl-C 結束程式。

雖然 C 語言程式設計師習慣第一種方式，但是即使是新手 Perl 程式設計師應該也知道 1 永遠是真，會造成無窮迴圈，因此第二種方式應該是比較好的寫法。Perl 聰明到能辨識這樣的常數運算式，並將其最佳化，所以最後在效能上不會有差別。

foreach 和 for 的秘密連結

其實在 Perl 內部的剖析器裡，關鍵字 foreach 和 for 是等效的。也就是，當 Perl 看到其中之一時，你將其換成另一個也沒有差別。Perl 會看圓括號的內容來辨別你的意思。如果你用兩個分號，就當成 for 迴圈（就像我們剛剛討論的）。如果沒有分號，就是 foreach 迴圈：

```
for (1..10) {  # 實際上是從 1 數到十的 foreach 迴圈
  print "我會數到 $_ ! \n";
}
```

這實際上是 foreach 迴圈，但是寫成 for 的形式。Perl 會基於圓括號的內容來判斷。如果它發現分號，就是 C 語言風格的 for 迴圈。除了這個例子，在本書中我們都會拼成 foreach。至於你要怎麼做，則是個人風格的問題。

在 Perl 中，使用真正的 foreach 幾乎總是比較好的選擇。在前一例的 foreach 迴圈（寫成 for 形式），很容易一眼看出是從 1 到 10 的迴圈。但是你看得出這個嘗試做一樣工作的計算迴圈哪裡有問題嗎？

```
for ($i = 1; $i < 10; $i++) {  # 糟糕！出問題了！
  print "我會數到 $i ! \n";
}
```

你可能在之後的生涯中會犯下這樣的錯誤。你看出來了嗎？敘述中的數字是正確的，但是比較方法錯了。因為 10 並不小於 10，這個版本只會數到 9。這是 差一錯誤（off by one）。可以用一個字元來修正：

```
for ($i = 1; $i <= 10; $i++) {  # 現在正確了
  print "我會數到 $i ! \n";
}
```

迴圈控制

現在你一定注意到了，Perl 是一種「結構化」的程式語言。尤其是，每個程式碼區塊都只有一個入口，就是區塊的頂端。但有時候你想要有更多的掌控或比我們目前介紹更多元的方式。例如，你可能需要建立一個類似 while 的迴圈，但是至少執行一次。或是你偶爾想要提早離開程式碼區塊。Perl 有三種迴圈條件運算子，可以在迴圈中使用，讓迴圈能做各種招數。

last 運算子

last 運算子會立刻終止迴圈執行。(如果你曾經在 C 語言或類似程式語言使用過「break」運算子,它就像那樣。)這是迴圈區塊的「緊急出口」。當你一執行 last,迴圈就會結束。

例如:

```
# 印出所有出現 fred 的輸入行,直到出現 __END__ 標記
while (<STDIN>) {
  if (/__END__/) {
    # 到此標記行之後停止輸入
    last;
  } elsif (/fred/) {
    print;
  }
}
## 執行 last 後會跳到這裡 ##
```

一旦在輸入行發現 __END__ 標記,迴圈就結束了。當然,最後的註解行只是註解——它是非必要的。我們放上去只是讓你清楚發生什麼事。

Perl 有 5 種迴圈區塊:for、foreach、while、until 和純區塊。if 區塊的大括號和副程式並不算。你可能在此範例注意到,last 運算子會作用在整個迴圈區塊。

last 運算子會作用於目前執行迴圈區塊的最內層。如要跳離外層區塊,請繼續看下去;等一下就會看到。

next 運算子

有時候你還不想跳出迴圈,但是想結束目前這次的迭代。這就是 next 運算子的長處。他會跳到目前這次迴圈區塊的底部。接下來程式會繼續下一次的迴圈迭代(很像 C 語言或類似程式語言的 continue 運算子):

```
# 分析輸入檔案中的單字
while (<>) {
  foreach (split) {  # 將 $_ 拆成單字,再將每個單字賦值回 $_
    $total++;
    next if /\W/;     # 遇到奇怪的單字會跳過迴圈的剩餘部分
    $valid++;
    $count{$_}++;     # 計算每個單字出現的次數
    ## next comes here ##
  }
```

```
  }
  print "總計 = $total，正確的單字 = $valid\n";
  foreach $word (sort keys %count) {
    print "$word 出現過 $count{$word} 次。\n";
  }
```

這個範例比我們之前大部分的例子還複雜，所以我們一步一步說明。while 迴圈從鑽石運算子讀取輸入行，一行一行讀進 $_；之前已經看過；每次執行迴圈時，另一行輸入會存入 $_。

在迴圈中。foreach 迴圈會迭代 split 的回傳值。還記得 split 不用引數的預設行為嗎？那會以空白字元分割 $_，會將 $_ 拆成單字串列。因為 foreach 迴圈沒有提到其他控制變數，因此控制變數是 $_。所以會在 $_ 看到一個接著一個的單字。

可是我們剛剛不是才說過 $_ 保存了一行接著一行的輸入行嗎？嗯，在外層迴圈是這樣沒錯。但是在內層的 foreach 迴圈，它保存了一個接著一個的單字。為了新用途而再利用 $_ 對 Perl 來說不是問題；這無時無刻都在發生。

現在，在 foreach 迴圈內，在 $_ 裡，一次會看到一個單字。$total 會每次遞增，所以它一定是單字總數。但是下一行（此例的關鍵點）會檢查是否有非單字字元──字母數字和底線以外的任何字元。所以如果單字是 Tom's，或 full-sized，或是有相鄰的逗號、問號或其他奇怪的字元，就符合樣式，就會跳過該次迴圈剩餘部分，繼續處理下一個單字。

不過先假設他是一個普通的單字 fred。在這種情況下，會將 $valid 加一，還有 $count{$_}，它會保留每個不同單字的計數。所以，當這兩個迴圈完成時，會記下使用者指定的每個檔案中，每一行輸入行裡的每個單字的計數。

我們不會再解釋最後幾行了。現在，我們希望你已經有能力自己看懂了。

就像 last，next 也可能會用在這五種迴圈區塊中：for、foreach、while、until 和純區塊。同樣地，如果迴圈是巢式的，next 會作用在最內層迴圈。你會在本節最後看到如何改變此限制。

redo 運算子

迴圈控制三部曲的第三位成員是 redo。它表示回到目前迴圈區塊的最開頭處，而不進行條件運算式測試或進到下一次迭代。（如果你使用過 C 語言或類似程式語言，你應該從未看過這種運算子。那些語言並沒有這種運算子。）以下是範例：

```
# 打字測驗
my @words = qw{ fred barney pebbles dino wilma betty };
my $errors = 0;

foreach (@words) {
  ## redo 到這裡 ##
  print " 請輸入單字 '$_'： ";
  chomp(my $try = <STDIN>);
  if ($try ne $_) {
    print " 抱歉－不正確。\n\n";
    $errors++;
    redo;  # 跳回到迴圈開頭處
  }
}
print " 你已經完成測驗，有 $errors 個錯誤。\n";
```

就像其他兩個運算子，redo 可以作用於五種迴圈區塊，當迴圈有多層時，也是作用於最
內層迴圈區塊。

redo 和 next 最大的差別是 next 會進入下一次迭代，但是 redo 會重新執行目前的迭代。
這裡是讓你體驗這三個運算子如何運作的範例程式：

```
foreach (1..10) {
  print " 迭代次數 $_。\n\n";
  print " 請選擇：last、next、redo 或以上皆非？";
  chomp(my $choice = <STDIN>);
  print "\n";
  last if $choice =~ /last/i;
  next if $choice =~ /next/i;
  redo if $choice =~ /redo/i;
  print " 以上皆非 ... 向前進 !\n\n";
}

print " 就這樣！\n";
```

如果只是按下 Enter 鍵，而沒有打字（請試兩三次看看），迴圈會逐次增加迭代次數。
假如在數字顯示 4 時選擇 last，迴圈就會結束，而不會到數字 5。假如在數字顯示 4 時
選擇 next，數字會到 5，但是不是顯示「向前進」的訊息。假如在數字顯示 4 時選擇
redo，就會回到數字 4 重來一次。

有標籤的區塊

當你需要操作外層迴圈區塊時，請使用標籤（label）。Perl 的標籤就像其他識別字——由字母、數字和底線組成，但不能以數字開頭。然而，由於沒有前置字元，標籤可能會和內建函式的名稱搞混，甚至和你自己的副程式。所以把標籤命名為 print 或 if 是很糟糕的選擇。因此，Larry 建議全部以大寫字母命名。這不僅確保標籤不會和其他識別字衝突，也可以使它在程式中的位置容易被找到。無論如何，標籤是很少見的，只有在很少數的 Perl 程式中出現。

要將一個迴圈區塊加上標籤，只要把標籤和冒號放在迴圈前就可以。然後，在迴圈內，可以視需要在 last、next 或 redo 後使用標籤：

```
LINE: while (<>) {
  foreach (split) {
    last LINE if /__END__/;  # 跳出 LINE 迴圈
    ...
  }
}
```

為了可讀性，一般來說，最好將標籤靠左對齊，即使目前程式碼有縮排也一樣。在上面的範例程式碼中，有一個特殊的 __END__ 標記表示輸入結束。一旦出現此標記，程式就會忽略所有剩下的輸入行（即使是來自其他檔案）。

通常會選名詞當作迴圈名稱。也就是外層迴圈一次處理一行的話，我們就叫它 LINE。如果要為內層迴圈命名的話，我們會叫它 WORD，因為它一次處理一個單字。取像是「（移至）next WORD（下一個單字）」或「redo（目前的）LINE」的話，會很方便：

```
LINE: while (<>) {
  WORD: foreach (split) {
    last LINE if /__END__/;  # 跳出 LINE 迴圈
    last WORD if /EOL/;      # 跳過輸入行的剩餘部分
    ...
  }
}
```

條件運算子

當 Larry 決定 Perl 要有哪些運算子時，他不希望 C 語言程式設計師想念 C 有但是 Perl 沒有的運算子，所以他將全部的 C 語言運算子都帶到 Perl 裡。這表示這帶來了 C 語言最令人困惑的條件運算子 ?:。雖然它可能會令人困惑，但是也非常有用。

條件運算子（conditional operator）像是把「if-then-else」測試放在同一個敘述裡。因為它用到三個運算元，所以有時候會被稱為「三元運算子（ternary operator）」。它看起來像是這樣：

> 運算式？若為真要執行的運算式：若為假要執行的運算式

 有些人稱條件運算子為三元運算子。它確實需要三個部分，這足以和其他 Perl 運算子做區別。資深的 Perl 程式設計師仍然會說三元運算子，如果你尚未這樣做，那這不是一個該有的好習慣。

首先，Perl 會評估運算式。看它的真假。如果為真，Perl 會回傳第二個運算式；否則，它會回傳第三個運算式。每次會執行右側兩個運算式其中之一，另一個會被忽略。也就是，如果第一個運算式為真，就會執行第二個運算式，而第三個會被忽略。若第一個運算式為假，第二個就會被忽略，第三個會被執行，其值就是整個結果。

在以下範例，副程式 &is_weekend 的結果決定了哪一個字串運算式會被賦值給變數：

```perl
my $location = &is_weekend($day) ? "home" : "work";
```

此例會計算並印出平均值，如果沒有平均值，就會印出一行當作佔位符的連字號：

```perl
my $average = $n ? ($total/$n) : "-----";
print "平均值：$average\n";
```

你可以用 if 結構來重寫任何 ?: 運算子，但是通常較不方便且較不簡潔：

```perl
my $average;
if ($n) {
  $average = $total / $n;
} else {
  $average = "-----";
}
print "平均值：$average\n";
```

以下是你可能看過的技巧，用於撰寫很棒的多重分支程式碼：

```perl
my $size =
  ($width < 10) ? "small"  :
  ($width < 20) ? "medium" :
  ($width < 50) ? "large"  :
           "超大"; # 預設值
```

這實際上是三層巢式堆疊的 ?: 運算子，一旦你掌握它的竅門後，就會覺得很好用。

當然，你不是非用此運算子不可。初學者可能會避免用它。但是你遲早會在其他人的程式碼中看到，希望有一天你會找到在自己的程式使用的好理由。

邏輯運算子

如你期待的，Perl 有所有處理布林值（真／假）所需的運算子。例如，使用邏輯 AND 運算子（&&）和邏輯 OR 運算子（||）結合邏輯測試通常很有用：

```
if ($dessert{'cake'} && $dessert{'ice cream'}) {
  # 兩者皆為真
  print "萬歲！蛋糕和冰淇淋！\n";
} elsif ($dessert{'cake'} || $dessert{'ice cream'}) {
  # 至少一個為真
  print "也還不錯啦 ...\n";
} else {
  # 沒有一個為真；什麼都不做（好傷心）
}
```

這裡有個捷徑。因為邏輯 AND 運算要兩邊都為真才會回傳真，如果邏輯 AND 運算的左側為假，那整個測試就為假。在此例中，沒有必要檢查右邊，所以 Perl 不會執行右側運算式。想想看如果 $hour 是 3，會發生什麼事：

```
if ( (9 <= $hour) && ($hour < 17) ) {
  print "你不是應該在工作嗎 ...？\n";
}
```

同樣地，如果邏輯 OR 運算的左側為真，Perl 就不會執行右側運算。想想看如果 $name 是 fred，會發生什麼事：

```
if ( ($name eq 'fred') || ($name eq 'barney') ) {
  print "你是我喜歡的型！\n";
}
```

由於有這樣的行為，所以這些運算子被稱為「短路（short-circuit）」邏輯運算子。它們一有機會就會抄捷徑取得結果。事實上，很常會利用這種抄捷徑的行為。假設你需要計算平均：

```
if ( ($n != 0) && ($total/$n < 5) ) {
  print "平均低於五。\n";
}
```

在此例，Perl 只有在左側為真時，才會評估右側，所以不會不小心因為除數為零而讓程式當掉（我們在第 283 頁的「捕捉錯誤」會介紹更多）。

短路運算子的值

和 C（或其他類似程式語言）不同，短路邏輯運算子的值不只是布林值，也是上次部分評估的值。這提供了一樣的結果，當全部為真時，上次部分評估的值一定為真，當全部為假時，上次部分評估的值一定為假。

但它做為回傳值時更有用。別的先不提，邏輯 OR 運算子用來選擇預設值就相當方便：

```
my $last_name = $last_name{$someone} || '(No last name)';
```

如果 $someone 並未列於雜湊裡，左側的值就會是 undef，為假。所以邏輯 OR 運算子就會去看右側的值，使它成為預設值。在這種慣用法，預設值不只會取代 undef；它會取代任何假植。你可以用條件運算子來修正：

```
my $last_name = defined $last_name{$someone} ?
  $last_name{$someone} : '(No last name)';
```

這樣太繁瑣了，$last_name{$someone} 還要寫兩次。Perl 5.10 新增了一個比較好的方法，在下一節會討論。

defined-or 運算子

前一節中，使用 || 運算子來提供預設值。這忽略了一種特殊情況，就是當預設值是假，但仍然是一個值。然後你看到了使用條件運算子的較醜版本。

Perl 5.10 以 defined-or 運算子 // 來解決這種 bug，它發現左側的值有定義，就會執行短路功能，不管左側值的真假。即使某人的姓氏是 0，這個版本仍然可以運作，因為他不會取代有定義的值：

```
use v5.10;

my $last_name = $last_name{$someone} // '(No last name)';
```

有時候如果變數的值未定義時，你會想為它賦值，而若值已定義，則不理它。假設只想在有設定 VERBOSE 環境變數時印出訊息。可以檢查 %ENV 雜湊中 VERBOSE 鍵對應的值。若值未定義，就賦值給它：

```
use v5.10;

my $Verbose = $ENV{VERBOSE} // 0; # 預設 off
print "我可以跟你說話了！\n" if $Verbose;
```

你可以使用 // 和幾個不同值來測試看看哪一個會得到 default 值：

```
use v5.10;

foreach my $try ( 0, undef, '0', 1, 25 ) {
  print " 嘗試 [$try] ---> ";
  my $value = $try // 'default';
  say "\t 得到 [$value]";
}
```

如輸出結果顯示，當 $try 未定義時，就會取得 default 字串：

```
Trying [0] --->      got [0]
Trying [] --->       got [default]
Trying [0] --->      got [0]
Trying [1] --->      got [1]
Trying [25] --->     got [25]
```

有時候想在變數的值尚未定義時，設定它的值。例如，當開啟警告功能並列印未定義值時，會收到擾人的錯誤訊息：

```
use warnings;

my $name;  # 沒有值，所以未定義！
printf "%s", $name; # 在 printf 使用未初始化的值 ...
```

有時候錯誤訊息不重要，你可以忽視它，但是若你預期可能印出未定義值時，可以使用空字串替代：

```
use v5.10;
use warnings;

my $name;  # 沒有值，所以未定義！
printf "%s", $name // '';
```

使用局部評估運算子的控制結構

剛才看到的四個運算子——&&、||、// 和 ?:——都有一個特性：根據左側值的真假來決定是否評估右側的運算式。有時候會評估運算式，有時候不會。因為它們可能不會評估全部的運算式，所以有時候被稱為局部評估運算子（*partial-evaluation operators*），而且局部評估運算子是自動控制結構。並不是 Larry 急於想加入更多控制結構到 Perl。而是一旦他決定將這些局部評估運算子放進 Perl，它們就會自動變成控制結構。畢竟，任何可以啟動或停用一段程式碼的東西都算是控制結構。

幸運的是，只有當控制運算式有副作用時你才會注意到，像是改變變數的值，或造成某些輸出。例如，假設你執行下面這行程式：

```
($m < $n) && ($m = $n);
```

你應該會立刻注意到邏輯 AND 運算並沒有賦值到任何地方。為什麼會如此？

如果 $m 真的小於 $n，左側為真，所以右側會被評估，而進行賦值。但如果 $m 不小於 $n，則左側為假，因此右側會被跳過。所以這段程式碼做的事和以下程式碼一樣的事，但後者比較容易理解：

```
if ($m < $n) { $m = $n }
```

或甚至是：

```
$m = $n if $m < $n;
```

或你可能在維護別人的程式時看到像這樣的程式碼：

```
($m > 10) || print "它為什麼不夠大？\n";
```

如果 $m 真的大於 10，則左側為真，邏輯 OR 運算完成。但是若非如此，左側為假，接著會印出訊息。同樣地，這可以（也可能應該）用傳統寫法，可能用 if 或是 unless。你最常從來自 shell 命令稿程式設計師寫的程式看到此類運算式，他們會將慣用寫法帶進新學的程式語言。

如果你有獨特的思維，你可能學會以英文的方式來解讀程式碼。例如，檢查 $m 是否小於 $n，如果是，則進行賦值。檢查 $m 是否大於 10，如果不是，就印出訊息。

最常以這種方法寫控制結構的，通常是前 C 語言程式設計師或早期的 Perl 程式設計師。為什麼他們會這麼寫呢？有些人有這樣寫比較有效率的錯覺；有些人覺得這種技巧讓他們的程式看起來很酷，而有些人只是模仿他們看過的其他人而已。

同樣地，你可以使用條件運算子來控制。在這個例子，要將 $x 賦值給較小的變數：

```
($m < $n) ? ($m = $x) : ($n = $x);
```

若 $m 較小，會取得 $x 的值；否則，是 $n 會取得。

有另一個寫邏輯 AND 和邏輯 OR 運算子的方式。你可能想以單字的方式來寫：and 和 or。這些單字運算子和用標點符號寫的作用一樣，但是單字形式在優先順序表的排列較低。因為單字形式不會和運算式鄰近部分黏太緊，所以需要的圓括號比較少：

```
$m < $n and $m = $n; # 不過寫成相對應的 if 控制結構會比較好
```

也有低優先順序的 not（像是邏輯反義運算子，!）和少用的 xor。

話說回來，有時候你也可能需要更多圓括號。優先順序像是可怕的妖怪。除非你對優先順序很有把握，否則請用圓括號表達你的意圖。然而單字形式的優先順序很低，通常可以理解為它們將運算式切成比較大塊，先做左邊的所有事，然後（如果需要的話）做右邊的所有事。

儘管使用邏輯運算子當控制結構確實會令人困惑，但有時候它們也是可以接受的程式寫法。在 Perl 開啟檔案的慣用寫法像這樣：

```
open my $fh, '<', $filename
  or die "無法開啟 '$filename': $!";
```

藉由使用低優先順序的短路 or 運算子，可以告訴 Perl 它應該「open this file...or die!（開啟這個檔案 ... 或終結程式！）」如果 open 成功，就會回傳真值，or 運算就會結束。但如果失敗，假值會讓 or 評估右側，就會丟出訊息終止程式。

所以使用這些運算子當控制結構是 Perl 慣用法的一部分——這就是 Perl。適當地使用，可以讓你的程式更強大；不然，它們會讓程式難以維護。不要過度使用。

習題

習題解答請見第 313 頁「第 10 章習題解答」。

1. [25] 寫一個程式，會重複詢問使用者猜一個從 1 到 100 的祕密數字，直到猜對為止。程式應該要用魔術公式 int(1 + rand 100) 來隨機選一個數字。如果你對這些公式很好奇，請見 perlfunc 文件內關於 int 和 rand 的說明。當使用者猜錯，程式應該回應「太高（Too high）」或「太低（Too low）」。如果使用者輸入單字 quit 或 exit，或是使用者輸入空白行，程式就應該停止。當然，如果使用者猜對，程式也該終止。

2. [10] 修改前一個練習的程式，讓它在執行時印出額外的除錯訊息，例如它選出的祕密數字。做成可以關閉此功能，但是當你關閉時，程式不會發出警告訊息。如果你使用 Perl 5.10 或之後的版本，請使用 // 運算子。否則，請使用條件運算子。

3. [10] 修改第 6 章習題 3 的程式（環境變數清單程式），沒有值的環境變數則印出 (undefined value)。你可以在程式中設定新的環境變數。確保你的程式在環境變數的值為假時能正確回報。若你使用 Perl 5.10 或之後的版本，請使用 // 運算子。否則，使用條件運算子。

Perl 模組

如果遇到有問題要解決，幾乎都可以在 Perl 綜合典藏網（Comprehensive Perl Archive Network，簡稱 CPAN 上）找到其他人的解決方法，它收藏成千上萬可重複使用的 Perl 程式碼模組，在全世界都有伺服器和映射站。事實上，Perl 5 大部分的應用在模組中都有，因為 Larry 將它設計為可擴展的語言。

我們在此不會教你如何寫出模組：你可以在《Intermediate Perl》中學到。本章中，我們會介紹如何使用寫好的模組。告訴你有哪些模組，不如教你如何用 CPAN。

尋找模組

模組有兩種類型：一種是 Perl 隨附的，應該已經在你的系統內了，另一個是從 CPAN 取得，要自己安裝的。除非我們提別提及，否則我們討論的都是 Perl 隨附的。

 有些廠商會為自己的 Perl 版本提供更多的模組。這算是第三種類型：廠商模組。但是這是額外的。請檢查你的作業系統，看看有哪些模組可用。

要找非 Perl 隨附模組，請從 MetaCPAN 找起。你也可以先不安裝而瀏覽發行套件，先偷看一下檔案內容。在下載整個套件之前，可以先閱讀模組說明文件。也有許多檢查發行套件的工具可用。

但是在你尋找模組前,你應該檢查看看它是否已經安裝過了。一個方法是嘗試以 *perldoc* 閱讀文件。Digest::SHA 模組是 Perl 隨附的模組(我們稍後會使用它),所以你應該能夠閱讀它的文件:

```
$ perldoc Digest::SHA
```

試著讀一個不存在的模組,你會看到錯誤訊息:

```
$ perldoc Llamas
No documentation found for "Llamas".
```

系統上的文件可能還提供了其他格式(例如 HTML)。如果有文件,表示你已安裝過該模組。

Perl 隨附的 cpan 指令可以提供一個模組的細節:

```
$ cpan -D Digest::SHA
```

安裝模組

當你想安裝系統上沒有的模組時,有時候你可以直接下載發行套件,解開它,並從 shell 執行一系列指令。Perl 發行套件有兩個主要的建構系統,使用方法相同。請見提供更詳細資訊的 *README* 或 *INSTALL* 檔案。

如果模組使用 Perl 隨附的 ExtUtils::MakeMaker,安裝步驟會像這樣:

```
$ perl Makefile.PL
$ make install
```

如果你無法在系統目錄安裝模組,可以用 INSTALL_BASE 引數為 *Makefile.PL* 指定另一個目錄:

```
$ perl Makefile.PL INSTALL_BASE=/Users/fred/lib
```

有些 Perl 模組的作者會使用另一個模組,Module::Build,來建構和安裝他們的創作。安裝步驟會像這樣:

```
$ perl Build.PL
$ ./Build install
```

如前所述,你可以指定另一個安裝目錄:

```
$ perl Build.PL --install_base=/Users/fred/lib
```

然而有些模組會依賴其他模組，你要安裝更多模組後，它們才能運作。與其全部自己來，不如使用 Perl 隨附模組 CPAN.pm。你可以從命令列啟動 CPAN.pm 的 shell，以下達指令：

```
$ perl -MCPAN -e shell
```

 pm 副檔名是表示「Perl 模組（Perl Module）」，為了要區別，有些熱門的模組會加上「.pm」一起寫。像是 CPAN 典藏網站和 CPAN 模組是不同的，所以我們會說「CPAN.pm」。

即使這樣寫還是有點複雜，所以前一陣子本書其中一位作者寫了一個小指令稿叫 *cpan*，也隨附於 Perl，通常和 *perl* 與相關工具一起安裝。只要把想安裝的模組清單當參數呼叫它就可以了：

```
$ cpan Module::CoreList Mojolicious Business::ISBN
```

也有另一個方便的工具，*cpanm*（也就是 *cpanminus*），然而它（尚）未隨附於 *perl* 裡。它是零組態（zero-conf）設計、輕量的 cpan 用戶端，可處理大部分人們想做的事。你可由 *https://cpanmin.us* 下載單一檔案來著手。

當你安裝好 *cpanm*，只要告訴它你想安裝哪一個模組：

```
$ cpanm DBI WWW::Mechanize
```

使用自己的目錄

Perl 模組安裝時，其中一個常見的問題是預設 CPAN 工具會將新模組安裝在 Perl 所在的目錄。但是你可能沒有在那些目錄建立新檔案的適當權限。

對初學者來說，最簡單的方法是使用從 CPAN 取得的 local::lib，將額外的 Perl 模組安裝在他們自己的目錄，而它（尚）未隨附於 *perl* 中。CPAN 用戶端安裝模組的位置，會受到此模組設定的環境變數所影響。你可以從命令列不加參數載入模組來看它們的設定：

```
$ perl -Mlocal::lib
export PERL_LOCAL_LIB_ROOT="/Users/fred/perl5";
export PERL_MB_OPT="--install_base /Users/fred/perl5";
export PERL_MM_OPT="INSTALL_BASE=/Users/fred/perl5";
export PERL5LIB="...";
export PATH="/Users/fred/perl5/bin:$PATH";
```

我們尚未介紹命令列選項，不過它們都有完整列於 perlrun 文件中。

若你使用 -I 選項安裝模組，*cpan* 用戶端就會支援此功能：

```
$ cpan -I Set::CrossProduct
```

cpanm 工具比較聰明一點。如果你已經設定 local::lib 為你設定的相同環境變數，它就會使用。如果沒有，它會檢查預設模組目錄的寫入權限。如果你不具有寫入權限，它會自動幫你使用 local::lib。

進階使用者可以設置 CPAN 用戶端以安裝到任何他們喜歡的目錄。你可以在 **CPAN.pm** 組態檔作設定，使你在使用 CPAN.pm 的 shell 時，將模組自動安裝在你私有的程式庫目錄。你需要做兩項設定，分別用於 **ExtUtils::MakeMaker** 和 **Module::Build systems**：

```
$ cpan
cpan> o conf makepl_arg INSTALL_BASE=/Users/fred/perl5
cpan> o conf mbuild_arg "--install_base /Users/fred/perl5"
cpan> o conf commit
```

請注意這些和 local::lib 在環境中為你建立的相同。藉由在 **CPAN.pm** 組態檔設定它們，每當嘗試安裝模組時，這些設定都會自動加入。

一旦你選定 Perl 模組安裝之處，必須告訴你的 Perl 程式去哪裡找到它們。如果你使用 local::lib，只要在程式中載入該模組就好：

```
# 在你的 Perl 程式裡
use local::lib;
```

如果你將它們安裝在其他地方，可以使用 lib 指示詞指定一連串額外的模組目錄：

```
# 也是在你的 Perl 程式裡
use lib qw( /Users/fred/perl5 );
```

從 v5.26 開始，目前的目錄不再是模組搜尋目錄。在之前，Perl 會在目前工作目錄尋找模組（這可能不是你的程式所在位置！）。如果你的程式更改了它的工作目錄，那載入更多模組時所搜尋的目錄可能不是程式啟動目錄。這可能會有安全性的問題，所以不再支援這麼做。

大部分的人希望於程式所在的同一個目錄尋找模組——通常模組是自己寫的，而不是下載的。在這種情況下，可以使用 Perl 隨附的 **FindBin** 模組。它知道如何找到你的程式所在目錄，你就可以使用它將你的模組目錄加入搜尋路徑：

```
use FindBin qw($Bin);
use lib "$Bin/../lib";
```

以上資訊對入門來說已經足夠。我們會在《*Intermediate Perl*》討論更多，你還可以在該書學到如何建立自己的模組。你也可以閱讀 perlfaq8 文件的說明。

使用簡單的模組

假設在你的程式中有很長的檔案名稱，像是 */usr/local/bin/perl*，而你需要找出不含目錄部分的主檔名（basename）。這很簡單，因為最後一個斜線之後就是主檔名（在這個例子就是 *perl*）：

```
my $name = "/usr/local/bin/perl";
(my $basename = $name) =~ s#.*/##;
```

如你之前所見，首先 Perl 會在圓括號內進行賦值，然後會做替換。任何結尾為斜線的字串都會被空字串替換（也就是目錄名稱的部分），只留下主檔名。你甚至可以為替換運算子加上 /r 選項：

```
use v5.14;
my $name = "/usr/local/bin/perl";
my $basename = $name =~ s#.*/##r;
```

試看看，似乎可行。嗯，似乎，但是實際上有三個問題。

第一，Unix 的檔名或目錄名可能包含換行字元。（不是很常發生，但是是被允許的。）所以，因為正規表達式的點（.）無法比對換行字元，像 "/home/fred/ flintstone\n/brontosaurus" 的檔名會無法正常運作──程式會認為主檔名是 "flintstone\n/brontosaurus"。你可以為樣式加上 /s 選項來修正（如果你記得這樣細微又不常見的狀況），使得替換像這樣：s#.*/##s。

第二個問題是這是 Unix 特有的。它認為目錄分隔符一定是 Unix 用的斜線，而不是其他系統用的反斜線或冒號。儘管你可能認為你的工作絕對不會用於 Unix 以外的系統。但是大部分有用的命令稿（或是不是那麼有用的），常常是在其他系統誕生的。

第三個（最大的）問題是我們嘗試解決別人已經解決的問題。Perl 隨附了許多模組，是聰明的延伸套件，增加了 Perl 的功能。若還不夠，CPAN 上還有許多有用的模組，每週都有新模組加入。若你需要那些功能，你（或更好的是，你的系統管理員）可以安裝它們。

在本節之後的內容，我們會介紹如何使用一些 Perl 隨附簡單模組的功能。（這些模組還可以做更多事；這只是關於如何使用簡單模組的概略說明）

唉，我們無法介紹你需要知道關於模組使用的每一件事，因為你必須先瞭解像是參照和物件的進階主題才能使用某些模組。然而如我們在底下幾頁會看到的，你可能會用到利用物件與參照的模組，而不用去了解那些進階的主題。那些主題，包括如何建立模組，會在《Intermediate Perl》中詳細說明。本節是告訴你如何使用許多簡單的模組。這些有趣和實用模組的進一步資訊請見附錄 B。

File::Basename 模組

在前一個例子，使用無法移植的方法取得主檔名。看似直覺的方法易被細微的錯誤假設所影響（假設檔名或目錄名會出現換行字元）。而且你在重複發明輪子，解決別人早就解決過（或除錯過）的問題。別擔心，這也發生在我們所有人身上。

這裡有一個解析檔案名稱主檔名的更好方法。Perl 隨附一個稱為 File::Basename 的模組。使用 perldoc File::Basename 指令或查看系統文件，就能知道它的功能。這是使用一個新模組的第一步。（通常也是第三步和第五步。）

當你準備要使用它時，請以 use 指令在你的程式開頭先宣告：

```
use File::Basename;
```

在程式開頭做宣告是傳統，因為這樣能讓維護的工程師看到你用了哪些模組。例如，當你要安裝程式到新機器時，這會大大地簡化一些事。

在編譯過程，Perl 會讀取該行並載入模組。現在，就好像 Perl 有了某些新功能，可以讓你在程式中使用。我們在之前範例中想使用的是 basename 函式：

```
use File::Basename;

my $name = "/usr/local/bin/perl";
my $basename = basename $name;  # 回傳 'perl'
```

嗯，這可以在 Unix 運作。如果你的程式在 MacPerl、或 Windows、或 VMS 等系統執行呢？沒問題──此模組可以分辨你使用哪一種系統，或使用該系統預設的檔名規則（當然，在此例中，在 $name 中必須有該系統類型的檔名字串。）

此模組也提供一些相關函式。一個是 dirname 函式，可以從完整檔名中取出目錄名稱。這個模組也能讓你將檔名和副檔名分開，或是改變預設的檔案規則。

只使用模組中的部分函式

假設當你想在寫好的程式中加入 File::Basename 模組，而你已經有一個副程式叫 &dirname——也就是你已經有一個和模組的函式同名的副程式。現在有個麻煩，因為新引進的 dirname 也是 Perl 的副程式（在模組內）。該怎麼辦？

只要在 use 宣告中提供 File::Basename 一個匯入串列（*import list*），指示要提供哪些函式，它就不會提供其他函式。在此，你只會取得 basename：

```
use File::Basename qw/ basename /;
```

這個寫法表示完全不要任何新的函式：

```
use File::Basename qw/ /;
```

這也很常寫成一組空的圓括號：

```
use File::Basename ();
```

為什麼要這樣做呢？嗯，這個指令告訴 Perl 載入 File::Basename 模組，和之前相同，但是不要匯入任何函式名稱。匯入能讓你使用簡短的函式名稱，像是 basename 和 dirname。但即使不匯入那些名稱，你仍然可以使用這些函式。但是在它們沒有被匯入時，你必須使用全名來呼叫它們：

```
use File::Basename qw/ /;        # 不匯入函式名稱

my $betty = &dirname($wilma);   # 使用自己的副程式 &dirname
                                # （內容沒有顯示出來）

my $name = "/usr/local/bin/perl";
my $dirname = File::Basename::dirname $name;  # 模組裡的 dirname
```

如你所見，模組的 dirname 函式全名是 File::Basename::dirname。無論你是否匯入簡短的函式名稱，（當你載入模組後）你都可以使用函式的全名。

大部分的情況，你會想用模組預設的匯入串列。但是如果你想省忽略某些預設項目，你都可以用自己的串列來覆蓋它。提供自己串列的另一個理由是想匯入某些不在預設串列的函式，因為大多數模組還會包含不在預設串列的一些（不常用的）函式。

如你所猜測的，有些模組預設會比其他模組匯入更多符號。每個模組的文件應該會明確說明會匯出哪些符號（如果有的話），但是你隨時都可以指定自己的串列來覆蓋預設匯入串列，就像我們對 File::Basename 做的一樣。提供空串列就不會匯入任何符號。

File::Spec 模組

現在你已經會找出檔案的主檔名了。雖然那很有用，但是你常常會想將目錄名和它組合在一起以取得檔案全名。例如，在此例你想取得一個檔案名像 *home/fred/ice-2.1.txt*，並為主檔名新增前綴字串：

```
use File::Basename;

print "請輸入檔名：";
chomp(my $old_name = <STDIN>);

my $dirname  = dirname $old_name;
my $basename = basename $old_name;

$basename =~ s/^/not/;   # 新增前綴字串到主檔名
my $new_name = "$dirname/$basename";

rename($old_name, $new_name)
    or warn "無法將 '$old_name' 重新命名為 '$new_name'：$!";
```

看出這裡的問題了嗎？一樣地，你假設了檔名遵循 Unix 慣例，在目錄名和主檔名之間使用斜線。幸運的是 Perl 也隨附一個模組可以處理這種問題。

File::Spec 模組用來操作檔案規格（*file specification*），也就是檔名、目錄名和儲存於檔案系統的其他東西。就像 File::Basename，它知道現在執行在什麼系統上，每次都會選擇正確的規則。但是不像 File::Basename，File::Spec 是物件導向（常簡寫為 OO）模組。

如果你未曾經歷過 OO 熱潮，別擔心。如果你瞭解物件，那很好；你可以使用這個物件導向模組。如果你不了解物件，那也沒關係。你只要照著輸入符號，它就能順利運作，好像你知道你在做什麼一樣。

在這個例子，從閱讀 File::Spec 的文件得知，需要使用一個叫 catfile 的 *方法*（*method*）。什麼是方法？於此處對你來說，它只是另一種函式。差別是你一定要從 File::Spec 用全名來呼叫方法，像這樣：

```
use File::Spec;

.
.   # 取得 $dirname 和 $basename 的值，如前例
.

my $new_name = File::Spec->catfile($dirname, $basename);
```

```
rename($old_name, $new_name)
    or warn "無法將 '$old_name' 重新命名為 '$new_name': $!";
```

如你所見，方法的全名是模組（此處稱為類別（*class*））名稱、小箭號（->）和方法的簡短名稱。請注意，這裡使用小箭號，而不是像 File::Basename 的雙冒號。

然而既然會以全名呼叫方法，那模組會匯入哪些符號呢？答案是什麼都沒有。對 OO 模組來說，這是正常的。所以你不必擔心你有和 File::Spec 眾多方法同名的副程式。

你應該像這樣費心來使用模組嗎？這總是要由你自行決定。如果你確定程式不會在 Unix 以外的系統執行，也確定完全了解 Unix 的檔名規則，那你可能會想把上述假設寫死在程式裡。但是這些模組提供一個簡單的方式，讓你花更少時間寫出更堅固的程式——且更容易移植，不用額外收費。

Path::Class

File::Spec 模組確實可以處理任何平台的檔案路徑，但是介面有點麻煩。未隨附於 Perl 的 Path::Class 模組提供了好用的介面：

```
my $dir    = dir( qw(Users fred lib) );
my $subdir = $dir->subdir( 'perl5' );     # Users/fred/lib/perl5
my $parent = $dir->parent;                # Users/fred

my $windir = $dir->as_foreign( 'Win32' ); # Users\fred\lib
```

資料庫與 DBI

DBI（資料庫介面，Database Interface）模組未隨附於 Perl，但它是熱門的模組之一，因為大多數人都需要因為某些原因連接資料庫。DBI 的優點在於它允許你對任何資料庫伺服器（甚至是假伺服器）都使用相同介面，涵蓋從簡單的逗號分隔值檔案到企業級伺服器，像是 Oracle。它具有 ODBC 驅動程式，而且有些驅動程式甚至是廠商提供支援的。要取得全部的詳細資訊，請查閱 Alligator Descartes 和 Tim Bunce 合著的《*Programming the Perl DBI*》（O'Reilly）（*http://shop.oreilly.com/product/9781565926998.do*）。你也可以查看 DBI 網站（*http://dbi.perl.org/*）。

安裝 DBI 之後，你還必須安裝 DBD（資料庫驅動程式，Database Driver）。你可以從 MetaCPAN 取得一長串 DBD 清單。請安裝你的資料庫伺服器需要的那一個，並確保取得的版本和你伺服器的版本相符。

DBI 是物件導向模組，但是使用它不必懂物件導向程式設計的每一件事。你只要照著文件的範例就好了。要連接到資料庫，請使用 DBI 模組，然後呼叫它的 connect 方法：

```
use DBI;

$dbh = DBI->connect($data_source, $username, $password);
```

$data_source 包含你要使用之 DBD 的特定資訊，所以你會從 DBD 取得它。以 PostgreSQL 來說，驅動程式是 DBD::Pg，而 $data_source 像是這樣：

```
my $data_source = "dbi:Pg:dbname=name_of_database";
```

當你連接資料庫之後，會進入準備查詢、執行查詢和讀取查詢等一系列操作循環：

```
my $sth = $dbh->prepare("SELECT * FROM foo WHERE bla");
$sth->execute();
my @row_ary  = $sth->fetchrow_array;
$sth->finish;
```

當你完成時，就切斷與資料庫的連線：

```
$dbh->disconnect();
```

DBI 還會做不只這些事。詳情請參閱它的文件。雖然有點舊了，但是《*Programming the Perl DBI*》仍然是一本很好的 DBI 模組入門書。

日期與時間

有許多模組可以幫你處理日期和時間，但是最熱門的是 Christian Hansen 的 Time::Moment 模組。它幾乎是日期與時間的完整解決方案。你需要從 CPAN 取得此模組。

 如果 Time::Moment 對你來說還不夠，可以試試 DateTime 模組，這是一個完整的解決方案。它有點重量級，但這是必須付的代價。

通常，你會取得系統（或 epoch）時間，而你可以輕易地將其轉換為 Time::Moment 物件：

```
use Time::Moment;
my $dt = Time::Moment->from_epoch( time );
```

或者，如果你需要目前時間，可以省略引數：

```
my $dt = Time::Moment->now;
```

接著，你可以依據需求存取日期的各個部分：

```
printf '%4d%02d%02d', $dt->year, $dt->month, $dt->day_of_month;
```

如果你有兩個 Time::Moment 物件，可以對它們進行日期運算：

```
my $dt1 = Time::Moment->new(
  year       => 1987,
  month      => 12,
  day        => 18,
  );

my $dt2 = Time::Moment->now;

my $years  = $dt1->delta_years( $dt2 );
my $months = $dt1->delta_months( $dt2 ) % 12;

printf "%d 年又 %d 月 \n", $years, $months;
```

會得到如下的輸出：

```
32 年又 8 月
```

習題

習題解答請見第 315 頁「第 11 章習題解答」。

請記得，你必須從 CPAN 安裝一些模組，而且要閱讀模組的文件以完成部分習題的要求：

1. [15] 從 CPAN 安裝 Module::CoreList 模組（如果你尚未安裝的話）。印出所有 v5.34 隨附模組清單。請用給定 *perl* 版本的模組名稱當雜湊鍵建立雜湊，請使用此行程式：

   ```
   my %modules = %{ $Module::CoreList::version{5.034} };
   ```

2. [20] 寫一個程式，使用 Time::Moment 模組計算現在與你在命令列輸入的日期年和月之間的間隔：

   ```
   $ perl duration.pl 1960 9
   60 years, 2 months
   ```

## 第十二章

檔案測試

稍早，我們介紹過如何開啟檔案代號以作為輸出。通常，這會建立一個新檔案，或將已存在的同名檔案內容清空。或許你想檢查某個檔案是否存在。或許你需要知道一個檔案存在多久。或許你想在一連串檔案中找出大於特定大小且久未存取的檔案。Perl 有一整套完整的檔案測試可以用來取得這些檔案資訊。

檔案測試運算子

Perl 有一組檔案測試運算子讓你取得檔案的特定資訊。他們都是 -X 形式，其中 X 表示特定測試（-X 本身也是檔案測試運算子，不要搞混了）。在大部分情況，這些運算子的回傳值，不是真就是假。雖然我們稱它們為運算子，但是你會在 perlfunc 文件中找到它們的說明。

 要取得清單，請使用命令列指令 *perldoc -f -X*。-X 是字面（literal），不是命令列選項。它代表所有的檔案測試運算子，因為無法使用 *perldoc* 單獨查詢它們。

在你啟動會建立新檔案的程式前，可能想要確定該檔案並不存在，才不會不小心覆蓋了重要的試算表或是生日紀錄。為此，可以使用 -e 檔案測試，測試一個檔名是否存在：

```
die "糟糕！叫做 '$filename' 的檔案已經存在。\n"
  if -e $filename;
```

請注意在此例中，die 訊息裡並沒有包括 $!，因為並不是回報系統拒絕請求。接下來的例子是檢查檔案是否有持續更新。在這個例子，測試的是已經開啟的檔案代號，而不是字串格式的檔名。比方說，你程式的組態檔應該每一兩週更新。（可能是用來檢查電腦病毒。）如果檔案在過去 28 天內沒有更動過，那就表示有問題。-M 檔案測試會回傳檔案修改到程式啟動前經過幾天，在你看到他有多方便之前，你可能覺得很拗口：

```
warn "組態檔看起來太久沒更新了！\n"
  if -M CONFIG > 28;
```

第三個例子比較複雜。假設磁碟空間已經滿了，但不想買更多硬碟，你決定將大檔案、沒用的檔案備份起來。假設瀏覽一下檔案清單，看哪些檔案大小超過 100K。但即使檔案很大，除非它超過 90 天沒有存取（這樣我們才知道它不太常用），不然不應該將它搬移走。-s 檔案測試運算子不會回傳真或假值，而是回傳檔案的位元組大小（而一個既有檔案的大小可能為 0 位元組）：

```
my @original_files = qw/ fred barney betty wilma pebbles dino bamm-bamm /;
my @big_old_files;  # 這是我們要放到備份磁帶上的檔案
foreach my $filename (@original_files) {
  push @big_old_files, $filename
    if -s $filename > 100_000 and -A $filename > 90;
}
```

有一種方法讓這個例子更有效率，你將會在本章結尾看到。

檔案測試運算子是一個連字號加一個字母（表示要測試的名稱），後面接著要測試的檔名或檔案代號。大部分檔案測試運算子會回傳真 / 假值，但有幾個會回傳更有趣的結果。完整清單請見表 12-1，並繼續閱讀後續關於特例的詳細解釋。

表 12-1　檔案測試運算子與其代表意義

檔案測試運算子	意義
-r	檔案或目錄對目前（有效的）使用者或群組來說是可讀取的
-w	檔案或目錄對目前（有效的）使用者或群組來說是可寫入的
-x	檔案或目錄對目前（有效的）使用者或群組來說是可執行的
-o	檔案或目錄是目前（有效的）使用者或群組所擁有
-R	檔案或目錄對實際的使用者或群組來說是可讀取的
-W	檔案或目錄對實際的使用者或群組來說是可寫入的
-X	檔案或目錄對實際的使用者或群組來說是可執行的
-O	檔案或目錄是實際的使用者或群組所擁有
-e	檔案或目錄名稱已存在

檔案測試運算子	意義
-z	檔案存在，且大小為 0（對目錄來說一定為假）
-s	檔案或目錄存在，且大小非為 0（回傳值為以位元組為單位的檔案大小）
-f	檔案代號是一個文字檔
-d	檔案代號是一個目錄
-l	檔案代號是一個符號連結
-S	檔案代號是一個 socket
-p	檔案代號是一個具名管線（fifo）
-b	檔案代號是一個區塊特殊檔案（像是掛載的磁碟）
-c	檔案代號是一個字元特殊檔案（像是 I/O 裝置）
-u	檔案或目錄具 setuid 屬性
-g	檔案或目錄具 setgid 屬性
-k	檔案或目錄設定了 sticky 位元
-t	檔案代號是 TTY 裝置 （在系統函式 isatty() 的說明有提到；檔案名稱不會進行這項測試）
-T	檔案看起來像是一個「文字」檔
-B	檔案看起來像是一個「二進位」檔
-M	檔案離上次修改的時間（以天計算）
-A	檔案離上次存取的時間（以天計算）
-C	檔案的 inode 離上次被修改的時間（以天計算）

-r、-w、-x 和 -o 檔案測試運算子會對有效的使用者或群組 ID 測試相關屬性是否為真，所謂「有效的」是指「負責」執行這個程式的人。

進階的學生請注意：相對應的 -R、-W、-X 和 -O 測試是對實際的使用者或群組 ID，如果你的程式執行 set-ID 時就很重要。在這種情況下，通常是要求執行程式之使用者的 ID。請參閱任何關於進階 Unix 程式設計的好書中對 set-ID 程式的解釋。

這些測試會檢查檔案的權限位元（permission bits）來判斷哪些事情是否允許。如果你的系統使用存取控制清單（access control lists，ACLs），這些測試也會遵循。這些測試通常會檢查系統是否允許，但這並不表示真的可行。例如，光碟上的檔案進行 -w 測試可能為真，然而你並無法對它寫入；或是空檔案的 -x 測試可能為真，但是並不能真的執行。

如果檔案不是空的，-s 測試會回傳真，但是它是一種特別的真值。它是以位元組為單位的檔案大小，它是非零數字，所以為真。

在 Unix 系統上有七種項目，由七種檔案測試運算子表示：-f、-d、-l、-S、-p、-b 和 -c。任何項目都會符合其中一種。但是如果你有一個指向檔案的符號連結，那 -f 和 -l 都會回傳真值。所以如果你想知道某個檔案是否為符號連結，通常應該先做該項測試。（你可以在第 235 頁的「連結與檔案」學到更多關於符號連結的細節。）

檔案時間測試運算子 -M、-A 和 -C（是的，都是大寫），會回傳檔案最後一次修改、存取和 inode 被修改後到現在的天數。（inode 包含了檔案除了內容以外的所有資訊——請參考 stat 系統呼叫的文件，或是一本關於 Unix 內部機制的好書。）這個天數值是浮點數，所以如果檔案是在兩天又一秒前修改的，可能會取得像是 2.00001 這樣的值。（這裡的天數和平常用的天數算法不太一樣；例如，如果在凌晨一點半檢查午夜前一小時修改過的檔案，該檔案 -M 的值可能會是 0.1，即使它是「昨天」修改的。）

當檢查檔案的天數時，你可能會取得像是 -1.2 的負值，表示檔案最後存取時間戳記被設定在未來的 30 小時！這個時間刻度的原點是在程式開始執行的那一刻，所以負值可能表示已經執行很久的程式看到一個剛剛才存取的檔案。或是時間戳記被（意外或故意地）設為一個未來的時間。

檔案測試運算子 -T 和 -B 會測試檔案是文字檔或是二進位檔。但是對檔案系統了解的人都知道（至少在類 Unix 作業系統）沒有任何位元可以指出一個檔案是文字檔還是二進位檔——所以 Perl 怎麼知道呢？答案是 Perl 作弊：如果它看到很多空位元組、不尋常的控制字元和高位元的位元，那它看起來就是二進位檔。如你所預料的，它有時候會猜錯。它並不完美，但如果你需要區分原始碼和編譯過的檔案，或是要把 HTML 和 PNG 分開，那這兩種測試應該可以奏效。

你可能認為 -T 和 -B 的結果一定相反，因為是文字檔就不會是二進位檔，反之亦然。但是有兩種特殊情況是兩者一致的。如果檔案不存在或是無法讀取，兩種測試都會是假。因為它既不是文字檔也不是二進位檔。另一種狀況，如果檔案是空的，它既是空的文字檔，同時也是空的二進位檔，所以皆為真。

如果被測試的檔案代號是一個 TTY 裝置，則 -t 檔案測試運算子會回傳真——簡而言之，TTY 裝置是可以互動的，不是單純的檔案或導管（pipe）。當 -t STDIN 回傳真，通常表示你可以互動地詢問使用者問題。若為假，你的程式可能是從檔案或導管輸入，而不是鍵盤。

因為這實際上是一種比較複雜的情況，所以 IO::Interactive 模組可能是比較好的選擇。此模組的文件有詳細說明。

如果你不了解其他的檔案測試運算子，請別擔心——如果是從未聽過，表示你不需要它。但如果你有點好奇，可以找一本 Unix 程式設計的好書來看。在非 Unix 系統，這些測試會嘗試提供類似 Unix 系統上的結果，如果沒有對應功能，就會回傳 undef。通常你可以正確猜出結果。

如果檔案測試運算子後面省略檔名或檔案代號（也就是只有 -r 或只有 -s），預設的運算元是 $_ 裡的檔案名稱。-t 檔案測試運算子則是一個例外，因為該測試對檔案名稱沒有用（它們不可能是 TTY）。預設它會測試 STDIN。所以要測試一連串的檔案名稱，看哪一個是可以讀取的，可以這樣做：

```
foreach (@lots_of_filenames) {
  print "$_ 是可讀取的 \n" if -r;  # 如同 -r $_
}
```

但如果你省略參數，請小心跟在檔案測試運算子後面，看起來不像是參數的東西。例如，如果你想找出以千位元組為單位的檔案大小，而不是以位元組為單位，你可能想要將 -s 的結果除以 1000（或 1024），像這樣：

```
# 檔案名稱位於 $_
my $size_in_K = -s / 1000;  # 糟糕！
```

當 Perl 的解析器到斜線，它不會認為這是除法，因為它看起像是 -s 的選擇性運算元，它會認為斜線是正規表達式的起始斜線。有個簡單的方法可以避免這種混淆，就是在檔案測試運算子周圍加上圓括號：

```
my $size_in_k = (-s) / 1024;  # 預設使用 $_
```

當然，明確地給檔案測試運算子參數總是一個安全的做法：

```
my $size_in_k = (-s $filename) / 1024;
```

測試同一個檔案的多個屬性

你可以在同一個檔案使用超過一種檔案測試運算子來建立複雜的邏輯條件。假設你只想操作同時可讀與可寫的檔案；可以檢查每一個屬性，並用 and 將其結合：

```
if (-r $filename and -w $filename) {
  ... }
```

然而，這是一個代價高昂的操作。每次執行一項檔案測試，Perl 就會詢問檔案系統關於檔案的所有資訊（Perl 實際上每次都會呼叫 stat 函式，我們會在下一節討論。）雖然你使用 -r 測試時已經取得檔案資訊了，但是進行 -w 檔案測試時，Perl 會再次向檔案系統要求相同資訊。多浪費啊！如果你測試許多檔案的多個屬性時會有顯著的效能問題。

Perl 有個特別的縮寫，讓你不用做這麼多工作。虛擬檔案代號 _（就只有底線）會使用上次檔案測試運算子查詢來的檔案資訊。現在 Perl 只要查詢一次檔案資訊就好：

```perl
if (-r $filename and -w _) {
    ... }
```

你不必將一般的檔案測試和使用 _ 的檔案測試寫在一起。這個例子我們將它們寫在不同的 if 條件：

```perl
if (-r $filename) {
  print "此檔案可讀取！\n";
}

if (-w _) {
  print "此檔案可寫入！\n";
}
```

然而你必須留意上次查詢的檔案是哪一個。如果你在兩次檔案測試中間做了其他事，例如呼叫副程式，那你最後查詢過的檔案可能有所不同。例如，此範例呼叫了 lookup 副程式，其中有一個檔案測試。當你從副程式返回，並做另一個檔案測試時，_ 檔案代號不是如你預期的 $filename，而是 $other_filename：

```perl
if (-r $filename) {
  print "此檔案可讀取！\n";
}

lookup( $other_filename );

if (-w _) {
  print "此檔案可寫入！\n";
}

sub lookup {
  return -w $_[0];
}
```

疊加檔案測試運算子

在 Perl 5.10 之前，如果你要同時測試數個檔案屬性，即使用 _ 檔案代號來節省一些工作，你仍然必須個別進行測試。假設你想同時測試檔案是否可讀取和可寫入。你必須測試它是否可讀取，然後還要測試它是否可寫入：

```perl
if (-r $filename and -w _) {
  print "此檔案同時可讀取也可寫入！\n";
}
```

如果可以一次同時進行測試會簡單許多。從 Perl 5.10 開始，你可以將檔案測試運算子全部置於檔案名稱前來疊加它們：

```
use v5.10;

if (-w -r $filename) {
  print "此檔案同時可讀取也可寫入！\n";
}
```

此疊加的範例和之前的例子一樣，只有語法的改變，雖然看起來檔案測試運算子的順序顛倒了。Perl 會先進行最靠近檔案名稱的檔案測試。通常，這沒什麼關係。

疊加檔案測試對複雜的情況來說特別方便。假設你要列出使用者擁有之可讀取、可寫入和可執行的所有目錄。你只需要一組正確的檔案測試運算子：

```
use v5.10;

if (-r -w -x -o -d $filename) {
  print "我的目錄是可讀取、可寫入和可執行的！\n";
}
```

疊加檔案測試對於那些在比較運算中需要使用回傳值的，而不只是要真假值的檔案測試並不適合。你可能會認為以下程式碼會先測試它是否為目錄，然後再測試它是否小於512 位元組，但是其實並非如此：

```
use v5.10;

if (-s -d $filename < 512) {      # 錯誤！別這麼做
  say '目錄小於 512 位元組！';
}
```

重新改寫前例的疊加檔案測試，可以讓我們知道是怎麼回事。檔案測試運算子合併的結果變成比較運算子的引數：

```
if (( -d $filename and -s _ ) < 512) {
  print "目錄小於 512 位元組！\n";
}
```

當 -d 回傳假值，Perl 會比較假值和 512。結果為真，因為假值會是 0，所以小於 512。將它寫成獨立的檔案測試就不用擔心混淆，也能對之後的維護程式設計師好一點：

```
if (-d $filename and -s _ < 512) {
  print "目錄小於 512 位元組！\n";
}
```

stat 與 lstat 函式

雖然這些檔案測試適合測試特定檔案或檔案代號的不同屬性，但是它們無法告訴你全貌。例如，沒有任何檔案測試運算子會回傳檔案連結數或檔案擁有者的使用者 ID(uid)。要取得檔案的其餘資訊，只需要呼叫 stat 函式，它會回傳許多 stat Unix 系統呼叫會回傳的一切資訊（可能比你想知道的還多）。

> 在非 Unix 系統，stat 和 lstat，以及檔案測試運算子應該會回傳「可取得最接近的值」。如果 stat 和 lstat 執行失敗，就會回傳空串列。如果檔案測試運算子底層的系統呼叫失敗了（或是在指定系統並不支援），該測試通常會回傳 undef。關於不同系統上的最新預期結果，請見 perlport 文件。

stat 的運算元是檔案代號（包含虛擬檔案代號 _），或是最後會回傳檔案代號的運算式。回傳值可能是空串列，表示 stat 執行失敗（通常是因為檔案不存在），或是 13 個元素的數字串列，大部分都能用以下純量變數串列簡單描述：

```
my($dev, $ino, $mode, $nlink, $uid, $gid, $rdev,
  $size, $atime, $mtime, $ctime, $blksize, $blocks)
    = stat($filename);
```

這些變數名稱是指 stat 回傳值的結構部分，stat(2) 的文件有詳細說明。你或許應該去看看其詳細描述。但簡而言之，這裡列出了比較重要的幾個之扼要總結：

$dev 和 $ino

檔案的裝置編號與 inode 編號。它們一起組成了檔案的「牌照」。即使它有一個以上的名稱（硬連結），裝置編號和 inode 編號的組合也依然是獨一無二的

$mode

檔案的權限位元和其他位元的組合。如果你曾經使用 Unix 指令 *ls -l* 取得詳細的（冗長的）檔案清單，你會看到每行輸出包含像 -rwxr-xr-x 這樣的字串。這些資訊會被包裝在 $mode 裡。

$nlink

檔案或目錄的（硬）連結數目。這是該項目真實名稱的數目。這個數目對目錄來說是 2 以上，對檔案來說（通常）是 1。我們在第 13 章討論建立檔案連結時會介紹更多細節。在 *ls -l* 顯示的清單中，放在權限位元字串後的數字就是 $nlink 值。

$uid 和 $gid

以數字呈現檔案擁有者的使用者 ID 和群組 ID。

$size

以位元組為單位的檔案大小，和 -s 檔案測試的回傳值相同。

$atime、$mtime 和 $ctime

這三個時間戳記指出從 *紀元*（*epoch*）起算到現在經過了多少秒。紀元是量測系統時間的起始點。有些檔案系統，像是 *ext2*，可能會禁止使用 atime 當作效能的衡量指標。

對符號連結名稱調用 stat 函式會回傳符號連結所指之物件的資訊，而非符號連結本身的資訊（除非符號連結剛好指向無法存取的物件）。如果你需要關於符號連結本身（大部分無用）的資訊，請使用 lstat 來代替 stat，lstat 會以同樣順序回傳相同資訊。如果運算元不是符號連結，lstat 就會回傳和 stat 一樣的資訊。

就像檔案測試一樣，stat 或 lstat 的預設運算元是 $_，表示底層的 stat 系統呼叫會作用在純量變數 $_ 裡的檔名。

 File::stat 模組為 stat 提供了更友善的介面。

localtime 函式

你取得的時間戳記數字（例如從 stat 取得的數字），看起來通常會像 1454133253。除非你要用減法來比較兩個時間戳記，不然這對大部分人來說沒什麼用處。你可能需要將它轉換為人們可讀取的形式，像是「Sat Jan 30 00:54:13 2016」這樣的字串。Perl 可以在純量語境下使用 localtime 函式來做轉換：

```
my $timestamp = 1454133253;
my $date = localtime $timestamp;
```

在串列語境，localtime 會回傳一串數字，其中幾個可能會讓你意想不到：

```
my($sec, $min, $hour, $mday, $mon, $year, $wday, $yday, $isdst)
  = localtime $timestamp;
```

$mon 是月份數，範圍從 0 到 11，用來當作月份名稱陣列的索引很方便。比較奇怪的是，$year 是從 1900 年起算的年數，所以將它加上 1900 就是實際的年份。$wday 的範圍從 0（星期天）到 6（星期六），而 $yday 則是當年的第幾天（範圍從 1 月 1 日的 0，到 12 月 31 日的 364 或閏年的 365）。

還有兩個你也會覺得有用的相關函式。gmtime 函式和 locatime 一樣，但是它會回傳世界標準時間（Universal Time）。如果你需要系統時鐘當下的時間戳記，可以使用 time 函式。如果不提供參數，locatime 和 gmtime 預設都是取得當下的 time 值：

```
my $now = gmtime;   # 取得當下世界標準時間的時間戳記字串
```

更多關於日期和時間的操作，請參考附錄 B 提到的許多有用模組。

位元運算子

當你需要逐位元（bit-by-bit）對數值進行操作，像操作 stat 回傳的狀態位元時，就需要使用位元運算子。這是用來對數值進行二進位數學運算的運算子。位元 *and* 運算子（&）會回報哪些位元在左側引數和右側引數同時被設為 1。例如，運算式 10 & 12 的值為 8。位元 and 運算子只有在兩側運算元對應的位元皆為 1 時才會產生 1 的結果。這表示 10（寫成二進位為 1010）和 12（二進位為 1100）的位元 and 運算會得到 8（二進位為 1000，也就是左側運算元的位元和右側運算元的位元同時為 1 所構成之值）。請見圖 12-1。

$$
\begin{array}{r}
1010 \\
\& \ 1100 \\
\hline
1000
\end{array}
$$

圖 12-1　位元 and 運算

表 12-2 列出不同的位元運算子及它們的意義。

表 12-2　位元運算子範例

運算式	意義
10 & 12	位元 and 哪些位元在兩側運算元皆為真（此例得到 8）
10 | 12	位元 or——哪些位元在任一側運算元為真（此例得到 14）
10 ^ 12	位元 xor——哪些位元在任一側運算元為真，但不能兩邊皆為真（此例得到 6）

運算式	意義
6 << 2	位元左移——將左側運算元往左位移右側運算元指定的位數，並在最低有效位元補 0（此例得到 24）
25 >> 2	位元右移——將左側運算元往右位移右側運算元指定的位數，並丟棄最低有效位元（此例得到 6）
~ 10	位元否定——也稱為單位元補數（unary bit complement），會將運算元每個位元反相後的數值回傳（此例得到 0xFFFFFFF5，請見內文）

所以，以下為一些你可能會對 stat 回傳之 $mode 值操作的例子。這些位元操作的結果可以在 chmod 使用，第 13 章會做介紹：

```
# $mode 是組態檔執行 stat 的回傳值
warn "嘿，全世界都可以寫入組態檔！\n"
  if $mode & 0002;                         # 檢查組態檔的安全問題
my $classical_mode = 0777 & $mode;         # 遮蔽額外的高位元
my $u_plus_x = $classical_mode | 0100;     # 將一個位元設為 1
my $go_minus_r = $classical_mode & (~ 0044); # 將一個位元設為 0
```

使用位元字串

所有的位元運算子皆能操作位元字串（bitstring）和整數。如果運算元是整數，結果也是整數。（整數至少是一個 32 位元整數，但是如果你的硬體支援，它也可能更大。也就是，如果你有 64 位元的機器，~10 會得到 64 位元的結果 0xFFFFFFFFFFFFFFF5，而不是 32 位元的結果 0xFFFFFFF5。）

但如果兩側的運算元皆為字串，Perl 會當作位元字串來運算。亦即 "\xAA" | "\x55" 的結果為 "\xFF"。請注意此範例值是單位元組字串；其結果為八個位元皆為 1 的位元組。位元字串的長度沒有限制。

這是少數 Perl 會區分字串和數值之處。如果你認為是在進行數值運算，卻提供兩個字串給運算子，那可能會遇到問題。Perl 在 v5.22 新增了一個功能修正此問題，但首先你應該了解這個問題。

如果 Perl 認為其中一個運算元是數值，它會執行數值運算。請思考以下程式碼，$number_str 看起來像是數值，但是以引號括住像一個字串。目前為止，Perl 認為它是一個字串，因為我們尚未對它進行任何處理：

```
use v5.10;

my $number     = 137;
my $number_str = '137';
```

```perl
my $string     = 'Amelia';

say "number_str & string:  ", $number_str & $string;
say "number & string:      ", $number & $string;
say "number & number_str:  ", $number & $number_str;
say "number_str & string:  ", $number_str & $string;
```

請注意第一個 say 敘述和最後一個 say 敘述是一樣的。你並未明確地更改變數值，如果將其值列印出來，會看到預期的結果。但是這輸出為什麼這麼奇怪？

```
number_str & string:  ¿!%
number & string:      0
number & number_str:  137
number_str & string:  0
```

輸出的第一行顯示的胡言亂語來自 '137' & 'Amelia'。這是字串運算，因為兩側都是字串。

第二行輸出顯示 137 & 'Amelia' 的結果是 0。因為其中一個運算元是數值。Perl 會將另一個運算元的值轉換為數值形式，即 0。0 沒有位元被設為 1，所以兩側相對應的位元並沒有都被設為 1 的情況。因此結果為 0。

第三行也是一樣的情況。字串 '137' 被轉換為數值 137，和另一個引數相同。因為它們對應的位元完全一樣，所以答案是 137。

第四行就奇怪了。雖然是執行相同的運算，卻和第一行的輸出結果不同！你並沒有明確地對值做任何處理，但是執行過程中，Perl 必須將 $number_str 和 $string 轉換為數值形式。當它這樣做的時候，它會偷偷地將值儲存，以防它必須再次這麼做。當 Perl 做最後一項運算時，會檢視變數，並發現有數值形式的版本，所以認為它們都是數值，就會進行數值位元運算。$string 的數值形式為 0，如同上次我們使用時一樣，所以答案是 0。

> Perl 有雙變數（*dualvar*）的概念。一個變數可以同時有數值形式和字串形式的值。在大部分情況下，這不是問題，在某些情況甚至很有用。例如，系統錯誤變數 $! 的字串形式是對人類有意義的訊息，但是其數值形式則是系統錯誤編號。請見 Scalar::Util 模組。

Perl v5.22 新增了一個實驗性功能（參見附錄 D）來解決部分問題。當你使用一個運算子時，無論它怎麼做，你會想知道它將會做什麼。如果你想要進行數值位元運算，bitwise 功能會將所有運算元當作數值來做位元運算：

```
use v5.22.0;
use feature qw(bitwise);
no warnings qw(experimental::bitwise);

my $number     = 137;
my $number_str = '137';
my $string     = 'Amelia';

say "number_str & string:  ", $number_str & $string;
say "number & string:      ", $number     & $string;
say "number & number_str:  ", $number     & $number_str;
say "number_str & string:  ", $number_str & $string;
```

第一行輸出沒有胡言亂語了。即使兩側的運算元皆為字串，Perl 還是會將它們視為數值：

```
number_str & string:   0
number & string:       0
number & number_str:   137
number_str & string:   0
```

如果你想進行字串位元運算，bitwise 功能新增了運算子，看起來是位元運算子之後加上一個點號（.）：

```
use v5.22.0;
use feature qw(bitwise);
no warnings qw(experimental::bitwise);

my $number     = 137;
my $number_str = '137';
my $string     = 'Amelia';

say "number_str &. string:  ", $number_str &. $string;
say "number &. string:      ", $number     &. $string;
say "number &. number_str:  ", $number     &. $number_str;
say "number_str &. string:  ", $number_str &. $string;
```

現在，每個都是字串運算，每個運算元都被轉換為字串。唯一有意義的結果是第三行，因為它在 &. 運算的兩側皆為 '137'：

```
number_str &. string:   ¿!%
number &. string:       ¿!%
number &. number_str:   137
number_str &. string:   ¿!%
```

習題

習題解答請見第 316 頁的「第 12 章習題解答」。

1. [15] 寫一個程式，會取得命令列的檔案清單，並回報每個檔案是否可讀取、可寫入、可執行或者不存在。（提示：如果有一個函式可以一次對同一個檔案做所有檔案測試，那會蠻有幫助的。）如果一個檔案已經被 *chmod* 設為 0，那程式會回報什麼呢？（也就是，若你使用 Unix 系統，執行 chmod 0 some_file 將檔案標示為不可讀取、不可寫入且不可執行。）在大部分 shell，使用星號當引數表示目前目錄下的所有檔案。這表示，你可以執行像 ./ex12-1 * 的指令來要求程式一次詢問許多檔案的屬性。

2. [10] 寫一個程式，從命令列引數找出最舊的檔案，並回報其存在天數。如果清單是空的，會怎麼回應呢（亦即命令列指令未提及任何檔案）？

3. [10] 寫一個程式，對命令列檔案清單使用疊加檔案測試運算子，來列出你所擁有且可讀取和可寫入的檔案名稱。

## 第十三章

目錄操作

你在第 12 章建立的檔案,通常會和你的程式放在同一個目錄。但是現代的作業系統能讓你以目錄來組織檔案。Perl 可以讓你直接操作這些目錄,即使在不同作業系統,做法也差不多。

Perl 努力試著無論在什麼系統上運行都有一樣的表現。儘管如此,本章還是明確表現出 Perl 對於 Unix 歷史的偏好。如果你使用 Windows 系統,你應該看看 Win32 發行套件。那些模組提供了 Win32 API 的掛鉤(hook)。

目前工作目錄

你的程式執行時會有一個工作目錄(*working directory*)。這是你的程式執行任何操作的預設目錄。

使用 Cwd 模組(標準程式庫的一部分),你可以看到目前工作目錄。請試試看這個程式式,我們稱之為 *show_my_cwd*:

```
use v5.10;
use Cwd;
say "目前工作目錄是 ", getcwd();
```

輸出結果的目錄應該會和你在 Unix shell 執行 *pwd*,或是在 Windows 命令列執行 *cd*(不帶引數)得到的目錄一樣。當你使用本書練習 Perl 時,你的工作目錄通常是程式所在的目錄。

當你以相對路徑（不是從檔案系統樹頂端開始的完整路徑）開啟檔案時，Perl 會將相對路徑解譯為從目前工作目錄開始。假設你的目前工作目錄是 /home/fred。當你執行以下這行程式讀取一個檔案時，Perl 會尋找 /home/fred/relative/path.txt：

```
# 相對於目前工作目錄
open my $fh, '<:utf8', 'relative/path.txt'
```

如果你不是使用 shell 或終端機程式，執行你程式的工具對於目前工作目錄可能會有不一致的情況。如果你從編輯器執行程式，應用程式的目前工作目錄可能不同於儲存檔案的目錄。使用 cron 之類的工具排程你的程式也會遇到相同的狀況。

目前工作目錄不一定是程式所在目錄。下面兩個指令會在目前目錄尋找 my_program：

```
$ ./show_my_cwd
$ perl show_my_cwd
```

但是你可以指定程式的完整路徑，從另一個目錄執行此程式：

```
$ /home/fred/show_my_cwd
$ perl /home/fred/show_my_cwd
```

如果你將程式放在 shell 會搜尋程式的任何一個目錄中，那你就可以在任何目錄執行你的程式而不用提供路徑：

```
$ show_my_cwd
```

你可以使用 File::Spec 模組（標準程式庫的一部分）在相對路徑和絕對路徑之間轉換。

切換目錄

你可能不想要程式起始的目前工作目錄。chdir 運算子能更改目前工作目錄。它就像 shell 的 cd 指令：

```
chdir '/etc' or die "無法 chdir 至 /etc：$!";
```

因為這是系統呼叫，如果發生錯誤，Perl 會設定 $! 的值。當 chdir 回傳假值時，你通常應該要檢查 $!，因為這表示請求時出了狀況。

由 Perl 啟動的所有行程都會繼承 Perl 程式的工作目錄（我們會在第 15 章做更多介紹）。然而，改變工作目錄無法影響調用 Perl 的行程，像是 shell。你可以改變目前執行程式的目前工作目錄，以及為你啟動的行程設定目錄，但是你無法為啟動你的程式之行程改變工作目錄。你只能影響你以下的級別。這不是 Perl 的限制；它其實是 Unix、Windows 或其他系統的特性。

如果不加引數呼叫 chdir，Perl 會儘可能使用你的家目錄，並將工作目錄設為你的家目錄，很像在 shell 使用 Unix 的 *cd* 指令不加參數。這是少數省略參數而不使用 $_ 當預設值的地方。取而代之，它會依順序查看環境變數 $ENV{HOME} 和 $ENV{LOGDIR}。如果都沒有設定，就不會執行。

有些環境並不會幫你設定這些環境變數。File::HomeDir 能幫你設定 chdir 會檢查的環境變數。

較舊版本的 Perl 能讓你使用空字串或 undef 當作 chdir 的引數，但是那已經在 v5.12 棄用了。如果你想更改到家目錄，就不要給 chdir 任何引數。

有些 shell 允許你在 *cd* 的參數使用波浪號（~）前綴路徑來以另一位使用者的家目錄當起始點（例如 *cd ~fred*）。這是 shell 的功能，不是作業系統提供的，而 Perl 是直接呼叫作業系統，所以波浪號前綴並不適用於 chdir。

如考量到移植性，你可使用 File::HomeDir 來取得另一位使用者的家目錄。

glob 操作

通常，shell 會將命令列的檔名樣式展開成所有符合的檔案名稱。這叫做 *glob* 操作（*globbing*）。例如，如果你指定 *.pm 的檔名樣式給 Unix *echo* 指令，shell 會將它展開為符合的檔名清單：

```
$ echo *.pm
barney.pm dino.pm fred.pm wilma.pm
```

echo 指令不必知道怎麼展開 *.pm，因為 shell 已經把它展開了。這也適用於你的 Perl 程式。這是一個只會印出引數的程式：

```
foreach $arg (@ARGV) {
  print " 一個引數是 $arg\n";
}
```

當你以一個 glob 操作當單一引數執行此程式時，shell 會將 glob 操作展開，並將結果送至你的程式。因此，你會以為你有很多引數：

```
$ perl show-args *.pm
一個引數是 barney.pm
一個引數是 dino.pm
一個引數是 fred.pm
一個引數是 wilma.pm
```

請注意，show-args 不需要了解 glob 操作——這些名稱已經在 @ARGV 展開了。

但有時候在 Perl 程式內可能會遇到像 *.pm 這樣的樣式。我們也能不太費力地將這個樣式展開為符合的檔名嗎？當然可以——只要使用 glob 運算子就行了：

```
my @all_files = glob '*';
my @pm_files = glob '*.pm';
```

其中，@all_files 會取得目前目錄下以字母順序排列的所有檔案，不包括以點號開頭的檔案——和 shell 做法一樣。而 @pm_files 會取得像你之前在命令列使用 *.pm 得到的相同檔案清單。

事實上，任何你能在命令列輸入的樣式，都可以當作 glob 的（單一）引數，包括以空格分隔的多重樣式：

```
my @all_files_including_dot = glob '.* *';
```

這裡，加上了額外的「點星號（.*）」參數來取得所有以點號開頭和非以點號開頭的檔案。請注意引號字串裡兩個項目之間的空格是有意義的，它將你要進行 glob 操作的兩個不同項目分開。

Windows 使用者可能習慣使用 *.* 的樣式表示「所有檔案」。但是這其實表示「所有在檔名有點號的檔案」，即使是在 Windows 上的 Perl 也是如此。

在 Perl 5.6 以前，這可以如同在 shell 一樣運作的原理是 glob 運算子只是在背景呼叫 /bin/csh 來執行展開的功能。因此 glob 操作非常耗時，還可能在大型目錄（或其他狀況下）中斷。盡責的 Perl 駭客會避免 glob 操作，改用目錄代號（directory handle），我們會在本章稍後介紹。然而，如果你是使用現代版本的 Perl，你應該不必再考量這些事了。

Perl 的內建 glob 不是唯一的選項。File::Glob 提供處理的其他形式。

glob 操作的替代語法

雖然我們自由地使用 *glob* 操作這個詞且討論 glob 運算子，但是你可能在許多程式中沒有看到 glob 這個單字。為什麼呢？嗯，在 Perl 開發者為 glob 運算子命名前，已經有一大堆既有程式碼。取而代之，它使用角括號語法，和讀取檔案代號相似：

```
my @all_files = <*>;     # 如同 my @all_files = glob "*";
```

Perl 會像雙引號字串一樣，將值插入角括號之間，這表示在 glob 操作前 Perl 會先展開角括號內的變數成為目前的值：

```
my $dir = '/etc';
my @dir_files = <$dir/* $dir/.*>;
```

此處，因為 `$dir` 已經被展開成當前的值，所以你會取得指定目錄裡所有含點號和不含點號的檔案名稱。

因此，使用角括號同時表示檔案代號讀取和 glob 操作，Perl 如何決定要使用哪個運算子呢？嗯，檔案代號必須是一個 Perl 識別字或變數。所以如果角括號裡的項目就是 Perl 識別字，那它就是檔案代號讀取；否則，它就是 glob 操作。例如：

```
my @files = <FRED/*>;    # glob 操作
my @lines = <FRED>;      # 檔案代號讀取
my @lines = <$fred>;     # 檔案代號讀取
my $name = 'FRED';
my @files = <$name/*>;   # glob 操作
```

唯一的例外是，如果內容是簡單的純量變數（不是雜湊或陣列的一個元素），不是檔案代號物件，它就是間接檔案代號讀取，其中變數的內容是你要讀取的檔案代號名稱：

```
my $name = 'FRED';
my @lines = <$name>; # 對 FRED 進行間接檔案代號讀取
```

Perl 是在編譯階段決定它是 glob 操作或是檔案代號讀取，因此和變數的內容無關。

如果你想要，也可以使用 readline 運算子來操作間接檔案代號讀取，這也可以讓程式更清楚：

```
my $name = 'FRED';
my @lines = readline FRED;  # 從 FRED 讀取
my @lines = readline $name; # 從 FRED 讀取
```

但是因為間接檔案代號讀取不常見，而且通常只用在簡單的純量變數，所以 Perl 程式設計師很少使用 readline 運算子。

目錄代號

另一個取得指定目錄檔名清單的方法是使用「目錄代號（*directory handle*）」。目錄代號看起來和用起來都像是檔案代號。你可以開啟它（以 opendir 代替 open）、讀取它（以 readdir 代替 read）和關閉它（以 closedir 代替 close）。但是讀取到的是目錄裡的檔案（或其他項目）*名稱*，而不是檔案內容。例如：

```
my $dir_to_process = '/etc';
opendir my $dh, $dir_to_process or die "無法開啟 $dir_to_process：$!";
foreach $file (readdir $dh) {
  print "$dir_to_process 裡的有一個檔案 $file\n";
}
closedir $dh;
```

像檔案代號一樣，目錄代號會在程式結束或重新開啟另一個目錄時自動關閉。

你也可以使用裸字目錄代號，就像檔案代號那樣，但是這也有我們先前提過的問題：

```
opendir DIR, $dir_to_process
    or die "無法開啟 $dir_to_process：$!";
foreach $file (readdir DIR) {
  print "$dir_to_process 裡的有一個檔案 $file\n";
}
closedir DIR;
```

這是低階操作，我們必須自己多做一些事。例如，回傳的名稱串列沒有按照特定順序排列。而且串列包含所有檔案，而不能只回傳符合特定樣式的檔名（例如我們 glob 操作範例的 *.pm）。所以如果你只想要 *pm* 結尾的檔案，你可以在迴圈內忽略（skip-over）其他檔案：

```
while ($name = readdir $dh) {
  next unless $name =~ /\.pm\z/;
  ... 進一步處理 ...
}
```

請注意，這是正規表達式的語法，而不是 glob 操作。如果你想要所有不以點號開頭的檔案，可以這麼做：

```
next if $name =~ /\A\./;
```

或如果你想要除了點號（目前目錄）和雙點號（上層目錄）的所有檔案，可以明確這樣寫：

```
next if $name eq '.' or $name eq '..';
```

接下來是另一個會讓大多數人混淆的部分，請特別注意。readdir 運算子回傳的檔名沒有路徑的部分。它只有目錄裡的*名稱*。所以，你只會取得 *hosts*，而不是 */etc/hosts*。因為這是另一個和 glob 操作不同之處，所以很容易讓人搞混。

所以你需要加上目錄名稱才能取得完整檔名：

```
opendir my $somedir, $dirname or die " 無法開啟 $dirname：$!";
while (my $name = readdir $somedir) {
  next if $name =~ /\A\./;          # 忽略點號檔案
  $name = "$dirname/$name";         # 加上路徑
  next unless -f $name and -r $name; # 只留下可讀取的檔案
  ...
}
```

考慮到移植性，你可能會想使用能夠為本地端系統加上適當路徑的 File::Spec::Functions 模組：

```
use File::Spec::Functions;

opendir my $somedir, $dirname or die " 無法開啟 $dirname：$!";
while (my $name = readdir $somedir) {
  next if $name =~ /\A\./;          # 忽略點號檔案
  $name = catfile( $dirname, $name ); # 加上路徑
  next unless -f $name and -r $name;  # 只留下可讀取的檔案
  ...
}
```

 Path::Class 模組提供了更好的介面，但是並未隨附於 Perl。

沒有加上路徑的話，檔案測試會在目前目錄檢查檔案，而不是 $dirname 裡的目錄。這是使用目錄代號最常犯的錯誤。

操作檔案與目錄

Perl 常常被用來管理檔案和目錄。因為 Perl 是在 Unix 環境下發展，應用也仍然以 Unix 環境為主，本章的大多數敘述是以 Unix 為中心。但是 Perl 的好處是在非 Unix 系統上，也幾乎以相同方式運作。

刪除檔案

為了讓資料保存一段時間，我們會建立檔案。但是當資料過期了，就是該讓它消失的時候了。在 Unix shell 層級，可以輸入 *rm* 指令來刪除檔案：

```
$ rm slate bedrock lava
```

在 Perl 中，可以使用 unlink 運算子和檔名串列來移除檔案：

```
unlink 'slate', 'bedrock', 'lava';

unlink qw(slate bedrock lava);
```

這會將指名的三個檔案送到位元天堂去，從人間蒸發。

連結（link）位於檔案名稱和磁碟上儲存的資料之間，但有些檔案系統允許資料有多個「硬」連結。當所有這些連結消失時，資料的空間就會被釋出。unlink 會解除檔案和資料的連結。如果是最後一個連結，那檔案系統就可以重新使用該空間。

現在，因為 unlink 的引數是一個串列，而 glob 函式會回傳一個串列，你可以將兩者結合來一次刪除多個檔案。

```
unlink glob '*.o';
```

除了你不用啟動額外的 rm 行程以外，這和在 shell 執行 rm *.o 很相似。因此可以讓這些重要檔案更快地消失！

unlink 的回傳值會告訴你有多少檔案被成功刪除。所以回到第一個範例，可以看它是否執行成功：

```
my $successful = unlink "slate", "bedrock", "lava";
print " 我剛才成功刪除 $successful 個檔案 \n";
```

如果回傳的數字是 3，你可以知道它刪除了所有檔案，如果是 0，表示一個都沒有刪除。但是如果是 1 或 2 呢？嗯，沒有辦法知道哪個出問題。如果你要知道，請在迴圈中一次處理一個：

```
foreach my $file (qw(slate bedrock lava)) {
  unlink $file or warn " 刪除 $file 失敗：$!\n";
}
```

這裡，每次刪除一個檔案，表示回傳值會是 0（失敗）或 1（成功），看起來是不錯的布林值，可以用於控制執行 warn 功能。使用 or warn 和 or die 很類似，除了它不是嚴重錯誤，不會終止程式（如第 5 章所提到的）。於此案例，在警告訊息之後加上換行字元，因為出錯的不是你的程式。

當 unlink 執行失敗，Perl 會將 $! 變數設為作業系統錯誤相關的資訊，你可以將其包含在顯示訊息內。這只有在一次處理一個檔案時才有意義，因為下一次錯誤時，作業系統會重設此變數。你無法使用 unlink 刪除目錄，就像你無法使用 rm 刪除目錄一樣。請見即將介紹的 rmdir 函式。

現在，有一件 Unix 鮮為人知的事實。會有某個你無法讀取、無法寫入也無法執行的檔案——甚至可能不是你擁有的檔案，但是你還是可以將它刪除。unlink 檔案的權限並不是取決於檔案本身的權限位元；它是和檔案所在之目錄的權限位元有關。

會提到這件事是因為新手 Perl 程式設計師在試著 unlink 時，會在建立檔案之後，用 chmod 將權限設為 0（這樣就無法讀取和寫入了），然後看是否會讓 unlink 執行失敗。但是結果相反地，檔案就消失了。如果你真的想讓 unlink 執行失敗，請嘗試刪除 /etc/hosts 或類似的系統檔案看看。因為這是系統管理員控制的檔案，你無法移除它。

檔案重新命名

要賦予已存在檔案一個新名字，使用 rename 函式是簡單的做法：

```
rename 'old', 'new';
```

這和 Unix 的 mv 指令類似，會把名為 old 的檔案，更名為同一目錄下名為 new 的檔案。你甚至可以將檔案移到新的位置：

```
rename 'over_there/some/place/some_file', 'some_file';
```

有些人喜歡用第 6 章看到的大箭頭符號（第 109 頁的「大箭頭符號」），他們以此提醒自己重新命名發生的方向：

```
rename 'over_there/some/place/some_file' => 'some_file';
```

假設執行程式的使用者有適當的權限，而你不用將檔案複製到另一個磁碟分割區，這會將名為 some_file 的檔案從另一個目錄移到目前目錄。這只是將檔案改名，不會移動任何資料。

就像大部分向作業系統提出要求的函式一樣，如果執行失敗，rename 會回傳假，並將作業系統錯誤來存入 $!，所以你可以（或應該時常）使用 or die（或 or warn）回報給使用者。

另一個常見問題是如何批次重新命名一連串檔案，或許是將結尾為 .old 的檔案更名為結尾為 .new。這裡示範在 Perl 的妥善做法：

```
foreach my $file (glob "*.old") {
  my $newfile = $file;
  $newfile =~ s/\.old\z/.new/;
  if (-e $newfile) {
    warn " 無法重新命名 $file 為 $newfile：$newfile 已存在 \n";
  } elsif (rename $file => $newfile) {
    # 成功，什麼事都不用作
  } else {
    warn " 重新命名 $file 為 $newfile 失敗：$!\n";
  }
}
```

檢查 $newfile 是否存在是必須的，因為假設使用者有權限移除已存在檔案，rename 會很樂意覆蓋既有的檔案。加上此檢查，以減少因此損失資料的機率。當然，如果你想替換已存在資料，像是 wilma.new，你可以不必先用 -e 測試。

迴圈內頭兩行可以（而且通常會）合併在一起來簡化：

```
(my $newfile = $file) =~ s/\.old\z/.new/;
```

這會宣告 $newfile，並從 $file 取得初始值，然後對 $newfile 進行替換。你可以把它念成「用右邊的替換方式，將 $file 轉換成 $newfile」。沒錯，因為優先順序的關係，那些圓括號是必要的。

這在 Perl 5.14 後，對 s/// 運算子使用 /r 旗標，就變得簡單多了。除了沒有圓括號，這行程式碼看起來幾乎一樣：

```
use v5.14;
```

```
my $newfile = $file =~ s/\.old\z/.new/r;
```

另外，有些程式設計師第一次看到這種替換會納悶為什麼在左側需要反斜線而右側不用。兩側並不對稱：替換的左側是正規表達式，而右側是雙引號字串。所以你會使用 /\.old\z/ 表示「定位在字串結尾的 .old」（定位在結尾是因為你不想替換檔名為 betty.old.old 檔案中先出現的 .old），但在右側你只要寫 .new 以當作替換字串。

連結與檔案

要進一步了解檔案和目錄的操作，先弄懂 Unix 的檔案與目錄模型，會有幫助，即使你的非 Unix 系統運作方式不同也有助益。通常，這比我們在此解釋的更複雜，所以若你有興趣，請挑一本介紹 Unix 內部運作細節的好書。

掛載卷宗（*mounted volume*）是指某顆硬碟（或是相似的裝置，例如一個磁碟分割區、固態硬碟、軟碟片、CD-ROM 或是 DVD-ROM）。它可能有任意數量的檔案和目錄。每個檔案是儲存在編好號碼的 *inode* 裡，我們可以想成是磁碟上的門牌號碼。一個檔案可能存在 inode 613 裡，另一個存在 inode 7033 裡。

不過，要找到特定檔案，你要在目錄裡找。目錄是一種由系統維護的特殊檔案。本質上，它是一個檔案和檔案 inode 編號的列表。目錄裡除了其他內容，一定會有兩個特殊的目錄項目。一個是 .（點號），代表目錄本身；另一個是 ..（雙點號）代表高一層的目錄（亦即它的母目錄）。圖 13-1 呈現了兩個 inode 的圖示。一個是叫做 *chicken* 的檔案，另一個是 Barney 用來放詩詞的目錄，*/home/barney/poems*，裡面有 *chicken* 這個檔案。該檔案是存在 inode 613 裡，而目錄是存在 inode 919 裡。（目錄的名稱 *poems* 並沒有出現在圖示中，因為它是存在另一個目錄裡。）目錄包含指向三個檔案的項目（包含 *chicken*）、兩個目錄（其中一個指向目錄本身，存在 inode 919），和每個項目的 inode 編號。

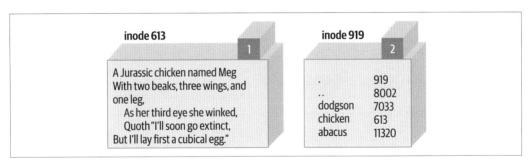

圖 13-1　先有 chicken 再有 egg

當在指定目錄要建立新檔案時，系統會新增一個有檔案名稱的項目和一個新的 inode 編號。然而系統如何得知特定的 inode 編號可以使用呢？每個 inode 都有儲存一個數字，稱為**連結數**（*link count*）。如果 inode 並未列於任何目錄裡，連結數就一定會是 0，所以任何連結數為 0 的 inode 都可以用來存放新的檔案。當 inode 被新增到一個目錄裡，連結數就會遞增;當它在目錄列表被移除,連結數就會遞減。以圖 13-1 圖示的 chicken 來說,inode 連結數 1 顯示在 inode 資料上的小盒子裡。

但是有些 inode 有超過一個連結數。例如,你看過的每個目錄包含 . 這個項目,指回目錄本身的 inode。所以任何目錄的 inode 都至少是 2:列於母目錄的連結和它本身列表的連結。此外,如果有子目錄,每個都會透過 .. 增加連結。圖 13-1 中,目錄的 inode 的連結數 2 顯示在資料上的小盒子裡。連結數表示 inode 真實名稱的數量。一般檔案的 inode 在目錄列表可以有超過一個連結嗎?當然可以。假設 Barney 在圖中的目錄裡,使用 Perl 的 link 函式建立新連結:

```
link 'chicken', 'egg'
  or warn "無法建立從 chicken 至 egg 的連結:$!";
```

這和在 Unix shell 提示符號輸入 ln chicken egg 一樣。如果 link 執行成功,會回傳真。如果失敗,會回傳假,並將訊息存入 $!,Barney 可以檢查此錯誤訊息。執行後,egg 是檔案 chicken 的另一個名稱,反之亦然;沒有哪一個名稱比另一個「更真實」,而且(你大概猜到了)要費很大一番功夫才能找出先有 chicken 還是先有 egg。圖 13-2 呈現了目前的情況,其中有兩個連結指向 inode 613。

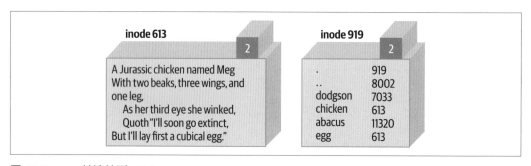

圖 13-2　egg 被連結到 chicken

所以這兩個檔名指向磁碟上同一個位置。如果檔案 chicken 裡面有 200 個位元組的資料,egg 也有同樣 200 個位元組的資料,加起來還是 200 個位元組(因為他們其實就是同一個檔案的兩個名稱)。如果 Barney 在檔案 egg 後面添加了一行新的文字,這行文字也會出現在檔案 chicken 的結尾。現在,如果 Barney 不小心(或故意)刪除了 chicken,資料不會不見——它仍然會在檔案 egg 裡。反之亦然:如果他刪除了 egg,他還有檔案 chicken。當然,如果他把兩個都刪除了,那資料就流失了。關於目錄列表的連結,還有一個規則是,在目錄列表裡的 inode 全部都只會指向同一個掛載卷宗。這個規則確保若你將實體儲存媒體(或許是隨身碟)搬移到另一個機器時,所有的目錄和檔案都還是連結在一起。這就是為什麼你可以使用 rename 將檔案從一個目錄搬移到另一個，但是只有在兩個目錄都在同一個檔案系統（掛載卷宗）才行。如果它們在不同的磁碟上，系統要重新定位 inode 的資料，對一個簡單的系統呼叫來說，這項操作太複雜了。

另一個連結的限制是它們不能為目錄建立額外的名稱。這是因為目錄必須按階層排列。如果你能更改，像 *find* 或 *pwd* 的公用程式很容易在檔案系統裡迷路。

所以你無法增加目錄的連結數，而且它們不能跨越不同的掛載卷宗。幸運的是，有一個方法可以避免這種連結的限制，只要使用一種新的連結方式：**符號連結**（*symbolic link*）。符號連結（也稱為**軟連結**，以區別我們到目前為止談論之真正的連結或**硬連結**）是目錄裡的特別項目，用來告訴系統去找看看其他地方。假設 Barney（在之前提到的 poems 目錄下）用 Perl 的 symlink 函式建立了一個符號連結，像這樣：

```
symlink 'dodgson', 'carroll'
  or warn " 無法建立從 carroll 到 dodgson 的符號連結：$!";
```

這和 Barney 從 shell 使用 *ln -s dodgson carroll* 指令類似。圖 13-3 呈現目前的結果，包含 inode 7033 裡的那首詩。

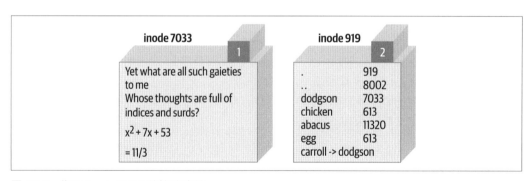

圖 13-3　指向 inode 7033 的符號連結

現在如果 Barney 選擇讀取 */home/barney/poems/carroll*，因為系統會自動跟隨符號連結，取得的資料會和開啟 */home/barney/poems/dodgson* 一樣。但是這個新名稱並不是檔案「真正的」名稱，因為（如你在圖中所見）inode 7033 的連結數仍然只有 1。這是因為符號連結只是告訴系統：「如果你來這裡尋找 *carroll*，請改去找 *dodgson*。」

符號連結不像硬連結，它可以自由地跨越掛載的檔案系統或為目錄提供一個新名稱。事實上，符號連結可以指向任何檔名，無論在目前目錄或另一個目錄──甚至是不存在的檔案！但是這也表示因為軟連結不會增加連結數，所以無法像硬連結一樣防止資料流失。如果 Barney 刪掉了 *dodgson*，系統就再也不能跟隨 *carroll* 這個軟連結了。即使還有 *carroll* 這個項目，試著讀取它會得到像「file not found」這樣的錯誤。-l 'carroll' 檔案測試會回報真，但是 -e 'carroll' 會是假：它是符號連結，但它的目標並不存在。當然，刪除 *carroll* 只是移除符號連結。

因為軟連結可以指向不存在的檔案，所以在建立檔案時也可以使用。Barney 大部分檔案都在他的家目錄，*/home/barney*，但是他也需要常常存取名字很長、很難輸入的目錄：*/usr/local/opt/system/httpd/root-dev/users/staging/barney/cgi-bin*。所以他設定了一個名為 */home/barney/my_stuff* 的符號連結，指向那個長名稱。現在，對他來說要進入就很容易了。如果他（在家目錄）建立一個名為 *my_stuff/bowling* 的檔案，該檔案的真實名稱會是 */usr/local/opt/system/httpd/root-dev/users/staging/barney/cgi-bin/bowling*。當系統管理員下週將 Barney 的這些檔案搬移到 */usr/local/opt/internal/httpd/www-dev/users/staging/barney/cgi-bin*，Barney 只要更改符號連結指向的目標，他和他的所有程式仍然可以很容易找到他的檔案。

/usr/bin/perl 或 */usr/local/bin/perl* 在系統上經常是指向真正 Perl 執行檔的符號連結。這使得切換到新版的 Perl 變得很容易。假設你是系統管理員，而你已經編譯好新版的 Perl。當然，你的舊版 Perl 還在執行，你不想中斷。當你準備好要切換時，你只要更改一兩個符號連結就行了，現在每個以 *#!/usr/bin/perl* 開頭的程式都會自動使用新版 Perl。如果出了什麼問題（雖然不太可能），可以輕易替換成舊的符號連結，又可以使用舊版 Perl 了。（但要當個好的系統管理者，你會通知使用者使用新的 */usr/bin/perl-7.2* 近一步測試他們的程式，也會告訴他們，如有需要可以在下個月寬限期間將程式第一行改成 *#!/usr/bin/perl-6.1* 以維持舊版程式運作。）

硬連結和軟連結都很有用，這或許令人驚訝。許多非 Unix 作業系統兩個都沒有，造成許多不方便。在某些非 Unix 系統，符號連結被實作為「捷徑（shortcut）」或「別名（alias）」──請查看 perlport 文件取得最新詳情。

要找出符號連結指向哪裡，可以使用 readlink 函式。這可以告訴你符號連結指向的位置，如果引數不是符號連結，它會回傳 undef：

```
    my $where = readlink 'carroll';              # 得到 "dodgson"

    my $perl = readlink '/usr/local/bin/perl';   # 可能會回傳 perl 的實際位置
```

你可以用 unlink 移除這兩種連結──現在你終於明白為什麼這個運算子會這樣取名了。unlink 只會移除指定檔名連結的目錄項目，遞減連結數，可能因此釋放 inode。

建立和刪除目錄

在已存在的目錄中建立目錄是很容易的。只要調用 mkdir 函式就可以：

```
mkdir 'fred', 0755 or warn " 無法建立 fred 目錄：$!";
```

同樣的，真值表示執行成功，失敗時，Perl 會設定 $! 變數。

但是第二個參數 0755 是什麼意思呢？那是設定於新建立目錄的初始權限（你之後可以更改它）。這裡寫成八進位的值是因為該值會被解釋為三個位元一組的 Unix 權限值，比較適合用八位元表達。是的，即使在 Windows 或 MacPerl，你仍然需要懂一點 Unix 權限值，才能使用 mkdir 函式。0755 是個好用的設定，因為它讓你有全部的權限，但是讓其他使用者只能讀，卻不能改做任何修改。

mkdir 函式沒有一定要你使用八進位來指定值──它只是要一個數值（無論是字面值或運算結果皆可）。但是除非你能快速心算出八進位的 0755 等於十進位的 493，否則還是讓 Perl 來計算就好。如果你不小心忽略了開頭的 0，那就會是十進位的 755，也就是八進位的 1393，這就是個奇怪的權限組合了。

就像之前看到的（於第 2 章），當數值使用的字串值即使以 0 開頭，也不會被解釋為八進位。所以這樣是不可行的：

```
my $name = "fred";
my $permissions = "0755";   # 危險 ... 這是不可行的
mkdir $name, $permissions;
```

糟糕，你剛才用一個怪異的 01363 權限值建立一個目錄，因為 0755 會被當作十進位值。可以用 oct() 函式來修正，無論是否有開頭的 0，它都會強制將字串解釋為八進位值：

```
mkdir $name, oct($permissions);
```

當然，如果你在程式中直接指定權限值，只要使用數值取代字串就好。需要額外用 oct() 函式之處通常是從使用者輸入取得數值時，例如，假設你從命令列取得引數：

```
my ($name, $perm) = @ARGV;   # 頭兩個引數是名稱和權限
mkdir $name, oct($perm) or die " 無法建立檔案 $name：$!";
```

$perm 的值會先以字串解讀，然後 oct() 函式會將它正確地解讀為常用的八進位表示法。

要刪除空目錄可以使用 rmdir 函式，用法類似 unlink 函式，然而它只能一次刪除一個目錄：

```
foreach my $dir (qw(fred barney betty)) {
  rmdir $dir or warn " 無法 rmdir$dir：$!\n";
}
```

如果目錄不是空的，rmdir 運算子會執行失敗。你可以先以 unlink 刪除目錄內容，然後再試著移除應該已經清空的目錄。例如，假設你需要一個在程式執行期間寫入許多暫存檔的地方：

```
my $temp_dir = "/tmp/scratch_$$";        # 基於行程 ID；請見內文
mkdir $temp_dir, 0700 or die " 無法建立 $temp_dir：$!";
...
# 以 $temp_dir 存放所有暫存檔
...
unlink glob "$temp_dir/* $temp_dir/.*"; # 刪除 $temp_dir 的內容
rmdir $temp_dir;                         # 刪除現在為空的目錄
```

 如果你真的需要建立暫存目錄或檔案，可以試試隨附於 Perl 的 File::Temp 模組。

初始的暫存目錄名稱包含目前行程 ID，它是每個行程獨一無二的值，儲存在變數 $$ 裡（和 shell 相似）。只要其他行程也將它們的 ID 包含在路徑名稱裡，就可以避免和其他行程衝突。（事實上，用程式名稱加上行程 ID 很常見，所以如果程式名稱為 quarry，目錄名稱可能像是 /tmp/quarry_$$。）

在程式的結尾，最後的 unlink 應該移除暫存目錄裡的所有檔案，然後 rmdir 函式就可以刪除現在為空的目錄。然而，如果你在該目錄建立了子目錄，unlink 運算子就會執行失敗，rmdir 也會失敗。標準發行套件裡 File::Temp 模組提供的 remove_tree 函式可以提供一個比較完整的解決方案。

修改權限

Unix 指令 chmod 可以修改檔案或目錄的權限。同樣地，Perl 有 chmod 函式執行同樣的任務：

```
chmod 0755, 'fred', 'barney';
```

和許多作業系統介面函式一樣，chmod 會回傳成功修改的項目數目；若只有單一引數，當失敗時會將 $! 設為合理的錯誤訊息。第一個參數是 Unix 權限值（即使使用在非

Unix 系統的 Perl 也一樣）。由於我們之前介紹 mkdir 提過的同樣理由，此值通常是八進位值。

Unix chmod 指令接受的符號權限（像是 +x 或 go=u-w）並不適用於 chmod 函式。

 CPAN 的 File::chmod 模組可以將 chmod 運算子升級成可理解符號表示的權限值。

更改擁有者

如果作業系統允許，你可以用 chown 函式更改一串檔案（或檔案代號）的擁有者和所屬的群組。使用者和群組可以一次同時修改，都必須以數值形式指定使用者 ID 和群組 ID。例如：

```
my $user  = 1004;
my $group = 100;
chown $user, $group, glob '*.o';
```

如果你有像是 merlyn 這樣的使用者名稱而非數值，該怎麼辦？簡單。只要呼叫 getpwnam 函式來將名稱轉成數值，和對應的 getgrnam 來將群組名稱轉成數值：

```
defined(my $user = getpwnam 'merlyn') or die '使用者名稱錯誤';
defined(my $group = getgrnam 'users') or die '群組名稱錯誤';
chown $user, $group, glob '/home/merlyn/*';
```

可以用 defined 函式驗證回傳值不是 undef，如果請求的使用者或群組名稱不存在，就會回傳 undef。

chown 函式會回傳受影響的檔案數量，錯誤時也會設定 $! 變數。

更改時間戳記

在很少見的情況裡，你想要騙其他程式某個檔案是最近修改或存取的，可以使用 utime 函式來捏造一下。前兩個引數指定新存取時間和修改時間，剩下的引數是要修改時間戳記的檔名串列。時間是用內部時間戳記格式來指定（和我們在第 218 頁「stat 與 lstat 函式」提到的 stat 函式回傳值相同格式）。

一個方便使用的時間戳記值是「此時此刻（right now）」，time 函式會以正確格式回傳此值。要更新目前目錄裡所有檔案，讓它們看起來像是一天前才修改的，但是此時此刻存取過，只要這樣做：

```
my $now = time;
my $ago = $now - 24 * 60 * 60;  # 一天的秒數
utime $now, $ago, glob '*';     # 將存取時間設為現在，修改時間是一天前
```

當然，沒人可以阻止你建立一個未來或過去任意時間戳記的檔案（在 Unix 時間戳記限制 1970 年到 2038 年內，或者你的非 Unix 系統使用的限制，除非你有 64 位元的時間戳記。）也許你可以使用此技巧建立一個目錄保存你正在寫的時間旅行小說手稿。

在檔案有任何更動時，第三個時間戳記（ctime 值）一定會被設定為「現在」，所以無法以 utime 函式設定它（在你設定它後，它必須被重設為「現在」）。這是因為它的主要目的是為了遞增備份用：如果檔案的 ctime 比備份磁帶上的新，就是該再次備份的時候了。

習題

這裡的程式可能有潛在的危險！請在沒有重要檔案的空目錄小心測試，以免不小心刪除了有用的資料。

習題解答請見第 318 頁的「第 13 章習題解答」。

1. [12] 寫一個程式詢問使用者目錄名稱，並切換至該目錄。如果使用者的輸入只有空白字元，預設切換至其家目錄。切換後以字母排列順序列出目錄內容（不含點號開頭的項目）。（提示：用目錄代號來處理比較簡單，還是用 glob 操作容易呢？）如果切換目錄不成功，則會警告使用者——但是不要試著顯示目錄內容。

2. [4] 修改該程式以包含所有檔案，不只是非點號開頭的檔案。

3. [5] 如果你在之前的習題使用目錄代號，那就以 glob 操作重寫一次。如果你是用 glob 操作，現在試看看使用目錄代號。

4. [6] 寫一個程式，讓它像 rm 一樣運作，刪除任何命令列指定的檔案。（不用處理任何 rm 的選項）

5. [10] 寫一個程式，讓它像 mv 一樣運作，重新命名命令列第一個引數為第二個引數。（不需要處理 mv 的各種額外引數。）記得目的地可以是目錄；如果是目錄，要在新目錄中保留原來的主檔名（basename）。

6. [7] 如果你的作業系統支援，寫一個程式讓它像 *ln* 一樣運作，從第一個命令列引數建立一個硬連結到第二個引數。（你不需要處理 *ln* 的其他選項或引數。）如果你的系統不支援硬連結，只要印出訊息顯示如果可行你會做什麼操作。提示：這一個程式和前一題有點像──認出這點可以節省你寫程式的時間。

7. [7] 如果你的作業系統支援，修正前一個程式來允許在其他引數前加上 *-s* 選項，以指出你要的是軟連結，而非硬連結。（即使你無法建立硬連結，看你是否至少能以此程式建立軟連結。）

8. [7] 如果你的作業系統支援，寫一個程式在目前目錄中尋找任何符號連結，並印出它們的值（像是 *ls -l* 做的一樣：名稱 -> 值）。

## 第十四章

字串與排序

如我們在本書一開始所說的，Perl 擅長解決的程式問題中，有 90％ 是文字處理相關，10% 是其他事務。所以不意外地，Perl 有很強大的文字處理能力，甚至無須我們之前用的正規表達式，有時候正規表達式引擎太花俏了，你只需要簡單的字串處理方式，這也是本章的主題。

以 index 尋找子字串

尋找子字串的方法要看你是在哪裡搞丟它的。如果它掉在較大的字串裡，你很幸運，因為 index 函式可以幫你。這是它的用法：

```
my $where = index($big, $small);
```

Perl 會找出小字串第一次出現在大字串中的位置，回傳第一個字元位置的整數值。回傳的字元位置是從 0 算起的：如果子字串在字串的最開頭被發現，index 會回傳 0；如果是在第二個字元，則回傳 1，以此類推。如果 index 沒找到子字串，它會回傳 -1。在這個例子裡，$where 會得到 6，因為這是 wor 開始的位置：

```
my $stuff = "Howdy world!";
my $where = index($stuff, "wor");
```

另一個理解的想法是，要取得子字串前，要跳過的字元數。因為 $where 是 6，所以你知道要跳過前六個字元，才能找到 wor。

index 函式總是會回報 第一次 發現子字串的位置。但是你可以加上選擇性的第三個參數，指定開始尋找的位置，告訴它從比較後面的位置開始尋找，而非字串的開頭：

```
my $stuff   = "Howdy world!";
my $where1 = index($stuff, "w");               # $where1 取得 2
my $where2 = index($stuff, "w", $where1 + 1);  # $where2 取得 6
my $where3 = index($stuff, "w", $where2 + 1);  # $where3 取得 -1 （沒找到）
```

第三個參數的作用如同指定回傳值的最小值；如果子字串無法在該位置或其後被找到，index 會回傳 -1。不過，不用迴圈的話，你可能不會這麼做。在此範例，我們使用陣列來儲存位置：

```
use v5.10;

my $stuff   = "Howdy world!";

my @where = ();
my $where = -1;
while( 1 ) {
  $where = index( $stuff, 'w', $where + 1 );
  last if $where == -1;
  push @where, $where;
}
say " 位置是 @where";
```

我們將 $where 初始化為 -1，因為我們會在傳遞起始位置給 index 前加 1。這表示第一次不是特例。

你可能偶爾會想找出子字串最後出現的位置。可以使用 rindex 函式，它會從字串結尾開始掃描。在此範例，你可以找出最後一個斜線，它出現在字串的位置為 4，這仍然是從左邊算起，和 index 一樣：

```
my $last_slash = rindex("/etc/passwd", "/");   # 其值為 4
```

rindex 函式也有選擇性的第三個參數，但是在此例中，它的作用如同指定回傳值的最大值：

```
my $fred = "Yabba dabba doo!";

my $where1 = rindex($fred, "abba");               # $where1 取得 7
my $where2 = rindex($fred, "abba", $where1 - 1);  # $where2 取得 1
my $where3 = rindex($fred, "abba", $where2 - 1);  # $where3 取得 -1
```

以下是它的迴圈形式。於此範例，我們由最後位置之後的位置開始，而非 -1。字串長度比以 0 起算的最後位置還多 1：

```
use v5.10;

my $fred = "Yabba dabba doo!";

my @where = ();
my $where = length $fred;
while( 1 ) {
  $where = rindex($fred, "abba", $where - 1 );
  last if $where == -1;
  push @where, $where;
}
say "位置是 @where";
```

以 substr 操作子字串

substr 函式只處理較大字串中的一部分，它的用法如下：

```
my $part = substr($string, $initial_position, $length);
```

它需要三個引數：字串值、以 0 起算的初始位置（就像 index 的回傳值）和子字串的長度。其回傳值是子字串：

```
my $mineral = substr("Fred J. Flintstone", 8, 5);  # 取得 "Flint"
my $rock = substr "Fred J. Flintstone", 13, 1000;  # 取得 "stone"
```

substr 第三個引數是你要的子字串長度。無論我們多麼希望它是子字串的結束位置，但它就只能是子字串長度。

如你在前例注意到的，如果要求的長度（在此例為 1000 個字元）超過字串結尾，Perl 不會抱怨，但是你只會取得比你預期較短的字串。不過如果你想要一直取到字串結尾，無論長短的話，只要省略第三個參數（長度）就好，像這樣：

```
my $pebble = substr "Fred J. Flintstone", 13;  # 取得 "stone"
```

在較長字串中的子字串初始位置可以為負值，表示從字串結尾開始算起（也就是 -1 表示最後一個字元）。在此例子中，位置 -3 是從字串結尾往前算三個字元，也就是字母 i 的位置：

```
my $out = substr("some very long string", -3, 2);  # $out 取得 "in"
```

如你預期，index 和 substr 可以合作無間。在以下範例，你可以擷取從字母 l 開始的子字串：

```
my $long = "some very very long string";
my $right = substr($long, index($long, "l") );
```

接下來就很酷了──如果字串是變數，你可以修改字串被選取的位置：

```
my $string = "Hello, world!";
substr($string, 0, 5) = "Goodbye";  # $string 現在是 "Goodbye, world!"
```

如你所見，指定的（子）字串不必和他所替代的子字串相同長度。字串的長度會被調整成合適的長度。

如果你指定長度為 0，你可以不用移除任何內容來插入文字：

```
substr($string, 9, 0) = "cruel ";    # "Goodbye, cruel world!";
```

如果這對你來說還不酷的話，你可以使用綁定運算子（ =~ ）來把操作限制在字串的某個部分。此例只會在字串的最後 20 個字元內，將 fred 替換成 barney：

```
substr($string, -20) =~ s/fred/barney/g;
```

你用 substr 和 index 做的許多工作也可以用正規表達式來完成。請使用當下最適合的方法。不過用 substr 和 index 常常比較快，因為它們沒有正規表達式引擎的額外開銷：它們永遠沒有不分大小寫功能，它們不用擔心特殊字元，它們沒有任何擷取變數。

除了賦值給 substr（或許乍看之下有點奇怪），你也可以用有點傳統的做法，使用第四個引數來使用 substr，第四個引數是想要替換成的子字串：

```
my $previous_value = substr($string, 0, 5, "Goodbye");
```

被取代的子字串會成為回傳值，當然，你總是可以在空語境下使用此函式，這樣便可以丟棄回傳值。

以 sprintf 格式化資料

sprintf 函式和 printf 需要相同的引數（當然，除了可有可無的檔案代號以外），但是它會回傳要求的字串，而不是印出它。如果你想在變數中儲存編排好的字串留待稍後使用的話，這很方便，或是你想對結果比 printf 提供的功能進行更多控制：

```
my $date_tag = sprintf
  "%4d/%02d/%02d %2d:%02d:%02d",
  $yr, $mo, $da, $h, $m, $s;
```

在此範例，`$date_tag` 會取得像是 "2038/01/19 3:00:08" 的值。格式字串（sprintf 的第一個引數）使用前置零的格式寬度數值，這點我們在第 5 章討論 printf 格式時並未提及。格式數值前置零表示在必要時會在數值前面補零以符合所要求的寬度。格式中不用前置零的話，結果的日期與時間字串會有不想要的前置空格，而不是零，看起來像 "2038/ 1/19 3: 0: 8"。

以 sprintf 產生貨幣數值

sprintf 的一種常見用法是用來編排小數點後有固定位數的數字，例如當你的金額想顯示成 2.50，而不是 2.5 時——更不會是 2.49997！這可以輕易用 "%.2f" 格式做到：

```
my $money = sprintf "%.2f", 2.49997;
```

進位和捨去的機制是很繁瑣的，不過，在大部分情況你都應該在記憶體中保留最大精確度的數值，只有輸出時才捨去不用的位數。

如果你有一個貨幣數值（money number）大到需要逗號以顯示大小，你可能會覺得使用這樣的副程式很方便：

```
sub big_money {
  my $number = sprintf "%.2f", shift @_;
  # 透過空迴圈，每次加上一個逗號
  1 while $number =~ s/^(-?\d+)(\d\d\d)/$1,$2/;
  # 在正確的位置放上錢符號
  $number =~ s/^(-?)/$1\$/;
  $number;
}
```

這個副程式使用一些你未曾見過的技巧，但是它們還是在邏輯上遵循我們介紹過的內容。副程式的第一行是在編排第一個（也是唯一一個）參數，讓它在小數點後剛好有兩位數字。也就是說，如果參數是 12345678.9，那 `$number` 就會是字串 "12345678.90"。

程式的下一行使用 while 修飾子。如我們在第 10 章介紹修飾子提到的，它總是可以改寫成傳統的 while 迴圈：

```
while ($number =~ s/^(-?\d+)(\d\d\d)/$1,$2/) {
  1;
}
```

在此例中，我們將逗號寫死為千位分隔符。對於真正關心此事的人來說，
Number::Format 和 CLDR::Number 模組會更令人感興趣。

它做了什麼事呢？它說，只要替換回傳真值（表示成功），就去執行迴圈本體。但是迴圈本體什麼事都不做！這對 Perl 來說沒什麼關係，但是它告訴我們該敘述的目的是執行條件運算式（替換運算），而非無用的迴圈本體。值 1 傳統上用來當作佔位符（placeholder），不過其他值也同樣有用。這和前一個有相同作用：

```
'再來一次' while $number =~ s/^(-?\d+)(\d\d\d)/$1,$2/;
```

所以，現在你知道替換才是迴圈真正的目的。不過這個替換做了什麼事呢？記得 $number 在此時是像 "12345678.90" 的字串。樣式會符合字串的第一個部分，但是它不會越過小數點。（你看得出為什麼不會嗎？）擷取變數 $1 會取得 "12345"，而 $2 會取得 "678"，所以替換會讓 $number 變成 "12345,678.90"（請記住，它不會符合小數點，所以字串後面的部分不會變動）。

你有看到樣式開頭的破折號嗎？（提示：破折號只能出現在字串的一個地方。）在本節結束前會告訴你它的作用，以免你想破頭。

替換敘述還沒介紹完。既然替換成功了，沒做什麼事的迴圈又會再來一次。這次，樣式不會符合逗號之後的內容，所以 $number 變成 "12,345,678.90"。因此，每次迴圈執行後，替換運算會將數字加上一個逗號。

談到迴圈，它還沒結束呢。因為之前的替換成功了，所以又再次回到迴圈了。這次樣式比對並不成功，因為它必須符合字串開頭的四個數字，所以現在迴圈就結束了。

為什麼你不能只用 /g 修飾子做「全域」搜尋和替換，以避免 1 while 迴圈的麻煩和混淆呢？因為你要從小數點倒回處理，而不能從字串開頭處理，所以無法這麼做。你無法只用 s///g 替換就像這樣將逗號放到數字中。所以，你知道破折號的作用了嗎？它讓字串開頭能有負號。程式碼的下一行也有一樣的效果，它將錢符號放在正確的位置，讓 $number 看起來像 $12,345,678.90"，如果是負數的話，就會是變成 "-$12,345,678.90"。請注意，錢符號不一定是在字串的第一個字元，不然程式碼就會簡單許多。最後，最後一行程式碼會回傳你精心編排的「貨幣數值」，你可以將它用於年報了。

進階排序

在第三章，我們介紹過利用內建的 sort 運算子，以升序排序。如果你想用數值大小排序呢？或不分大小寫排序呢？或是你可能想根據儲存在雜湊內的資訊來排序。嗯，Perl 允許你以任何需要的順序排序；從現在到本章結束為止，你會看到上述的所有範例。

你可以建立**排序定義副程式**（*sort-definition subroutine*）或簡稱**排序副程式**（*sort subroutine*）來告訴 Perl 你想要的排序方式。如果你曾經上過任何電腦科學課程，乍聽到「排序副程式」這個詞，腦海中可能會浮現氣泡排序法（bubble sort）、謝爾排序法（Shell sort）和快速排序法（quick sort）競爭的畫面，而你會說：「不，別又來了！」別擔心；沒有這麼糟糕。事實上，它很簡單。Perl 已經知道怎麼排序一連串項目；它只是不知道你想要用什麼順序排序。所以排序定義副程式只是要告訴它順序。

為什麼需要這樣？嗯，想想看，排序就是比較一大堆東西，然後將它們依順序排列好。因為你不可能一次比較全部的東西，所以要兩兩比較，最後用每一對之間的順序，讓所有東西排列好。Perl 已經知道所有的步驟，除了你想要如何比較它們的順序，這就是你必須寫的部分。

這表示，排序副程式不需要排列許多元素。它只要比較兩個項目就好了。如果它能以適當的順序排列兩個項目，Perl 就能分辨（藉由不斷重複諮詢排序副程式）你想要的資料順序。

排序副程式的定義就像一般的副程式一樣（嗯，幾乎啦）。這個副程式會被重複呼叫，每次會從你要排序的串列中檢查一對元素。

現在，假如你寫一個副程式取得要比較的兩個參數，你可能以這樣的程式開頭：

```
sub any_sort_sub {        # 這樣做是不可行的
  my($a, $b) = @_;        # 取得並命名兩個參數
  # 以下開始比較 $a 和 $b
  ...
}
```

但是你會一次又一次地呼叫排序副程式，常常是數百次、數千次。在副程式開頭宣告變數 $a 和 $b 並賦值，這會花一點時間，但是乘上呼叫副程式的數千次，你可以了解這會對整體執行速度造成不小的影響。

所以不要這樣做。（事實上，如果你這樣做，並不可行）相反地，它運作得好像在開始執行副程式前，Perl 就已經幫我們做好了。實際的排序副程式並不會有前例的第一行，$a 和 $b 都會自動賦值。當排序副程式開始執行時，$a 和 $b 會來自原始串列的兩個元素。

副程式會回傳一個數值，描述元素比較的順序（就像 C 語言的 qsort(3) 做的，但是它是 Perl 自己內部的排序實作）。如果在最後的串列中，$a 應該排在 $b 之前，排序副程式會回傳 -1。如果 $b 應該排在 $a 之前，它會回傳 1。

如果 $a 和 $b 的順序無關緊要，副程式會回傳 0。為什麼它會無關緊要呢？或許你做的是不分大小寫排序，兩個字串是 fred 和 Fred。或者你做的是數值排序，而兩個數字相等。

你現在可以寫像這樣的數值排序副程式：

```
sub by_number {
  # 排序副程式，預期會處理 $a 和 $b
  if ($a < $b) { -1 } elsif ($a > $b) { 1 } else { 0 }
}
```

要使用排序副程式，只要將它的名字（不含 & 符號）置於關鍵字 sort 和要排序的串列之間。以下範例會將「依數值大小排列好的數字串列」放進 @result 裡：

```
my @result = sort by_number @some_numbers;
```

你可以將副程式命名為 by_number 以描述它的排序方式。但更重要的是，你可以將這行用來排序的程式碼唸成「依數值排序（sort by number）」，就像你在唸英文一樣。很多人會將排序副程式命名成 by_ 開頭的名稱，以描述它們如何排序。或者你也可以用相似理由命名此副程式為 numerically，但是這會打更多字，因此更容易出錯。

請注意，你不用在排序副程式中宣告 $a 和 $b 和設定它們的值——如果你這樣做，那副程式反而無法正確運作。只要讓 Perl 幫我們設定 $a 和 $b 就好，所以你要做的就是寫比較的方式就好了。

事實上，你還能讓它更簡單（也更有效率）。因為常常會用到這種三向比較（three-way comparison），所以 Perl 提供了簡單的縮寫來寫它。在這個情況，你可以使用太空船運算子（<=>）。這個運算子會比較兩個數字並回傳 -1、0 或 1，以讓它們依數值排序。所以，你可以將此排序副程式寫得更好看，像這樣：

```
sub by_number { $a <=> $b }
```

因為太空船運算子會比較數值，你可能猜到了，有另一個相對應的三向字串比較運算子：cmp。這兩者都很容易記，而且不容易搞混。太空船運算子和數值比較運算子（像是 >=）有家族相似性，不過它不是兩個字元，而是三個字元長，因為它有三種可能的回傳值。而 cmp 和字串比較運算子（像是 ge）有家族相似性，但是它不是兩個字元，而是三個字元長，因為它也有三種可能的回傳值。當然，cmp 本身所提供的順序和 sort 的預設排序方法相同。所以你不必寫以下這個副程式，因為它就是 sort 預設的排序順序：

```
sub by_code_point { $a cmp $b }

my @strings = sort by_code_point @any_strings;
```

但是你可以用 cmp 建立更複雜的排序順序，像是不分大小寫排序：

```
sub case_insensitive { "\F$a" cmp "\F$b" }
```

在此例中，你會比較 $a 裡的字串（不分大小寫）和 $b 裡的字串（不分大小寫），取得不分大小寫的排序順序。

但請記得 Unicode 有標準等價（canonical equivalence）和相容等價（compatible equivalence）的概念，我們會在附錄 C 做介紹。要排序兩個彼此等價的字元時，你需要排序它們分解的形式。如果你處理的是 Unicode 字串，這或許是你大多數時候想要的結果：

```
use Unicode::Normalize;

sub equivalents { NFKD($a) cmp NFKD($b) }
```

請注意你並沒有修改這些元素本身；你只是使用它們的值。這一點很重要：基於效率的理由，$a 和 $b 不是資料的複本。它們其實是原始串列元素的新別名，所以如果你更改它們，就會弄亂原始資料。別這麼做——這是 Perl 不支援也不建議的。

當你的排序副程式和你在這裡看到的一樣簡單時（大多數時候都是如此），你甚至可以讓程式碼更簡單，只要將排序副程式的名稱替換成整個行內展開（inline）的排序副程式，像這樣：

```
my @numbers = sort { $a <=> $b } @some_numbers;
```

事實上，你很難在現代的 Perl 看到獨立的排序副程式，你會常看到上述這種行內展開形式的排序副程式。

假設你想以數值遞減順序來排序，在 reverse 的幫忙下會很容易做到：

```
my @descending = reverse sort { $a <=> $b } @some_numbers;
```

但這裡有個小訣竅。比較運算子（<=> 和 cmp）是很短視的；也就是它們不知道哪一個運算元是 $a，哪一個是 $b，只知道左邊的值和右邊的值。所以如果 $a 和 $b 對調，比較運算子每次都會取得反向的結果。這意味著這是取得相反數值順序的另一種方法：

```
my @descending = sort { $b <=> $a } @some_numbers;
```

你可以（需要一點小小練習）一眼就看出來。這是遞減順序比較（因為 $b 在 $a 的前面，這是遞減順序）且是數值比較（因為是用太空船運算子而不是 cmp）。所以這是以相反順序排序數字。（在現代的 Perl 版本，你用哪一種方法並沒有太大差別，因為 reverse 已被認為是 sort 的修飾子，處理時有特殊捷徑以避免只為了要反向排序而大費周章。）

以值排序雜湊

當你開心地排序串列一段時間後，就會遇到要以值來排序雜湊的情況。例如，本書的三個角色昨晚一起去打保齡球，分數儲存在下列雜湊中。你想以適當順序印出分數列表，分數最高的人在最上面，所以你必須以分數來排序雜湊：

```
my %score = ("barney" => 195, "fred" => 205, "dino" => 30);
my @winners = sort by_score keys %score;
```

當然，你無法真的以分數排序雜湊，這只是口頭上的說法。你無法排序雜湊！雖然我們之前曾經對雜湊使用 sort，但排序的是雜湊鍵（以碼點順序）。現在仍然是要排序雜湊鍵，但是順序是依據它們在雜湊中對應的值。在這個例子，結果會是三個角色名稱的串列，順序是根據他們的保齡球分數。

寫這個排序副程式很簡單。要做的是對分數使用數值比較而非名稱。也就是不比較 $a 和 $b（玩家名字），要比較 $score{$a} 和 $score{$b}（他們的分數）。如果你以此思考，答案就呼之欲出了，如下所示：

```
sub by_score { $score{$b} <=> $score{$a} }
```

來看看它怎麼運作的。想像它第一次被呼叫時，Perl 把 $a 設為 barney，$b 設為 fred。所以這次的比較是 $score{"fred"} <=> $score{"barney"}，也就是（參考上面的雜湊）205 <=> 195。現在別忘了，太空船運算子是短視的，所以當它看到 255 在 195 之前。它說的實際上是：「不，這是不正確的數值順序；$b 應該在 $a 的前面。」所以它會告訴 Perl，fred 應該要在 barney 前面。

下一次副程式被呼叫時，$a 又是 barney，但 $b 現在是 dino。這次短視的數值比較會看到 30 <=> 195，所以它會回報這是正確的順序；$a 的確是排在 $b 之前。也就是 barney 在 dino 前面。在這時，Perl 有了足夠的資訊將串列排序好：fred 是贏家，barney 第二名，再來是 dino。

為什麼這裡的比較把 $score{$b} 放在 $score{$a} 的前面，而不是另一種順序呢？這是因為你希望保齡球分數以遞減的順序排列，從贏家最高的分數往下排列。所以你可以（又一次，經過一點練習之後）一眼就看出來：$score{$b} <=> $score{$a} 表示依據分數以相反的數值順序排序。

以多個鍵排序

我們忘了說，昨晚除了三位選手外，還有第四位玩家，所以雜湊實際上看起來像這樣：

```
my %score = (
  "barney" => 195, "fred" => 205,
  "dino" => 30, "bamm-bamm" => 195,
);
```

現在如你所見，bamm-bamm 的分數和 barney 一樣。所以哪一個應該排在前面呢？我們看不出來，因為比較運算子比較這兩個數值時（看到兩邊同分）會回傳 0。

這也許沒關係，但是你通常會偏好有明確定義的順序。如果有幾位玩家的分數相同，你當然會希望他們在列表中排在一起。但是在這群人當中，名字應該以碼點順序排列。要怎麼寫這樣的排序副程式呢？同樣的，這也很簡單：

```
my @winners = sort by_score_and_name keys %score;

sub by_score_and_name {
  $score{$b} <=> $score{$a}   # 依遞減順序分數排序
    or
  $a cmp $b             # 依碼點順序排序名字
  }
```

這是如何運作的呢？如果太空船運算子看到兩個不同的分數，就是你想要的比較運算。它會回傳 1 或 -1，是真值，所以低優先順序的 or 運算子會跳過運算式的剩餘部分並回傳比較結果。（請記得 or 運算子會回傳最後評估的運算式結果。）但如果太空船運算子看到兩個相同的值，它會回傳 0，是假值，因此輪到 cmp 運算子上場打擊了，它會回傳以雜湊鍵作為字串的比較順序。也就是如果分數相同，就會以字串順序決勝負。

你知道使用 by_score_and_name 排序副程式時，它絕對不會回傳 0，因為兩個雜湊鍵不會一樣。所以你知道排序順序一定都是定義好的；亦即，你知道相同的資料，今日的排序結果會和明日一樣。

當然沒有理由限制你的排序副程式只能使用兩層排序條件。以下的 Bedrock Library 程式會將讀者 ID 編號名單依據五層條件來排序。此例會根據讀者未繳納罰金（以 &fine 副程式計算，此處未列出）、借出數目（來自 %item），姓名（以姓氏、名字的順序，皆來自雜湊）和最後是讀者 ID 編號，以免前面的資訊皆相同：

```
@patron_IDs = sort {
  &fines($b) <=> &fines($a) or
  $items{$b} <=> $items{$a} or
  $family_name{$a} cmp $family_name{$b} or
  $personal_name{$a} cmp $personal_name{$b} or
  $a <=> $b
} @patron_IDs;
```

習題

習題解答請見第 322 頁的「第 14 章習題解答」。

1. [10] 寫一個程式讀取數字串列，並以數值順序將它們排序，以向右對齊的格式印出結果。請以這些範例資料來測試：

   ```
   17 1000 04 1.50 3.14159 -10 1.5 4 2001 90210 666
   ```

2. [15] 寫一個程式將姓氏以不分大小寫的字母順序排序後印出以下雜湊資料。當姓氏相同就以名字排序（同樣的，不分大小寫）。也就是輸出的第一個名字應該是 Fred，最後一個應該是 Betty。所有姓氏相同的人應該排在一起。不能改變原始資料。姓名應該以原來的大小寫形式印出：

   ```
   my %last_name = qw{
     fred flintstone Wilma Flintstone Barney Rubble
     betty rubble Bamm-Bamm Rubble PEBBLES FLINTSTONE
   };
   ```

3. [15] 寫一個程式，在輸入的字串內找出指定的子字串，並印出其位置。例如，如果輸入字串是 "This is a test."，而子字串是 "is"，程式應該回報 2 和 5。如果子字串是 "a"，程式應該回報 8。那如果子字串是 "t"，它會回報什麼呢？

## 第十五章

行程管理

身為程式設計師，最棒的一件事就是能夠執行別人的程式，這樣就不用自己寫了。該來學學怎麼管理你的小孩 —— 子行程（child processes），也就是從 Perl 直接執行其他程式。

就像 Perl 的其他地方一樣，「辦法不只一種」。這些方法可能有一些重疊、不同或特點。所以如果你不喜歡第一種方法，就繼續往下讀個一兩頁，找你喜歡的方法。

Perl 的可移植性很高；本書大部分內容都不需要特別註明在 Unix 系統是這樣，在 Windows 系統是那樣，在 VMS 又是另一種情況。但是當你想在你的系統啟動其他程式時，在 Macintosh 能找到的程式和你在老 Cray（一種「超級」電腦）上面能找到的程式不一樣。本章的範例主要是以 Unix 為主；如果你用的是非 Unix 系統，可能就會有一些差異。

system 函式

在 Perl 啟動子行程執行程式的最簡單方式就是用 system 函式。例如，要從 Perl 裡調用 Unix 的 *date* 指令，你可以告訴 system 你要執行的程式：

```
system 'date';
```

這些指令提供什麼功能、如何實作取決於你的系統。它們不是 Perl，而是 Perl 要求系統為你的程式做事。同樣的 Unix 指令在作業系統的不同版本可能有不同的呼叫慣例和選項。

如果你用 Windows，該程式碼會顯示日期，但是也會出現提示要你輸入新的日期。你的程式會等你輸入新日期。你可能會想使用 /T 選項來抑制此功能：

```
system 'date /T';
```

你是從父（*parent*）行程執行此命令。當它執行時，system 指令會為你的 Perl 程式建立一個完全相同的複本，稱為子（*child*）行程。子行程會立刻將自己變更為你想執行的指令，例如 *date*，並且會分享 Perl 的標準輸入、標準輸出和標準錯誤。這表示 *date* 平常會生成的簡短日期與時間字串最後會顯示到 Perl 的 STDOUT 指向的地方。

system 函式的參數通常就是你會在 shell 下的指令。所以如果是比較複雜的指令，像是列出家目錄內容的 *ls -l $HOME*，你可以將其全部放進參數中：

```
system 'ls -l $HOME';
```

$HOME 是 shell 變數，它知道你家目錄的路徑。它不是 Perl 的變數，你不會想要安插它。如果你將它放進雙引號，必須脫逸 $，以免發生插入：

```
system "ls -l \$HOME";
```

在 Windows 上，同樣的任務要使用 *dir* 指令。% 符號屬於指令，不是 Perl 變數。但是雜湊並不會插入雙引號字串，所以不需要脫逸：

```
system "cmd /c dir %userprofile%"
```

 如果你有安裝 Cygwin 或 MinGW，某些 Windows command shell 的運作可能會和你預期的不同。使用 cmd /c 可以確保你使用的是 Windows 版本的 command shell。

現在，標準的 Unix *date* 指令只會輸出結果，但是假設它是一個健談的指令，會先問「你想知道哪個時區的時間？」，或是像 Windows 版本會提示你輸入新日期。這些訊息最後會出現在標準輸出，然後程式會等待標準輸入（繼承自 Perl 的 STDIN）的回應。你會看到這個問題，接著輸入答案（像是「辛巴威時間」），然後 *date* 就完成它的任務了。

當子行程在執行時，Perl 會耐心地等待它完成。所以如果 *date* 指令要花 37 秒，Perl 就會暫停 37 秒。但是你可以使用 shell 的功能啟動背景行程：

```
system "long_running_command with parameters &";
```

此處，shell 會啟動，並注意到指令結尾的 & 符號，就會使 shell 將 long_running_command 放到背景執行。接著 shell 會快速離開；Perl 也會注意到而繼續執行。在這個例子。long_running_command 實際上是 Perl 的孫（*grandchild*）行程，Perl 無法直接存取，也完全不知道。

Windows 沒有背景執行機制，但是 *start* 可以在你的程式不用等待的情況下執行指令：

```
system 'start /B long_running_command with parameters'
```

當指令「夠簡單時」，system 不需要動到 shell。所以像前述的 *date* 和 *ls* 指令，Perl 會直接啟動你要求的指令，必要時會搜尋繼承的 PATH 來尋找指令。但是如果字串有任何奇怪的內容（像是 shell 特殊字元，例如錢符號，分號或垂直條），Perl 就會呼叫 Unix 的標準 Bourne Shell（*/bin/sh*）或 Windows PERLSHELL 環境變數裡設定的 shell（預設是 *cmd /x/d/c*）。

 PATH 是你的系統搜尋程式用的目錄清單。你隨時可以修改 $ENV{'PATH'} 來變更 PATH。

例如，你可以在引數寫一整個簡短的 shell script。以下這個 shell script 會輸出目前目錄所有（非隱藏）檔案的內容：

```
system 'for i in *; do echo == $i ==; cat $i; done';
```

這裡同樣地，因為 $ 符號是 shell 使用的，不是 Perl 用的，所以使用單引號。雙引號允許 Perl 插入 $i 至它在 Perl 當前的值，而無法讓 shell 將其展開為 shell 自己的值。

在 Windows 上，你不會有這些插入的問題。/R 表示以遞迴方式運作，所以你可能會得到一串很長的檔案清單：

```
system 'for /R %i in (*) DO echo %i & type %i'
```

請注意你有這樣做的能力並不表示這樣做是明智的。儘管你知道這樣可行，但是通常一個純 Perl 的解決方案也可以做同樣的事。另一方面，Perl 是一種膠水語言，它會在兩個需要協調的程式之間的醜陋空間運作。

避免透過 shell

也可以使用超過一個以上的引數調用 system 運算子，這樣無論文字多複雜，都不會調用 shell：

```perl
my $tarfile = 'something*wicked.tar';
my @dirs = qw(fred|flintstone <barney&rubble> betty );
system 'tar', 'cvf', $tarfile, @dirs;
```

 system 可以使用間接物件,例如 system { 'fred' } 'barney';,這其實會執行 barney 這個程式,但是會騙自己說這個程式的名稱是 fred。詳情請見 perlsec 文件或《Mastering Perl》關於安全的章節(*https://reurl.cc/QLVopZ*)。

在這種範例中,第一個參數(這裡是 'tar')會指定標準 PATH 搜尋路徑可以找到的指令名稱,Perl 會直接將剩下的引數一個一個傳給該指令。即使引數裡有對 shell 有意義的字元,例如 $tarfile 裡的檔案名稱或 @dirs 裡的目錄名稱,shell 都沒有機會搞亂這些字串。*tar* 指令會正確地接收到五個參數。請和這個有安全性問題的作法比較:

```perl
system "tar cvf $tarfile @dirs";  # 糟糕!
```

這裡你會透過管道(pipe)將一大堆東西傳給 *flintstone* 指令,把它放進背景執行,並開啟 *betty* 作為輸出。這是沒有太大的問題,但是如果 @dirs 裡是一些更有趣的內容,像這樣:

```perl
my @dirs = qw( ; rm -rf / );
```

儘管 @dirs 是串列,Perl 會將它插入到傳遞給 system 的字串中。

這有一點可怕,尤其當這些變數是來自使用者輸入的──例如從網站表單之類的。所以如果你能夠調整,可以使用多引數版本的 system,或許你應該用這個方法來啟動子行程。雖然你必須要放棄讓 shell 幫你做 I/O 重新導向、背景執行等事。天下沒有白吃的午餐。

請注意單引數調用 system 幾乎和雙引數版本的 system 一樣:

```perl
system $command_line;
system '/bin/sh', '-c', $command_line;
```

但是沒有人會用後者的寫法,因為那就是 Perl 的做法。如果你想用不同的 shell 來處理,像是 C-shell,你可以指定它:

```perl
system '/bin/csh', '-fc', $command_line;
```

這對處理檔名中的空白也很有用,因為 shell 不會介入分解引數。這個指令只會看到一個檔名:

```perl
system 'touch', 'name with spaces.txt';
```

關於 system 串列形式的安全性功能，請見《*Mastering Perl*》有更多討論。查閱 perlsec 文件也很有用。

在 Windows 上，你可設定 $ENV{PERL5SHELL} 值為你想用的 shell。下一節你會看到環境變數的介紹，請繼續看下去。

system 運算子的回傳值是根據子命令的結束狀態：

```
unless (system 'date') {
    # 回傳值為 0，表示成功
    print " 我們成功地提供了一個日期給你！\n";
}
```

退出值（exit value）0 通常表示一切沒問題，而非零值表示有東西出狀況了。這是「0卻為真」概念的一部分，即零值是一件好事。這是大部分運算子「真是好，假是壞」之標準的相反，所以我們要將真假顛倒，才能寫成典型的「做這件事，不然就去死（do this or die）」風格。最簡單的做法是在 system 運算子前綴一個驚嘆號（邏輯反義運算子）：

```
!system 'rm -rf files_to_delete' or die ' 有東西出錯了 ';
```

在這個例子，在錯誤訊息中引用 $! 並不適當，因為錯誤比較有可能發生在外部的 *rm* 指令，不是 Perl 內 system 相關的錯誤，所以無法由 $! 顯示出來。

但是不要依賴這樣的行為。由每個指令自己決定要回傳什麼。有些非零值可能也表示成功。如果是這種情況，你需要更仔細地檢查回傳值。

system 回傳值是兩個八位元組。「高」位元組是程式的退出值。如果你想要取得該值，你需要將其回傳值向下位移八個位元（別忘記第 12 章介紹的位元運算子）：

```
my $return_value    = system( ... );
my $child_exit_code = $return_value >> 8;
```

「低」位元組包含了幾個東西。最高位元表示是否發生核心傾印（core dump）。十六進位和二進位表示法（請回想第 2 章）能幫忙遮蔽你不要的部分：

```
my $low_octet     = $return_value & 0xFF;       # 遮蔽高位元組
my $dumped_core   = $low_octet & 0b1_0000000;   # 128
my $signal_number = $low_octet & 0b0111_1111;   # 0x7f, or 127
```

由於 Windows 沒有信號機制，這些位置的位元可能有其他含義。

你的系統可能會在變數 $^E 或 ${^CHILD_ERROR_NATIVE} 存放有更具體的錯誤訊息。詳情請見 perlrun 和 POSIX 模組（尤其是解碼信號的 W* 巨集）

環境變數

（以這裡介紹過的任何方式）啟動另一個行程時，你可能需要以某種方式設定環境。如我們之前提過的，你可以在特定工作目錄啟動行程，它會從你的行程繼承工作目錄。另一種常見的組態細節是環境變數。

最知名的環境變數是 PATH。（如果你從來沒聽過的話，你可能沒有用過有環境變數的系統。）在 Unix 和類似系統上，PATH 是冒號分隔的目錄清單，這些目錄可能有你要執行的程式。當你輸入像 *rm fred* 的指令，系統會依序在該目錄清單尋找 *rm* 指令。Perl（或你的系統）會在需要時利用 PATH 尋找要執行的程式。（當然，如果你替指令指定完整的名稱，例如 */bin/echo*，那就不需要尋找 PATH。但這樣通常不太方便。）

在 Perl 裡，環境變數可以透過特殊的 **%ENV** 雜湊取得；每個雜湊鍵代表一個環境變數。在程式開始執行時，**%ENV** 會保存繼承自父行程（通常是 shell）的值。修改此雜湊能變更環境變數，然後它會被新的行程繼承，或是提供 Perl 使用。例如，假設你想執行系統的 *make* 公用程式（通常它還會執行其他程式），而且想使用私有目錄當作尋找指令（包含 *make* 本身）的優先目錄。而再假設當你執行指令時不想使用 IFS 環境變數，因為它可能會導致 *make* 或其後的指令不正常運作。我們開始吧：

```
$ENV{'PATH'} = "/home/rootbeer/bin:$ENV{'PATH'}";
delete $ENV{'IFS'};
my $make_result = system 'make';
```

不同系統建構路徑的方式不一樣。例如，Unix 使用冒號，但是 Windows 使用分號。這是你使用外部程式時會頭痛的地方。你必須知道許多 Perl 以外的事。但是 Perl 知道它執行在哪個系統上。你可以經由 **Config** 模組的 **%Config** 變數找到它所知道的內容。如果不用像前例的 PATH 分隔符，可以使用 join 加上 **%Config** 取得的膠水字串：

```
use Config;
$ENV{'PATH'} = join $Config{'path_sep'},
    '/home/rootbeer/bin', $ENV{'PATH'};
```

新建立的行程通常會繼承父行程的環境變數、目前工作目錄、標準數入輸出和錯誤串流，以及其他神秘的東西。更多細節請見你系統的程式設計文件。（但是在大部分系統，你的程式無法修改 shell 或啟動它之父行程的環境。）

exec 函式

我們剛剛所提關於 system 的語法和含義，除了一項（很重要的）以外，幾乎也適用於 exec 函式。system 函式會建立子行程，然後在 Perl 睡著時執行所要求的指令。exec 函式則會要 Perl 行程自己去執行所要求的指令。可以把它想成像「goto」命令，而不是副程式呼叫。

舉例來說，假設你想要在 /tmp 目錄執行 bedrock 指令，傳給它 -o args1 引數和你自己程式調用時用的引數。看起來像這樣：

```
chdir '/tmp' or die " 無法 chdir 至 /tmp：$!";
exec 'bedrock', '-o', 'args1', @ARGV;
```

當程式執行到 exec 時，Perl 會找到 bedrock，然後「跳進該程式裡」。此後，再也沒有 Perl 行程，雖然它是同一個行程，執行 Unix exec（或等效的）系統呼叫。行程 ID 會維持不變，但是它已經是執行 bedrock 指令的行程了。當 bedrock 完成，也不會回到 Perl。

這有什麼用呢？有時候你想用 Perl 去設定其他程式的環境。你可以影響環境變數、改變目前工作目錄和更改預設檔案代號：

```
$ENV{PATH}  = '/bin:/usr/bin';
$ENV{DEBUG} = 1;
$ENV{ROCK}  = 'granite';

chdir '/Users/fred';
open STDOUT, '>', '/tmp/granite.out';

exec 'bedrock';
```

如果你用 system 代替 exec，你會有一個 Perl 程式在那裡沒事做，跺腳枯等其他程式完成，只是因為最後要一起結束，多浪費資源啊。

說了這些，其實 exec 很少用，除非是和 fork 結合（稍後會看到）。如果你不知道該用 system 還是 exec，那就選 system，幾乎都不會有什麼問題。

因為當所要求的命令啟動後，Perl 就不再受控制，所以 exec 之後的任何 Perl 程式碼都沒有意義，除非是要處理所要求指令無法啟動的錯誤：

```
exec 'date';
die " 無法執行 date：$!";
```

用倒引號擷取輸出

使用 system 和 exec 時，指令的輸出結果會送到 Perl 的標準輸出。有時候將輸出擷取成字串做進一步處理也蠻有趣的。只要改用倒引號而非單引號或雙引號建立字串就可以做到：

```perl
my $now = `date`;          # 擷取 date 的輸出結果
print "現在的時間是 $now";    # 已包含換行字元
```

一般來說，*date* 指令會吐出約 30 個字元的字串到標準輸出，輸出目前日期和時間，再加上換行字元。當你將 *date* 置於倒引號，Perl 會執行 *date* 指令，並擷取它的標準輸出當作字串值，在這個範例，會將其賦值給變數 $now。

這和 Unix shell 倒引號的意義很相似。但是 shell 還會做額外處理，將最後的換行字元去除，以讓輸出值在後續使用更容易。Perl 很誠實；它會提供真實的輸出。在 Perl 中要取得同樣結果，只要在結果加上 chomp 運算子就好：

```perl
chomp(my $no_newline_now = `date`);
print "我想，剛才的時間是 $no_newline_now。\n";
```

倒引號裡面的值就像 system 的單引號形式，並且會以雙引號形式解釋，表示其中的反斜線脫逸和變數都會被適當地展開。例如，若要取得一系列 Perl 函式的 Perl 文件，可以每次都用不同引數重複地調用 *perldoc* 指令：

```perl
my @functions = qw{ int rand sleep length hex eof not exit sqrt umask };
my %about;

foreach (@functions) {
  $about{$_} = `perldoc -t -f $_`;
}
```

請注意，每次調用指令時，$_ 都是不同值，讓你可以抓取不同指令（每次只有一個參數有變化）的輸出。另外，如果你未曾看過這些函式，可以查查文件看看它們的作用，對你會有幫助！

不用倒引號的話，可以使用一般性引號運算子 qx() 來做到一樣的功能：

```perl
foreach (@functions) {
  $about{$_} = qx(perldoc -t -f $_);
}
```

如同其他一般性引號，主要是用於引號內的內容含有預設分隔符時。如果你在指令中想用倒引號字面（literal backquote），可以使用 qx() 機制來避免脫逸違規字元（offending character）的麻煩。使用一般性引號有另一個優點：如果你使用單引號當分隔符，加上引號並不會被插入任何東西。若你想用 shell 的行程 ID 變數 **$$**，而非 Perl 的，那麼使用 qx'' 可以避免安插：

```
    my $output = qx'echo $$';
```

冒著實際示範如何避免，而讓你知道用法的風險，我們還是要建議你避免在不擷取值時使用倒引號。例如：

```
    print "Starting the frobnitzigator:\n";
    `frobnitz -enable`; # 如果你要忽略字串，就不要這樣做！
    print "完成！\n"
```

問題是即使你不需要，Perl 還是必須花心力來擷取指令的輸出。這就是所謂的*空語境*（*void context*），而如果你不使用輸出結果，就應該避免要求 Perl 這樣做。這樣你也會失去使用 **system** 多引數形式來精確控制引數串列的功能。所以不管是從安全性或是效率的觀點，拜託請改用 **system**。

倒引號指令會繼承 Perl 當前的標準錯誤輸出。如果指令吐出錯誤訊息到預設的標準錯誤輸出，你或許會在終端機看到它們，這可能會讓不是自己調用 *frobnitz* 指令卻看到它的錯誤之使用者搞混。如果你想以標準輸出來擷取錯誤訊息，可以使用 shell 標準的「將標準錯誤輸出合併至當前標準輸出」功能：在標準 Unix 和 Windows 的 shell 會寫成 **2>&1**：

```
    my $output_with_errors = `frobnitz -enable 2>&1`;
```

請注意這會將標準錯誤輸出和標準輸出交錯合併在一起，就像都輸出到終端機一樣（儘管因為緩衝區的關係，出現順序可能有些不同。）如果你需要將輸出和錯誤輸出分開的話，有許多更具彈性的解決方法，例如 Perl 標準函式庫的 **IPC::Open3**，或者你可以寫自己的 forking 程式碼，你稍後會看到。同樣地，標準輸入是繼承自 Perl 當前的標準輸入。你用倒引號執行的大部分指令通常不會讀取標準輸入，所以很少會有問題。但是，假設 *date* 指令會詢問想要的時區（像我們之前想像的）。那就會是個問題，因為「哪一個時區」的提示文字會被送到標準輸出，卻被擷取當作值的一部分，然後 *date* 指令會開始嘗試從標準輸入讀取。但是因為使用者完全沒看到提示文字，他們根本不知道應該輸入資料！很快地，使用者會打電話給你，告訴你程式卡住了。

所以，請遠離會讀取標準輸入的指令。如果你不確定是否會從標準輸入讀取資料，請把 */dev/null* 重新導向到標準輸入，在 Unix 上可以這樣做：

```
    my $result = `some_questionable_command arg arg argh </dev/null`;
```

或是在 Windows 上這樣做：

```
my $result = `some_questionable_command arg arg argh < NUL`;
```

這樣一來，子（child）shell 會將「空裝置（/dev/null）」重新導向成輸入，而有疑問的
孫指令在最壞的情況下，會試著讀取然後立刻就讀到檔案結尾。

 Capture::Tiny 和 IPC::System::Simple 模組不但可以擷取輸出，還會幫你
處理系統特定的細節。你需要從 CPAN 來安裝它們。

在串列語境使用倒引號

在純量語境使用倒引號會將擷取輸出當作一個很長的字串回傳，即使對你來說因為有換
行字元，所以它看起來像是很多行。其實電腦並不在乎有幾行。是我們在乎，所以請電
腦幫我們解譯。這些換行字元對電腦來說只是另一種字元。然而，在串列語境使用相同
的倒引號會生成以輸出的每行當作元素的串列。

例如，Unix who 指令通常會將系統目前登入的每位使用者一行一行列出，如下所示：

```
merlyn      tty/42     Dec 7  19:41
rootbeer    console    Dec 2  14:15
rootbeer    tty/12     Dec 6  23:00
```

左邊的欄位是使用者名稱，中間是 TTY 名稱（也就是使用者對該機器連線的名稱），其
餘部分是登入的日期和時間（可能包含遠端登入的資訊，但是並未列在範例中）。在純
量語境，我們會一次接收到全部的資訊，就要自行將它拆成我們所需：

```
my $who_text = `who`;
my @who_lines = split /\n/, $who_text;
```

但是在串列語境，我們自動會取得拆成一行行的資料：

```
my @who_lines = `who`;
```

@who_lines 裡會有許多被拆開的元素，每一個都是以換行字元結尾。當然，可以對每個
元素加上 chomp 以去除換行字元。如果你將它放到 foreach 迴圈，就可以自動迭代每一
行，把每一行放進 $_：

```
foreach (`who`) {
  my($user, $tty, $date) = /(\S+)\s+(\S+)\s+(.*)/;
  $ttys{$user} .= "$tty at $date\n";
}
```

就上述範例的 who 輸出來說，這個迴圈會迭代三次。（你的系統可能隨時都會有超過三個登入）請注意其中以正規表達式比對，因為沒有用綁定運算子（=~），所以會針對 $_ 進行比對——這樣正好，因為資料就是放在 $_。

另外請注意，正規表達式會尋找一個非空白的單字、數個空白字元、一個非空白單字、數個空白和剩餘的單字，但不包含換行字元（因為點號預設無法和換行字元比對相符）。這樣也很好，因為每次 $_ 中的資料都符合此樣式。迴圈第一次成功比對時，$1 會是 merlyn，$2 是 tty/42，而 $3 是 Dec 7 19:41。

現在你知道為什麼點號（或 \N）預設不會和換行字元比對相符了。它可以讓寫這種樣式容易許多，讓我們不用擔心字串結尾的換行字元。

不過，因為這個正規表達式是在串列語境下比對，所以如你在第 8 章所見，你會取得記憶變數的串列，而非是否相符的真假值。所以 $user 最後會是 merlyn，其他變數以此類推。

迴圈內的第二個敘述只會儲存 TTY 和日期資訊，將它們附加到一個雜湊值（可能是 undef）之後，因為一個使用者可能會登入超過一次，像是範例中的 rootbeer。

用 IPC::System::Simple 來操作外部行程

執行外部程式或擷取外部程式輸出是很難處理的，尤其當 Perl 要在不同平台上運作，每個平台都有自己的做事方式。Paul Fenwic 的 PC::System::Simple 模組將作業系統的差異隱藏在簡單的介面中，讓你比較容易處理。它（尚）未隨附於 Perl，所以你必須要從 CPAN 取得。

關於這個模組其實不需要太多說明，因為它真的很簡單。你可以用它來替代內建的 system，它是更堅固的版本：

```
use IPC::System::Simple qw(system);

my $tarfile = 'something*wicked.tar';
my @dirs = qw(fred|flintstone <barney&rubble> betty );
system 'tar', 'cvf', $tarfile, @dirs;
```

它也提供了絕對不會使用 shell 的 systemx,所以你絕對不會遇到 shell 意外動作造成的問題:

```
systemx 'tar', 'cvf', $tarfile, @dirs;
```

如果你想要擷取輸出,可以將 system 或 systemx 改成 capture 或 capturex,它們的功能就像倒引號(甚至更好):

```
my @output = capturex 'tar', 'cvf', $tarfile, @dirs;
```

Paul 花了很多心力確保這些副程式在 Windows 能做正確的事。這個模組還有更多功能,可以讓你的生活更輕鬆,相關細節可以參考模組文件,不過因為有些更炫的功能需要使用參照,我們要到《Intermediate Perl》才會做介紹。如果你可以使用此模組,我們會建議同樣的事不要用 Perl 內建的運算子來做。

將行程當作檔案代號

到目前為止,你已經看過幾種處理同步行程(synchronous process)的方法,都是由 Perl 來負責,啟動一個指令,(通常會)等它結束,或許會擷取它的輸出。但是 Perl 也可以啟動一個協同執行的子行程,直到結束前都會和 Perl 持續溝通。

啟動協同或平行子行程的語法是將指令放在 open 呼叫的檔名位置,並在它前面或是後面加上表示導管(pipe)的豎線符號(|)。因此,這常被稱為導管式(piped)open。在兩個引數的形式中,導管放在你要執行的指令前或後:

```
open DATE, 'date|' or die " 無法從 date 連接導管:$!";
open MAIL, '|mail merlyn' or die " 無法將導管連接至 mail:$!";
```

在第一個例子,豎線符號在右側,Perl 會啟動指令,並將其標準輸出連接至開啟以供讀取的 DATE 檔案代號,就像從 shell 執行 date | your_program 這個指令。在第二個例子,豎線符號在左側,Perl 將指令的標準輸入連接至開啟以供寫入的 MAIL 檔案代號。就像從 shell 執行 your_program | mail merlyn 這個指令。不管哪一個例子,都會啟動指令,且獨立於 Perl 的行程。如果 Perl 無法啟動子行程,open 就會失敗。如果指令本身不存在或因錯誤而結束,Perl 開啟檔案代號時,不會將其視為錯誤,但在關閉檔案代號時會視其為錯誤。我們稍後會遇到。

如果 Perl 的行程在指令完成前就結束了,讀取資料的指令會讀到檔案結束,而寫入資料的指令會在下一次寫入時得到預設的「broken pipe」錯誤信號。

三個引數的形式就有點棘手，因為對真正的檔案代號來說，導管字元應該放在指令之後。但是這些有特殊模式。以檔案代號模式來說，如果你想要一個可供讀取的檔案代號，可以使用 -|，如果你想要可供寫入的檔案代號，則用 |- 來表示你想將導管放在指令的哪一側：

```
open my $date_fh, '-|', 'date' or die "無法從 date 連接導管：$!";
open my $mail_fh, '|-', 'mail merlyn'
    or die "無法將導管連接至 mail：$!";
```

導管 open 還有超過三個引數的形式。第四個和之後的引數會當作指令的引數，所以你可以分解指令字串，將指令名稱和引數分開：

```
open my $mail_fh, '|-', 'mail', 'merlyn'
    or die "無法將導管連接至 mail：$!";
```

可惜的是，導管式 open 的串列形式在 Windows 並不適用。必須安排一個模組來幫你處理。

對於所有的意圖和目的來說，程式接下來的部分既不知道，也不關心，必須費盡心力才能分辨開啟的檔案代號是連接到行程，而不是檔案。所以要從開啟以供讀取的檔案代號取得資料，你可以像平常一樣讀取該檔案代號：

```
my $now = <$date_fh>;
```

要傳送資料給 mail 行程（正等待標準輸入來的訊息主體，以將其傳送給 merlyn），只要以 print 列印到檔案代號就可以了：

```
print $mail_fh "現在時間是 $now"; # 假設 $now 以換行字元結束
```

簡而言之，你可以假裝這些檔案代號指向了神奇的檔案，其中一個包含了 *date* 指令的輸出，另一個會透過 *mail* 自動寄信出去。

如果行程被連接到開啟以供讀取的檔案代號，然後它結束了，檔案代號會回傳檔案結尾（end-of-file），就像讀到一般檔案的結尾那樣。當你關閉一個開啟以供寫入的檔案代號，該行程會得到檔案結尾，所以要結束電子郵件傳送，只要關閉檔案代號就好：

```
close $mail_fh;
die "mail：$? 結束狀態不為零" if $?;
```

當關閉連接至行程的檔案代號，Perl 會等待行程結束以取得行程的結束狀態。結束狀態可由 $? 變數取得（讓人想到 Bourne Shell 的相同變數）且如同 system 函式回傳值：零表示成功，非零表示失敗。每個新結束的行程都會覆蓋前一個值，所以如果你要該值，請盡快儲存。（如果你好奇的話，跟你說，`$?` 變數也會保存最近一次 system 或倒引號指令的結束狀態。）

行程的同步方式就像管線指令一樣。如果你嘗試讀取資料，但是沒有輸入可用，行程就會暫停（不耗用額外的 CPU 時間），直到傳送資料的程式再次送出資料。同樣地，如果寫入行程送出超過讀取行程能負擔的資料，寫入行程就會慢下來，直到讀取行程跟上為止。兩者之間有個緩衝區（通常是 8 KB 左右），所以它們不必停在鎖定狀態。

為什麼要將行程當作檔案代號？嗯，這是根據運算結果將資料寫入行程的唯一簡單做法。但是如果你只是要讀取，除非你想在結果出現時立刻取得，不然使用倒引號是比較容易管理的。

例如，Unix *find* 指令會根據檔案屬性找出檔案的位置，但如果檔案很多（例如從根目錄開始找），可能會耗費很多時間。雖然可以將 find 放在倒引號內，但是通常找到檔案時就顯示結果是比較好的做法：

```perl
open my $find_fh, '-|',
  'find', qw( / -atime +90 -size +1000 -print )
    or die "cannot pipe from find: $!";
while (<$find_fh>) {
  chomp;
  printf "%s 大小 %dK 上一次存取時間是 %.2f 天前 \n",
    $_, (1023 + -s $_)/1024, -A $_;
}
```

該 *find* 指令會尋找過去 90 天未存取且檔案大小超過 1000 個區塊的所有檔案（通常很適合將它們搬移到長期儲存裝置。）當 *find* 找呀找時，Perl 會耐心等待。每找到一個檔案，Perl 會對每個傳進來的檔名做出反應，顯示該檔案的相關資訊，以作為未來研究之用。如果將此程式以倒引號改寫，在 *find* 指令結束前，你都不會看到任何輸出結果。即使程式還沒結束，知道程式正在運作還是比較讓人心安。

用 fork 來玩得更兇

除了已經介紹的高階介面，Perl 還提供了對 Unix 或其他系統低階行程管理系統呼叫近乎直接的控制。如果你以前從未做過這種事，你可能會想跳過這一節。雖然像這樣的章節不足以涵蓋所有的細節，我們還是稍微看一下如何自行實作這個指令：

```perl
system 'date';
```

你可以使用低階系統呼叫這麼做：

```
defined(my $pid = fork) or die " 無法 fork：$!";
unless ($pid) {
    # 子行程在此
    exec 'date';
    die "cannot exec date: $!";
}
# 父行程在此
waitpid($pid, 0);
```

 Windows 不支援原生的 fork 功能，但是 Perl 會嘗試偽裝它。如果你想做這類的工作，可以使用 Win32::Process 或類似模組進行原生行程管理。

這裡檢查 fork 的回傳值，如果失敗的話，就會是 undef。如果成功，下一行開始就會有兩個不同的行程在執行。但是因為只有父行程的 $pid 不為零，所以只有子行程執行 exec 函式。父行程會略過，並執行 waitpid 函式，等待特定子行程結束（在這期間，如果其他子行程結束，它們會被忽略）。如果這些你聽起來像是胡言亂語的話，那沒關係，你只要繼續用 system 函式就好，不會被你朋友笑的。

當你經過這些麻煩之後，你也獲得了完全的控制權，可以建立任意的導管、安排檔案代號，和取得你的行程 ID 與父行程 ID（如果可以取得的話）。但是要再強調一次，這些內容對本章來說有點複雜，所以進一步細節請參閱 perlipc 文件（或任何關於你系統上應用程式設計的好書）。

傳送和接收信號

Unix 信號是傳送給行程的微小訊息。它無法表達太多資訊；它就像是汽車的喇叭聲。你聽到的喇叭聲像是在說「小心——橋斷了」、「綠燈了，走吧」、「停下來——車頂有一個小孩」或是「哈囉，你好」？還好，幸運的是，Unix 信號比這些好解讀，因為每種狀況都有一個不同的信號。嗯，雖然也不完全是這樣，但是有類似的 Unix 信號。以上述情況來說，這些信號是 SIGHUP、SIGCONT、SIGINT 和假的 SIGZERO（信號編號零）。

 Windows 只實作了 POSIX 信號子集，所以這些信號可能在該作業系統並不是這樣。

不同的信號有不同的名稱（例如 SIGINT，表示中斷信號）和對應的小整數（範圍從 1
到 16、1 到 32 或 1 到 63，取決於你的 Unix 系統）。在重大事件發生時，程式或作業系
統通常會傳送信號給另一個程式，例如在終端機按下中斷字元（通常是 Ctrl-C），會傳
送 SIGINT 給所有附於終端機的行程。有些信號會由系統自動傳送，但也可能來自其他
行程。

你可以從 Perl 行程傳送信號給另一個行程，但是你必須知道目標的行程 ID 編號。要找
出它有點複雜，但是假設你知道你要傳送 SIGINT 給行程 4201。如果你知道 SIGINT 對應
到編號 2，那做法很簡單：

```
kill 2, 4201 or die "無法傳送 SIGINT 信號給 4201：$!";
```

指令命名為「kill」是因為信號其中一個主要目的是終止一個執行太久的行程。你也可
以在編號 2 的位置改用 'INT'，所以你不必知道編號：

```
kill 'INT', 4201 or die "無法傳送 SIGINT 信號給 4201：$!";
```

你甚至可以用 => 運算子為信號名稱自動加上引號：

```
kill INT => 4201 or die "無法傳送 SIGINT 信號給 4201：$!";
```

在 Unix 系統，*kill* 指令（非 Perl 內建的）可以在信號編號和名稱之間轉換：

```
$ kill -l 2
INT
```

或指定名稱，它會回傳編號：

```
$ kill -l INT
2
```

使用 -l 不加引數的話，它會印出所有的編號和名稱：

```
$ kill -l
 1) SIGHUP      2) SIGINT      3) SIGQUIT     4) SIGILL
 5) SIGTRAP     6) SIGABRT     7) SIGEMT      8) SIGFPE
 9) SIGKILL    10) SIGBUS     11) SIGSEGV    12) SIGSYS
13) SIGPIPE    14) SIGALRM    15) SIGTERM    16) SIGURG
17) SIGSTOP    18) SIGTSTP    19) SIGCONT    20) SIGCHLD
21) SIGTTIN    22) SIGTTOU    23) SIGIO      24) SIGXCPU
25) SIGXFSZ    26) SIGVTALRM  27) SIGPROF    28) SIGWINCH
29) SIGINFO    30) SIGUSR1    31) SIGUSR2
```

如果你嘗試中斷一個不存在或別人的行程，回傳值會是假值。

你也可以使用這個技巧來看一個行程是否還存在。編號 0 的特殊信號表示「只是要檢查看看信號是否可以在我想傳送的時候送過去，但我現在沒有要這麼做，所以請不要真的傳送過去。」所以一個探測行程的程式可能長得像這樣：

```perl
unless (kill 0, $pid) {
  warn "$pid 已經消失了！";
}
```

傳送信號或許比接收信號有趣。為什麼想這樣做呢？嗯，假設你的程式會在 /tmp 建立檔案，而你通常會在程式結束時刪除那些檔案。如果有人在執行時按下 Ctrl-C。就會在 /tmp 裡留下垃圾，這是很沒禮貌的事。要修正這個問題，你可以建立善後的信號處理副程式：

```perl
my $temp_directory = "/tmp/myprog.$$"; # 在此目錄建立檔案
mkdir $temp_directory, 0700 or die " 無法建立 $temp_directory：$!";

sub clean_up {
  unlink glob "$temp_directory/*";
  rmdir $temp_directory;
}

sub my_int_handler {
  &clean_up();
  die " 程式被中斷，結束中 ...\n";
}

$SIG{'INT'} = 'my_int_handler';
...;
  # 這裡有一些未列出的程式碼
  # 時光流逝，程式執行，在暫存目錄下建立一些暫存檔案
  # 也許有人按下了 Ctrl-C
...;
  # 這裡是正常執行的結尾
&clean_up();
```

 Perl 隨附的 File::Temp 模組可以自動清除暫存檔和目錄。

對特殊 %SIG 雜湊賦值會啟動信號處理副程式（直到撤銷為止）。雜湊鍵是信號名稱（沒有固定不變的前綴 SIG），值是去除 & 符號的副程式名稱。從這裡開始，只要 SIGINT 出現，Perl 就會停止手邊的工作，立刻跳到該副程式。範例的副程式會清理暫存檔，然後結束程式。（如果沒有人按下 Ctrl-C，我們仍然會在正常執行的結尾呼叫 &clean_up()。）

如果副程式直接返回而未離開程式，程式會繼續從中斷處恢復執行。如果信號只是要中止某些事而不是要讓程式停止的話，這會很有用。例如，假設處理檔案的每一行要花幾秒鐘，這個速度很慢，而你想在中斷發生時停止全部的處理，但是不想中斷正在處理的這一行。只要在信號副程式設立一個旗標，並在每行處理結束時檢查它就可以：

```perl
my $int_$flag = 0;
$SIG{'INT'} = 'my_int_handler';
sub my_int_handler { $int_flag = 1; }

while( ... 正在做一些事.. ) {
  last if $int_flag;
  ...
}

exit();
```

大部分時候，Perl 只會在到達安全點時處理信號。例如，Perl 不會在配置記憶體或重新編排內部資料結構時傳送大部分的信號。但是有些信號，像是 SIGILL、SIGBUS 和 SIGSEGV 會立即傳送，所以這些信號仍然不安全。請見 perlipc 文件的說明。

習題

習題解答請見第 325 頁的「第 15 章習題解答」。

1. [6] 寫一個程式，變更到特定目錄（在程式內寫死），例如系統的根目錄，然後執行 *ls -l* 指令來取得該目錄詳細格式的目錄清單。（如果你使用非 Unix 系統，請用你系統的指令來取得詳細目錄清單。）

2. [10] 修改前一個程式來傳送指令的輸出到目前目錄裡名為 *ls.out* 的檔案。錯誤輸出應該送到名為 *ls.err* 的檔案。（如果其中一個檔案結果是空的，你不需要做任何特別的處理）

3. [8] 寫一個程式來解析 *date* 指令的輸出結果以判斷今天是星期幾。如果那天是工作日，就印出「去工作（get to work）」，不然就印出「出去玩（go play）」。*date* 指令的輸出結果中，星期一是 Mon。如果你用的非 Unix 系統沒有 *date* 指令，請建立一個假的小程式，印出像是 *date* 輸出資料的字串。如果你保證不會問我們運作原理的話，我們甚至可以提供你這個兩行的小程式：

```perl
#!/usr/bin/perl
print localtime( ) . "\n";
```

4. [15]（僅限 unix）寫一個無窮迴圈程式，它會捕捉信號並回報它捕捉的是哪個信號
   以及這個信號它看過幾次了。如果你捕捉到 INT 信號的話，就結束程式。如果你會
   使用命令列的 *kill*，你可以像這樣傳送信號：

   ```
   $ kill -USR1 12345
   ```

如果你不會使用命令列的 *kill*，就寫另一個程式傳送信號給它。你可以使用 Perl 單行
程式：

   ```
   $ perl -e 'kill HUP => 12345'
   ```

## 第十六章

一些 Perl 的進階技巧

到目前為止，你已經看過 Perl 的核心功能，這是每一位 Perl 使用者都應該了解的部分。但是有太多其他非必要技巧仍能成為你工具箱裡的有用工具。我們在本章搜集其中最重要的幾個項目。這也延續到本書的續作《Intermediate Perl》，它是你學習 Perl 的下一步。

但是別被本章的標題誤導了；這裡的技巧並沒有比你之前看過的還要特別難懂。所謂「進階」只是它們對初學者來說並非必要。初次閱讀本書時，你可能會想跳過（或略讀）本章，讓你可以儘快上手 Perl。一兩個月之後，當你準備從 Perl 學習更多東西的時候，再回來好好閱讀本章。請將本章視為超大的註腳。

切片

你常常需要只處理特定串列裡的少數幾個元素。例如，Bedrock 圖書館將讀者資訊儲存在一個大型檔案裡。檔案的每一行以六個冒號分隔的欄位描述了一個讀者的姓名、借書證號碼、住址、住家電話、公司電話和借閱數。檔案的一小部分看起來像這樣：

```
fred flintstone:2168:301 Cobblestone Way:555-1212:555-2121:3
barney rubble:709918:299 Cobblestone Way:555-3333:555-3438:0
```

圖書館的某一個應用程式只需要讀取借書證號碼和借閱數，不使用其他資料。你可以使用以下的程式碼來只取得你需要的欄位：

```
while (<$fh>) {
  chomp;
  my @items = split /:/;
  my($card_num, $count) = ($items[1], $items[5]);
  ...  # 現在處理這兩個變數
}
```

但是你並不需要 @item 陣列中部分內容；這樣似乎有點浪費。也許將 split 的結果儲存到純量串列會比較好，像這樣：

```
my($name, $card_num, $addr, $home, $work, $count) = split /:/;
```

這避免了非必要的 @items 陣列 —— 但是現在你有四個不需要的純量變數。為了這種情況，有些人會建立一些充數的變數名稱，像是 $dummy_1，表示他們並不在意這個從 split 取得的元素。Larry 認為這樣太麻煩了，所以他新增了 undef 的特殊用法。如果你把 undef 賦值到串列的一個項目，Perl 會忽略原始串列中相對應的元素：

```
my(undef, $card_num, undef, undef, undef, $count) = split /:/;
```

這樣會更好嗎？嗯，它的優點是不必使用不需要的變數。但是缺點是必須計算 undef 的數目來判斷哪個元素是 $count。如果串列裡有很多元素，這麼做就相當不方便。例如，有些人只想使用 stat 裡的 mtime 值，就會這樣寫：

```
my(undef, undef, undef, undef, undef, undef, undef,
  undef, undef, $mtime) = stat $some_file;
```

如果你算錯 undef 的數目，那你就會拿 atime 或 ctime，而且這很難除錯。有一個更好的方法：Perl 可以把串列當成陣列，用索引取得裡面的值。這叫做 **串列切片**（*list slice*）。這裡，因為 mtime 是 stat 回傳串列的項目 9，所以可以用索引值來取得：

```
my $mtime = (stat $some_file)[9];
```

它是第 10 個項目，但是索引值是 9，因為第一個元素的索引值是 0。我們在陣列見過，這是基於 0 的索引法。perlfunc 文件對於計算串列很有幫助，所以你不用自己計算。

串列項目周圍的圓括號是必須的（在這個例子，是來自 stat 的回傳值）。如果你這樣寫，是無法運作的：

```
my $mtime = stat($some_file)[9];  # 語法錯誤
```

串列切片必須在圓括號裡的串列後方將索引值運算式置於方括號內。函式呼叫時括住引數的圓括號並不算數。

回到 Bedrock 圖書館，要處理的串列來自 split 的回傳值。現在可以使用切片取出項目 1 和項目 5：

```
my $card_num = (split /:/)[1];
my $count = (split /:/)[5];
```

像這樣的純量語境切片（只從串列取出單一元素）蠻好用的，但是如果不需要做兩次 split 運算的話，會更有效率，也會更簡單。所以就別做兩次吧；讓我們使用串列語境的串列切片一次取兩個值：

```
my($card_num, $count) = (split /:/)[1, 5];
```

上面的索引值從串列取出元素 1 和元素 5，以兩個元素的串列將它們回傳。當你將其賦值給兩個 my 宣告的變數，就取得我們要的了。你只做一次 slice 運算，就可以用一個簡單表示法設定兩個變數。

切片常常是從串列取出某些元素的最簡單方法。在這個例子，你可以只取出串列的第一個和最後一個元素，使用表示最後一個元素的索引值 -1：

```
my($first, $last) = (sort @names)[0, -1];
```

切片的索引值可以是任意順序，甚至可以是重複的值。這個範例從 10 個元素的串列取出五個項目：

```
my @names = qw{ zero one two three four five six seven eight nine };
my @numbers = ( @names )[ 9, 0, 2, 1, 0 ];
print "Bedrock @numbers\n";  # 輸出 Bedrock nine zero two one zero
```

陣列切片

前一個例子可以更簡單。當從陣列切出元素時，可以省略圓括號（和串列不同）。所以我們可以像這樣切片：

```
my @numbers = @names[ 9, 0, 2, 1, 0 ];
```

這不只是省略圓括號，它其實是存取陣列元素的不同表示法：**陣列切片**（*array slice*）。在第三章，我們曾說 @name 的 at 符號（@）表示「所有的元素（all of the elements.）」。實際上，從語言學的角度，它更像是複數標記，更像單字「cats」和「dogs」裡的字母 s。在 Perl 裡，錢符號表示只有一個東西，但是 at 符號表示有許多項目的串列。

切片一定是串列，所以陣列切片表示法使用 at 符號來表示。當你在一個 Perl 程式看到像 @names[...] 的東西，你需要像 Perl 一樣，看看開頭的 at 符號和結尾的方括號。方括號表示你在索引一個陣列，而 at 符號表示你在取得一整串元素，不是單一項目（這是錢符號所表示的）。請見圖 16-1。

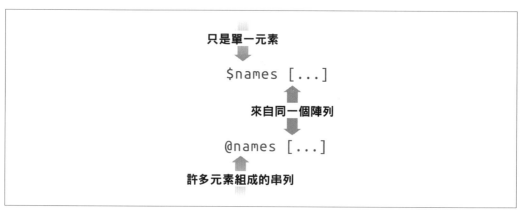

只是單一元素

$names [...]

來自同一個陣列

@names [...]

許多元素組成的串列

圖 16-1　陣列切片與單一元素

變數參照（variable reference）前面的標點符號（無論是錢符號或 at 符號）決定了索引值運算式的語境。如果前面是錢符號，索引值運算式是以純量語境求值以取得索引。但如果前面是 at 符號，索引值運算式是以串列語境求值以取得索引組成的串列。

由此可知，@names[2, 5] 表示和 ($names[2], $names[5]) 一樣的串列。如果你要取得這些值的串列，只要使用陣列切片表示法即可。在任何要寫這種串列的地方，都可以使用更簡單的陣列切片。

但是在一個不能用串列之處，你可以使用陣列切片。你可以將切片直接插入一個字串：

```
my @names = qw{ zero one two three four five six seven eight nine };
print "Bedrock @names[ 9, 0, 2, 1, 0 ]\n";
```

如果你插入的是 @names，會取得陣列全部的項目，並以空格分隔。如果改插入 @names[9, 0, 2, 1, 0]，會只得到陣列的這些項目，也是以空格分隔。讓我們暫時回到 Bedrock 圖書館。也許現在程式要更新讀者檔案裡 Slate 先生的住址和電話，因為他剛搬到位於 Hollyrock Hills 的大房子。如果在 @items 中有一串關於他的資訊，可以像這樣只更新這兩個陣列元素：

```
my $new_home_phone = "555-6099";
my $new_address = "99380 Red Rock West";
@items[2, 3] = ($new_address, $new_home_phone);
```

同樣地，陣列切片可以用更簡潔的方式表示一串元素。在這個例子，最後一行和對
($items[2], $items[3]) 賦值是一樣的，但是更簡潔有效率。

雜湊切片

用類似陣列切片的方式，也可以用**雜湊切片**（*hash slice*）從雜湊中取出一些元素。還記
得去打保齡球的三個人嗎？你將他們的保齡球分數放在 %score 雜湊裡。要取出分數，你
可以用雜湊元素串列或切片。這兩種技巧效果一樣，但是後者更簡潔有效率：

```
my @three_scores = ($score{"barney"}, $score{"fred"}, $score{"dino"});
```

```
my @three_scores = @score{ qw/ barney fred dino/ };
```

切片一定是串列，所以雜湊切片表示法用 at 符號來表示。如果聽起來我們好像一直在
講重複的事，那是因為我們想強調雜湊切片和陣列切片是類似的。當你在 Perl 程式看到
@score{ ... }，你要把自己想成是 Perl，看到開頭的 at 符號和結尾的大括號。大括號表
示你在索引一個雜湊；at 符號表示你在取得一整串元素，而不是單一元素（這是以錢符
號表示）。請見圖 16-2。

圖 16-2　雜湊切片與單一元素

如同你在陣列切片所見，變數參照前面的標點符號（無論是錢符號或 at 符號）決定了索引值運算式的語境。如果前面是錢符號，索引值運算式是以純量語境求值以取得單一鍵。但如果前面是 at 符號，索引值運算式是以串列語境求值以取得多個鍵所組成的串列。

看到這裡，你也許會好奇為什麼討論的是雜湊，卻沒有百分比符號（%）。百分比符號是表示整個雜湊的標記；而雜湊切片（就像其他切片）一定是串列，而不是雜湊。在 Perl，錢符號表示只有一個項目，但是 at 符號表示一串項目，而百分比符號表示一整個雜湊。

如你在陣列切片所見，在 Perl 的任何地方，都可以用雜湊切片來代替雜湊裡相對應的元素串列。所以你可以用這個簡單的方法在雜湊裡設定你朋友的保齡球分數（不會影響雜湊中的其他元素）：

```
my @players = qw/ barney fred dino /;
my @bowling_scores = (195, 205, 30);
@score{ @players } = @bowling_scores;
```

最後一行程式碼就和你賦值給三個元素的串列 ($score{"barney"}, $score{"fred"}, $score{"dino"}) 一樣。

雜湊切片也可以插入。在此例，會印出你最愛的保齡球選手之分數：

```
print " 今晚的選手是 :@players\n";
print " 他們的分數是 :@score{@players}\n";
```

鍵－值切片

Perl v5.20 導入了鍵－值切片，讓你可以一起切出雜湊的鍵和值。到目前為止，你可以從雜湊切片取得雜湊值串列：

```
my @values = @score{@players};
```

你在雜湊名稱前使用 at 符號來取得雜湊值串列。之後，@values 就只是雜湊值。如果你想記住它們到對應哪些雜湊鍵，你還要做些額外的工作：

```
my %new_hash;
@new_hash{ @players } = @values;
```

或是你要試著使用 map（本章稍後會提到）：

```
my %new_hash = map { $_ => $score{$_} } @players;
```

如果那就是你要的，v5.20 為你提供更方便的語法。這次，雜湊名稱前面是一個 %：

```
use v5.20;

my %new_hash = %score{@players};
```

請記住印記並不表示變數型態；它們表達你正在對變數做什麼事。在這個例子，你想要鍵——值對，這是一種雜湊操作，所以變數前面是 %。

你也可以用陣列這麼做。將陣列索引視為鍵：

```
my %first_last_scores = %bowling_scores[0,-1];
```

你仍然使用 %，因為即使它是一個陣列變數，它依然是一種雜湊操作。你可以分辨出它是一個陣列，因為你用 [] 當作索引值括號。

捕捉錯誤

有時候你的程式並非總是順利運作，但是不表示你只希望程式在結束前吐吐怨言就好。錯誤處理是程式設計工作的一個主要部分，雖然這樣的內容就可以寫成一本書，不過我們只會為你做概略的介紹。要深入了解在 Perl 中如何進行錯誤處理，請參閱本系列的第三本書《*Mastring Perl*》。

使用 eval

有時候，一段很普通的程式碼就可以造成程式的嚴重錯誤。下列這幾個典型的敘述都能讓你的程式當掉：

```
my $barney = $fred / $dino;        # 除數為零錯誤？

my $wilma = '[abc';
print "match\n" if /\A($wilma)/;   # 無效的正規表達式錯誤？

open my $caveman, '<', $fred        # 來自 die 的使用者產生錯誤？
  or die " 無法開啟檔案 '$fred' 以作為輸入：$!";
```

你可以不怕麻煩去抓出其中一些問題，但是很難找出所有的問題。你怎麼檢查字串 $wilma 確保它是有效的正規表達式呢？幸運的是，Perl 提供了一個簡單的方法來抓嚴重錯誤——你可以將程式碼包在一個 eval 區塊中：

```
eval { $barney = $fred / $dino };
```

現在，即使 $dino 是零，這一行也不會讓你的程式當掉。一旦 eval 遇到一般性的嚴重錯誤，它就會停止整個區塊，並執行剩下的程式。請注意 eval 區塊後的分號。eval 其實是一個運算式（不是像 while 或 foreach 的控制結構），所以你需要在區塊結尾放上分號。

如同副程式一樣，eval 的回傳值是最後被求值的運算式。你可以將 eval 的結果賦值給 $barney，而不將它放到 eval 裡，這樣可以讓你在 eval 的作用範圍外宣告 $barney：

```
my $barney = eval { $fred / $dino };
```

如果 eval 抓到錯誤。它會回傳 undef。你可以使用 defined-or 運算子來設定預設值，像是 NaN（「Not a Number」）：

```
use v5.10;
my $barney = eval { $fred / $dino } // 'NaN';
```

當 eval 區塊執行時發生一般性嚴重錯誤，區塊會結束執行，但是程式不會當掉。

當 eval 執行完畢後，你會想知道它是否正常結束或是捕捉到嚴重錯誤。如果 eval 捕捉到嚴重錯誤，它會回傳 undef，並將錯誤訊息放進 $@ 特殊變數裡，可能像這樣：「Illegal division by zero at my_program line 12（my_program 第 12 行發生除數為零的錯誤）」。如果沒有發生錯誤，$@ 會是空的。當然這表示 $@ 是個有用的布林值（真 / 假），真表示有錯誤。你有時候會在 eval 區塊後面看到這樣的程式碼：

```
use v5.10;
my $barney = eval { $fred / $dino } // 'NaN';
print "我無法除以 \$dino：$@" if $@;
```

如果可行，在預期回傳值有定義時，也可以檢查它的值。事實上，相較於前例，你應該比較喜歡這個形式，如果它符合你的情況的話：

```
unless( defined eval { $fred / $dino } ) {
    print "我無法除以 \$dino：$@" if $@;
}
```

有時候你想測試的部分即使執行成功也沒有有意義的回傳值，所以你可以自己加上一個。如果 eval 捕捉到錯誤，它不會執行到最後一個敘述，在此例剛好是 1：

```
unless( eval { some_sub(); 1 } ) {
    print "我無法除以 \$dino：$@" if $@;
}
```

在串列語境下，失敗的 eval 會回傳空串列。以下這行程式裡，如果 eval 失敗了，@averages 只會取得兩個元素，因為 eval 就不會提供任何值給串列：

```perl
my @averages = ( 2/3, eval { $fred / $dino }, 22/7 );
```

eval 區塊就像任何其他 Perl 的區塊一樣，所以它會對（my 宣告的）語彙變數建立新的作用範圍，而你在其中想寫多少敘述就寫多少。這個例子是努力工作以處理許多可能發生的嚴重錯誤之 eval 區塊：

```perl
foreach my $person (qw/ fred wilma betty barney dino pebbles /) {
  eval {
    open my $fh, '<', $person
      or die "無法開啟檔案 '$person'：$!";

    my($total, $count);

    while (<$fh>) {
      $total += $_;
      $count++;
    }

    my $average = $total/$count;
    print "檔案 $person 的平均值為 $average\n";

    &do_something($person, $average);
  };

  if ($@) {
    print "發生了一個錯誤 ($@)，繼續執行 \n";
  }
}
```

eval 能捕捉到多少錯誤呢？如果在開啟檔案時出錯，可以抓到它。計算平均值時可能會除以零，但是該錯誤並不會提早結束程式。eval 甚至能保護那個有神秘名稱的 &do_something 副程式免於因嚴重錯誤而當掉。如果你要呼叫別人寫的副程式，又不知道它是否為防禦性程式設計而不會讓你的程式掛掉時，這個功能就很方便。有些人會刻意使用 die 來通知程式發生了問題，因為他們預期你會以 eval 來處理它。我們稍後會作進一步討論。

如果在處理 foreach 清單中其中一個檔案時有錯誤發生，你會得到錯誤訊息，但是程式會繼續處理下一個檔案而不會有進一步抱怨。

你也可以在 eval 區塊內巢式放置另一個 eval 區塊，Perl 不會被搞混的。內部的 eval 會在它的區塊內捕捉錯誤，防止它們跑到外部區塊。當然，當內部 eval 完成後，如果它抓到錯誤，你可能會希望它使用 die 重新回報錯誤來讓外部 eval 能捕捉它。你可以修改程式碼以另外抓取除法發生的錯誤：

```
foreach my $person (qw/ fred wilma betty barney dino pebbles /) {
  eval {
    open my $fh, '<', $person
      or die " 無法開啟檔案 '$person'：$!";

    my($total, $count);

    while (<$fh>) {
      $total += $_;
      $count++;
    }

    my $average = eval { $total/$count } // 'NaN'; # 內部的 eval
    print " 檔案 $person 的平均值為 $average\n";

    &do_something($person, $average);
  };

  if ($@) {
    print " 發生了一個錯誤 ($@)，繼續執行 \n";
  }
}
```

有四種 eval 無法捕捉的問題。第一種是原始碼中的語法錯誤，例如不對稱的括號、遺漏分號、遺漏運算元或無效的正規表達式字面：

```
eval {
  print " 有不對稱的括號 ';
  my $sum = 42 +;
  /[abc/
  print " 最後的輸出 \n";
};
```

perl 編譯器在解析原始碼時會捕捉那些錯誤，在開始執行程式前就會停止。在 Perl 程式實際執行時，eval 才可以捕捉錯誤。

第二種是連 *perl* 本身都會當掉的非常嚴重錯誤，例如記憶體不足，或收到未被捕捉到的信號。這類錯誤會不正常地關閉 *perl* 直譯器，而因為 *perl* 已經無法執行，當然就無法捕捉錯誤。如果你有興趣的話，這些錯誤是以加上 (X) 代碼的格式列在 perldiag 文件中。

第三種 eval 無法捕捉的問題是警告訊息，無論是使用者產生的（來自 warn），或是 Perl 內部從命令列 -w 選項或 use warnings 指示詞產生的都一樣。也有獨立於 eval 而捕捉警告訊息的機制；詳情請見 perlvar 文件中 __WARN__ 偽信號的解釋。

最後一種錯誤不是真的錯誤，但是這是提出來的好地方。exit 運算子會立刻終止程式，即使你從 eval 區塊裡的副程式呼叫它也一樣。當你呼叫 exit，表示你想要讓程式停止執行。這應該要發生，而且 eval 也不會阻止它。

我們應該要提到有另一種形式的 eval，如果處理不好，可能會很危險。事實上，你有時候會遇到某些人會說，因為安全的理由，你不應該用 eval。他們（幾乎）是對的，你應該很小心地使用 eval，但是他們說的是另一種形式的 eval，有時候稱為字串的 eval。這種 eval 會取得一個字串，此子串會被當成 Perl 程式碼編譯並執行，就如同你直接將程式碼鍵入你的程式。請注意，任何字串插入的結果都必須是有效的 Perl 程式碼：

```perl
my $operator = 'unlink';
eval "$operator \@files;";
```

如果關鍵字後面緊接著大括號括住的程式碼區塊，如你在本節看到的做法，別擔心——那是安全的 eval 形式。

更進階的錯誤處理

不同的程式語言自然會以自己的方式來處理錯誤，不過一個普遍的概念是 *例外*（*exception*）。你會嘗試某些程式碼，如果有東西出錯，程式就會丟（*throw*）出例外來期待你能捕捉（*catch*）。以基本的 Perl 來說，你以 die 丟出例外，再以 eval 捕捉它。你可以檢查 $@ 的值來了解發生了什麼事：

```perl
eval {
  ...;
  die "未預期的例外訊息" if $unexpected;
  die "不良的分母" if $dino == 0;
  $barney = $fred / $dino;
  }
if ( $@ =~ /unexpected/ ) {
  ...;
  }
elsif( $@ =~ /denominator/ ) {
  ...;
  }
```

這類程式碼存在許多細微的問題，主要是基於 $@ 變數的動態作用範圍。簡而言之，因為 $@ 是一個特殊變數，而你使用的 eval 可能會被包裹在更高階的 eval 裡（即使你不知道這件事），你需要確保你捕捉的錯誤不會干擾到更高階的錯誤：

 雖然我們從來沒有介紹過，但是仍然在此使用 local。它會在程式裡每個地方取代變數的值，直到作用範圍結束。作用範圍結尾處，變數會還原回原始值。

```
{
local $@; # 不要干擾到更高階錯誤

eval { ...;
  die " 未預期的例外訊息 " if $unexpected;
  die " 不良的分母 " if $dino == 0;
  $barney = $fred / $dino;
  };
if ( $@ =~ /unexpected/ ) {
  ...;
  }
elsif( $@ =~ /denominator/ ) {
  ...;
  }
}
```

不過這還不是故事的全貌，它實際上是很棘手的問題，很容易出錯。Try::Tiny 模組可以幫你解決大多數問題（如果你真的想知道，也會幫你做說明）。它不包含在標準函式庫，但是你可以從 CPAN 取得它。基本形式看起來像這樣：

```
use Try::Tiny;

try {
  ...; # 某些可能會丟出錯誤的程式碼
  }
catch {
  ...; # 某些處理錯誤的程式碼
  }
finally {
  ...;
}
```

你可以看出 try 的行為就像 eval。此結構只有在錯誤發生時會執行 catch 區塊。它一定會執行 finally 區塊,這讓你做任何你想做的清理工作。你不一定要用 catch 或 finally。要忽略錯誤的話,可以只用 try:

```
my $barney = try { $fred / $dino };
```

你可以用 catch 來處理錯誤。Try::Tiny 會將錯誤訊息放進 $_,而不是 $@。你仍然可以存取 $@,但是 Try::Tiny 的部分目的就是要避免濫用 $@:

```
use v5.10;

my $barney =
  try { $fred / $dino }
  catch {
    say "錯誤是 $_"; # 不是 $@
    };
```

不論是否有錯誤發生,finally 區塊都會執行。如果 @_ 裡有引數,表示有錯誤發生:

```
use v5.10;

my $barney =
  try { $fred / $dino }
  catch {
    say "錯誤是 $_"; # 不是 $@
    }
  finally {
    say @_ ? '有一個錯誤' : '一切正常';
    };
```

以 grep 挑出串列中的項目

有時候你只想要串列中的特定項目;可能是數字串列中的奇數,或是文字檔中出現 Fred 的每一行。正如你在本節所見,只要用 grep 運算子就可以從串列中挑出某些項目。

先來試試第一個例子,從一長串數字中取出奇數。我們曾經學過的作法就可以做到:

```
my @odd_numbers;

foreach (1..1000) {
  push @odd_numbers, $_ if $_ % 2;
}
```

這段程式碼使用在第 2 章介紹過的模數運算子（%）。如果數字是偶數，該數字「除以二的餘數（mod two）」會是零，也就是假。但是奇數會得到一；既然結果為真，你只會 push 奇數到 @odd_numbers 陣列。

現在，這段程式碼並沒有什麼錯誤──除了它寫起來有點冗長，執行起來也比較慢以外。既然 Perl 提供了 grep 運算子當作過濾器，你可以這麼做：

```
my @odd_numbers = grep { $_ % 2 } 1..1000;
```

這行程式碼可以取得 500 個奇數的串列。它是怎麼做到的？grep 的第一個引數是使用 $_ 當串列中每個項目的佔位符之區塊，它會回傳布林值（真/假）。剩下的引數是要搜尋的項目串列。grep 運算子會對串列中每個項目做一次運算，相當於剛剛 foreach 迴圈做的事。只要區塊最後一個運算式回傳真值，該元素就會被放進結果串列裡。

當 grep 執行時，Perl 會將 $_ 設為串列元素的別名。你以前在 foreach 迴圈看過這種行為。在 grep 運算式中修改 $_ 通常不是一個好主意，因為這也會改變原始資料。

grep 運算子和經典的 Unix 公用程式同名，這個工具會使用正規表達式從檔案中選出比對相符的每行資料。你也可以用 Perl 的 grep 來做，而且它更強大。這個例子裡你從檔案中只選出含有 fred 的每一行資料：

```
my @matching_lines = grep { /\bfred\b/i } <$fh>;
```

grep 也有一個比較簡單的語法。如果你需要的選擇器（selector）只是簡單的表達式（而不是整個區塊），可以在區塊的位置只用這個表達式，加上一個逗號。以下是上一個例子較簡單的寫法：

```
my @matching_lines = grep /\bfred\b/i, <$fh>;
```

grep 運算子也有特殊的純量語境模式，在此模式會告訴你它選擇了多少項目。如果你只是要計算檔案中比對相符的行數而不在乎這些相符的行本身呢？建立 @matching_lines 陣列後，你可以這麼做：

```
my @matching_lines = grep /\bfred\b/i, <$fh>;
my $line_count = @matching_lines;
```

不過你可以透過對純量直接賦值來跳過中間的陣列（所以你不必建立陣列和消耗記憶體）：

```
my $line_count = grep /\bfred\b/i, <$fh>;
```

以 map 轉換串列中的項目

你可能想更改串列中每個項目，而非使用過濾器。例如，假設你有一串應該被轉換為「貨幣數值」輸出的數值，如同第 14 章的 big_money 副程式。你不想修改原始資料；你需要的是修改過的複本以作為輸出。以下為其中一種作法：

```
my @data = (4.75, 1.5, 2, 1234, 6.9456, 12345678.9, 29.95);
my @formatted_data;

foreach (@data) {
  push @formatted_data, big_money($_);
}
```

這看起來和前一節開頭介紹 grep 實用的範例程式碼很相似，不是嗎？所以替換的程式碼和第一個 grep 範例很像，可能也不會令你太驚訝：

```
my @data = (4.75, 1.5, 2, 1234, 6.9456, 12345678.9, 29.95);

my @formatted_data = map { big_money($_) } @data;
```

map 運算子看起來很像 grep，因為它有性質相同的引數：一個使用 $_ 的區塊和要處理的項目串列。它也以類似方式運作，逐次將每個項目設為 $_ 別名，然後執行區塊。但是 map 使用區塊最後運算式的方式不同；最後的值實際上會成為結果串列的一部分，而不會回傳布林值。另一個重要的差異是 map 使用的運算式是在串列語境求值，可以回傳任意數目的項目，不用一次一個。

你可以改寫任何 grep 或 map 敘述為 foreach 迴圈，將項目放進一個臨時陣列。但是比較短的方式通常更有效率、更方便。因為 map 或 grep 的結果是一個串列，所以它可以直接傳給另一個函式。

這裡我們將編排為貨幣數值的串列印出為加上標題的縮排清單：

```
print " 貨幣數值是：\n",
  map { sprintf("%25s\n", $_) } @formatted_data;
```

當然，你可以省略臨時陣列 @formatted_data，一次處理完成：

```
my @data = (4.75, 1.5, 2, 1234, 6.9456, 12345678.9, 29.95);
print " 貨幣數值是：\n",
  map { sprintf("%25s\n", big_money($_) ) } @data;
```

如你在 grep 所見，map 也有一種比較簡單的語法。如果你需要的選擇器是簡單的運算式（而不是一整個區塊），你可以在區塊的位置只使用該運算式，加上一個逗號：

```
print " 二的某些次方式：\n",
  map "\t" . ( 2 ** $_ ) . "\n", 0..15;
```

更炫的串列公用程式

如果你在 Perl 想要更炫的串列處理能力，有許多你可以用的模組。畢竟很多程式其實是一系列用不同方式移動串列的指示。

List::Util 模組隨附於標準函式庫，提供高效能版本的一般串列處理公用程式。這些工具都是以 C 語言實作的。

假設你想知道串列是否包含符合某種條件的項目。你不需要取得所有的元素，而且想在一發現第一個相符的元素就停止比對。你不能使用 grep，因為它一定會掃描整個串列，如果你的串列很長，grep 可能會做了許多額外不必要的工作：

```
my $first_match;
foreach (@characters) {
  if (/\bPebbles\b/i) {
    $first_match = $_;
    last;
  }
}
```

這要寫好多程式碼。你可以改用 List::Util 模組的 first 副程式：

```
use List::Util qw(first);
my $first_match = first { /\bPebbles\b/i } @characters;
```

在第 4 章的習題，你寫過 &total 副程式。如果你早知道 List::Util 模組，你就不用那麼費力了：

```
use List::Util qw(sum);
my $total = sum( 1..1000 ); # 500500
```

也是在第 4 章，副程式 &max 費了一番努力選出串列的最大項目。你其實不需要建立自己的程式，因為 List::Util 模組的版本可以幫你：

```
use List::Util qw(max);
my $max = max( 3, 5, 10, 4, 6 );
```

`max` 只會處理數值。如果你想用於字串（使用字串比較運算子），那要改用 `maxstr`：

```
use List::Util qw(maxstr);
my $max = maxstr( @strings );
```

如果你想以隨機順序排列串列元素，可以使用 `shuffle`：

```
use List::Util qw(shuffle);
my @shuffled = shuffle(1..1000); # 以隨機順序排列元素
```

另一個模組，`List::MoreUtils`，有更多更炫的副程式。此模組並未隨附於 Perl，你需要從 CPAN 下載。你可以檢查串列中是否沒有元素、有任何元素或全部元素與條件相符。這些副程式都有和 `grep` 相同的區塊語法：

```
use List::MoreUtils qw(none any all);

if (none { $_ < 0 } @numbers) {
  print "沒有元素小於0\n"
} elsif (any { $_ > 50 } @numbers) {
  print "有些元素超過50\n";
} elsif (all { $_ < 10 } @numbers) {
  print "所有的元素都小於10\n";
}
```

如果你要處理一群項目中的串列，你可以使用 `natatime`（一次 N 個項目）來幫你處理：

```
use List::MoreUtils qw(natatime);

my $iterator = natatime 3, @array;
while( my @triad = $iterator->() ) {
  print "取得 @triad\n";
}
```

如果你需要結合兩個以上的串列，可以使用 `mesh` 來建立一個將所有元素交織在一起的大串列，即使這些小陣列的長度不一樣：

```
use List::MoreUtils qw(mesh);

my @abc = 'a' .. 'z';
my @numbers = 1 .. 20;
my @dinosaurs = qw( dino );

my @large_array = mesh @abc, @numbers, @dinosaurs;
```

這會取得 @abc 的第一個元素,讓它成為 @large_array 的第一個元素,然後取 @numbers 的第一個元素,讓它成為 @large_array 的下一個元素,再對 @dinosaurs 做同樣的事,然後又回到 @abc 取得它的下一個元素,以此類推處理完所有元素。結果串列 @large_array 的開頭是這樣:

```
a 1 dino b 2  c 3 ...
```

在該輸出中,你應該注意到有空元素在 2 和 c 之間(所以在 2 後面有兩個連續的空格)。當 mesh 用完輸入陣列的所有元素時,它會以 undef 填補空缺。如果你開啟警告功能,就會收到一些警告。

List::MoreUtils 模組還有許多有用和有趣的副程式。為了避免重新發明輪子,你應該先查閱它的文件。

習題

習題解答請見第 327 頁的「第 16 章習題解答」。

1. [30] 寫一個程式從檔案讀取字串串列,一行一個字串,然後讓使用者輸入樣式以進行字串比對。每一種樣式,程式都應該回報檔案中有多少字串相符,各是哪些字串。針對每個新樣式,不要重新讀取檔案;將字串保存在記憶體中。檔名可以寫死在檔案裡?如果有個樣式是無效的(例如:不對稱的圓括號),程式應該回報錯誤,並讓使用者繼續輸入新樣式。當使用者輸入空白行,而非樣式時,程式就應該結束。(如果你需要充滿有趣字串的檔案來試著比對,你可以試看看 sample_text 這個檔案,你應該已經從 O'Reilly 網站下載過這個檔案了,下載網址請見「前言」。)

2. [15] 寫一個程式,報告目前目錄檔案的存取和修改時間(採用 epoch 時間)。使用 stat 取得時間,並使用串列切片來擷取出元素。以三欄格式回報結果,像這樣:

```
fred.txt        1294145029      1290880566
barney.txt      1294197219      1290810036
betty.txt       1287707076      1274433310
```

3. [15] 修改習題 2 的答案來回報使用 YYYY-MM-DD 格式的時間。使用 map、localtime 和切片來將 epoch 時間轉換為你需要的時間字串。請注意 localtime 文件對回傳的年數值與月數值的說明。你的報告應該像這樣:

```
fred.txt        2011-10-15      2011-09-28
barney.txt      2011-10-13      2011-08-11
betty.txt       2011-10-15      2010-07-24
```

習題解答

此附錄包含本書各章習題的解答。

第 1 章習題解答

1. 這個習題很簡單，因為我們已經給你程式了。你的工作就是讓它動起來：

```
print "Hello, world!\n";
```

如果你使用 v5.10 或之後的版本，你可以用 say：

```
use v5.10;
say "Hello, world!";
```

如果你想從命令列執行，不想建立檔案，你可以在命令列用 -e 選項來指定你的程式：

```
$ perl -e 'print "Hello, World\n"'
```

還有另一個 -l 選項，會自動幫你新增換行字元：

```
$ perl -le 'print "Hello, World"'
```

引號用於 Windows 的 *command.exe*（或 *cmd.exe*）中，在外側要用雙引號，所以你要將它們交換：

```
C:\> perl -le "print 'Hello, World'"
```

你也可以在 shell 的引號內使用通用引號，可以減少你的頭痛：

```
C:\> perl -le "print q(Hello, World)"
```

在 v5.10 或之後的版本，可以用 -E 選項來開啟新功能。這能讓你使用 say：

```
$ perl -E 'say q(Hello, World)'
```

我們並不期待你在命令列使用這個選項，因為我們尚未向你介紹。不過它是另一種可行的方法。完整的命令列選項和功能請見 perlrun 文件。

2. *perldoc* 指令應該會隨附於你的 *perl*，所以你應該可以直接執行它。如果你無法找到 *perldoc*，可能需要在你的系統安裝安裝另一個套件。例如 Ubuntu 將它放在 *perldoc* 套件。

3. 這個程式也很簡單，只要前一個習題是正確運作的：

```
@lines = `perldoc -u -f atan2`;
foreach (@lines) {
  s/\w<(.+?)>/\U$1/g;
  print;
}
```

第 2 章習題解答

1. 以下是其中一種方法：

```
#!/usr/bin/perl
use warnings;
$pi = 3.141592654;
$circ = 2 * $pi * 12.5;
print " 半徑 12.5 的圓，圓周長是 $circ。\n";
```

如你所見，這個程式以典型的 #! 列開頭，你的 Perl 路徑可能不同。我們也開啟了警告功能。

真正的程式碼首行是將 $pi 的值設為我們的 π 值（即 3.141592654）。一個好的程式設計師應該偏好使用像這樣的常數，有幾個支持的理由如下：如果要使用超過一次，輸入 3.141592654 到程式要花一些時間。如果你不小心在一個地方用 3.141592654，而在另一個地方用 3.14159，那會造成數學上的錯誤。只有一行需要檢查，確定你沒有不小心輸入錯誤成 3.141952654 而將你的太空探測船送到錯誤的星球去。

現代的 Perl 允許你使用更炫的字元當作變數名稱。如果我們告訴 Perl 原始碼包含 Unicode 字元，我們可以使用 π 字元當名稱（請見附錄 C）：

```
#!/usr/bin/perl
use utf8;
```

```
use warnings;
$π = 3.141592654;
$circ = 2 * $π * 12.5;
print " 半徑 12.5 的圓，圓周長是 $circ。\n";
```

接下來我們要計算圓周長，將它儲存在 $circ，然後我們會以友善的訊息將它印出來。訊息結尾有一個換行字元，因為一個良好程式的每一行輸出結尾都應該要有換行字元。如果沒有，你最後會有像這樣的輸出（實際結果取決於你的 shell 提示符號）：

半徑 12.5 的圓，圓周長是 78.53981635。bash-2.01$

因為圓周長實際不是 78.53981635。bash-2.01$，所以這應該算是程式的 bug。因此，請在每行輸出的結尾使用 \n。

2. 以下是其中一種方法：

```
#!/usr/bin/perl
use warnings;
$pi = 3.141592654;
print " 半徑多長？";
chomp($radius = <STDIN>);
$circ = 2 * $pi * $radius;
print " 半徑 $radius 的圓，圓周長是 $circ。\n";
```

這題和前一題類似，除了我們現在會詢問使用者半徑，然後在我們之前把 12.5 這個值寫死的每個地方使用 $radius。事實上，如果我們在寫第一個程式時夠有遠見，我們在程式中也應該有一個名為 $radius 的變數。請注意，如果我們沒有使用 chomp，數學公式仍然可以運作，因為像 "12.5\n" 的字串會被轉換成數值 12.5 而不會出問題。但是當我們輸出訊息時，它會像這樣：

半徑 12.5 的圓，圓周長是 78.53981635。

注意，即使我們將變數當成數值用，換行字元仍然留在 $radius 裡。因為在 print 敘述裡，在 $radius 和單字「的」之間有空格，第二行輸出的開頭會有一個空格。這個故事的寓意是：chomp 你的輸入，除非你有理由不這麼做。

3. 以下是其中一種方法：

```
#!/usr/bin/perl
use warnings;
$pi = 3.141592654;
print " 半徑多長？";
chomp($radius = <STDIN>);
$circ = 2 * $pi * $radius;
if ($radius < 0) {
```

```
    $circ = 0;
  }
print " 半徑 $radius 的圓，圓周長是 $circ。\n";
```

在這裡我們增加了無效半徑值的檢查。即使輸入不合理的半徑，回傳的圓周長至少不會是負數。你也可以先將半徑設為 0，再計算圓周長；辦法不只一種。事實上這是 Perl 的座右銘：「辦法不只一種」。這就是為什麼每個習題解答都會以「以下是其中一種方法 ...」開頭。

4. 以下是其中一種方法：

```
print " 輸入第一個數值：";
chomp($one = <STDIN>);
print " 輸入第二個數值：";
chomp($two = <STDIN>);
$result = $one * $two;
print " 結果是 $result。\n";
```

請注意，我們在這個答案省略了 #! 列。事實上，接下來我們都假設你已經知道它的存在，所以你不需要每次都看到它。

或許這些變數名稱不太好。在大型程式裡，維護工程師可能會認為 $two 的值是 2。在這個短的程式比較沒關係，但是在大型程式中我們應該取一個較有描述性的名稱，像是 $first_response。

在這個程式，如果我們忘記 chomp 這兩個變數 $one 和 $two 比較沒有太大差別，因為在賦值後我們都沒有將它們當字串使用。但如果下週我們的維護工程師修改程式，要印出像「$one 乘以 $two 的結果是 $result。\n」的訊息。那討厭的換行字元又會回來煩我們了。再次強調，除非你有特殊理由，否則一律 chomp──就像下個習題的情況。

5. 以下是其中一種方法：

```
print " 請輸入一個字串：";
$str = <STDIN>;
print " 請輸入次數 ";
chomp($num = <STDIN>);
$result = $str x $num;
print " 結果是：\n$result";
```

從某個角度來說，這個程式幾乎和上一個習題的一樣。我們將一個字串「乘」上數倍，所以我們維持上一個習題解答的結構。但是在這個例子，我們不想 chomp 第一個輸入項目──字串──因為習題要求字串要在獨立的一行。所以如果使用者輸入的字串是 fred 和一個換行字元，和重複次數 3，每一個 fred 後面都會有換行字元，就如我們要的。

結尾的 print 敘述中，我們在 $result 前放了換行字元，這樣第一行 fred 才會自成一行印出來。也就是我們不希望輸出結果像這樣，三個 fred 中只有兩個對齊：

```
結果是：fred
fred
fred
```

同時，我們不需要在 print 輸出的結尾放另一個換行字元，因為 $result 已經是換行字元結尾了。

在大部分情況，Perl 並不在意你是否在程式中加上空格；加不加空格隨便你。但是重要的是，不要不小心拼錯字了！如果 x 和他之前的變數 $str 之間沒有空格，Perl 會看成 $strx，那程式就無法運作了。

第 3 章習題解答

1. 以下是其中一種方法：

```
print "請輸入數行內容，然後按下 Ctrl-D：\n";  # 或 Ctrl-Z
@lines = <STDIN>;
@reverse_lines = reverse @lines;
print @reverse_lines;
```

… 或甚至更簡單的是：

```
print "請輸入數行內容，然後按下 Ctrl-D：\n";
print reverse <STDIN>;
```

除非輸入行串列需要保存到之後使用，不然大部分 Perl 程式設計師會偏好第二種方法。

2. 以下是其中一種方法：

```
@names = qw/ fred betty barney dino wilma pebbles bamm-bamm /;
print "請輸入一些從 1 到 7 的數字，每行一個，然後按下 Ctrl-D：\n";
chomp(@numbers = <STDIN>);
foreach (@numbers) {
  print "$names[ $_ - 1 ]\n";
}
```

因為陣列索引值是從 0 到 6，所以我們必須將索引值減一，以讓使用者能輸入從 1 到 7 的數字。另一種做法是在 @names 陣列加上一個假值（dummy item）來充數，像這樣：

```
@names = qw/ dummy_item fred betty barney dino wilma pebbles bamm-bamm /;
```

如果你有檢查確認使用者的輸入是在 1 到 7 的範圍內，請幫自己加分。

3. 如果想讓輸出都在同一行，以下是其中一種方法：

```
chomp(@lines = <STDIN>);
@sorted = sort @lines;
print "@sorted\n";
```

或是分行輸出：

```
print sort <STDIN>;
```

第 4 章習題解答

1. 以下是其中一種方法：

```
sub total {
  my $sum;  # private variable
  foreach (@_) {
    $sum += $_;
  }
  $sum;
}
```

副程式使用 $sum 儲存到目前為止的總和。在副程式開頭，$sum 是 undef，因為它是新變數。接著 foreach 迴圈以 $_ 當控制變數，一一處理來自 @_ 的參數串列。（注意：同樣地，參數陣列 @_ 和 foreach 迴圈的預設變數 $_ 之間沒有自動的連結。）

第一次執行 foreach 迴圈時，（在 $_ 中）第一個數值被加進 $sum。當然，$sum 是 undef，因為還沒有儲存過任何內容。但是因為我們把它當作數值使用，Perl 因為數值運算子 += 所以也知道這點，因此會把它的值當作 0 初始化。Perl 會將第一個參數與 0 相加，再將總和存入 $sum。

下一次執行迴圈時，下一個參數被加到已不再是 undef 的 $sum，總和再存入 $sum，接著再處理下一個參數。最後，最後一行會回傳 $sum 給呼叫者。

這個副程式有一個潛在的 bug，端看你怎麼想。假設這個副程式被以空參數串列呼叫（如我們在第 4 章內文重寫的副程式 &max）。在這種情況，$sum 會是 undef，而這有可能會是回傳值。但是在這個副程式，或許應該「更正確」地回傳 0 當作空串列的總和，而不是 undef。（當然如果你想區別空串列總和與 (3, -5, 2) 的總和的話，回傳 undef 可能是正確的做法）

不過若你不想要未定義的回傳值，也很好補救。只要將 $sum 初始化為零，不用預設的 undef 就可以：

```
my $sum = 0;
```

現在即使參數串列是空的，副程式也一定會回傳一個數值。

2. 以下是其中一種方法：

```
# 記得加上前一題的副程式 &total！
print "從 1 到 1000 的數字總和是 ", total(1..1000), ".\n";
```

請注意我們無法在雙引號內呼叫副程式，所以副程式呼叫是傳給 print 的獨立項目。總和應該是 500500，一個好看的整數。程式執行應該不會花多少時間；傳遞一千個值的參數串列，對 Perl 來說是日常的小事。

3. 以下是其中一種方法：

```
sub average {
  if (@_ == 0) { return }
  my $count = @_;
  my $sum = total(@_);               # 前一個習題的答案
  $sum/$count;
}

sub above_average {
  my $average = average(@_);
  my @list;
  foreach my $element (@_) {
    if ($element > $average) {
      push @list, $element;
    }
  }
  @list;
}
```

在 average 裡，如果參數串列是空的，副程式就會返回，但沒有明確寫出回傳值。呼叫者會取得 undef 值，表示空串列沒有平均值。如果參數串列不是空的，使用 &total 能讓計算平均值簡單一點。我們甚至不需要使用暫時變數 $sum 和 $count，但是使用的話能放程式碼好讀一點。

第二個副程式 above_average 只是建立並回傳所需要項目的串列。（為什麼控制變數叫 $element，而不是使用 Perl 最愛的預設變數 $_ 呢？）請注意這第二個副程式使用不同的技巧來處理空參數串列。

4. 要記住 greet 最後跟誰打招呼，可以使用 state 變數。它一開始是 undef，所以我們
   可以指出 Fred 是第一個打招呼的人。在副程式的結尾，我們將目前的 $name 儲存在
   $last_name 裡，所以我們下次會記得他是誰：

```perl
use v5.10;

greet( 'Fred' );
greet( 'Barney' );

sub greet {
    state $last_person;

    my $name = shift;

    print "Hi $name! ";

    if( defined $last_person ) {
        print "$last_person 也來過這裡！\n";
    }
    else {
        print "你是第一個來這裡的人！\n";
    }

    $last_person = $name;
}
```

5. 答案和前一題很類似，但是這次我們會把看過的名字都儲存起來。所以不會用純量
   變數，而宣告 @names 為 state 變數，並將每個名字 push 進去：

```perl
use v5.10;

greet( 'Fred' );
greet( 'Barney' );
greet( 'Wilma' );
greet( 'Betty' );

sub greet {
    state @names;

    my $name = shift;

    print "Hi $name! ";

    if( @names ) {
        print "我看過：@names\n";
    }
    else {
```

```
        print " 你是第一個來這裡的人！\n";
    }

    push @names, $name;
}
```

第 5 章習題解答

1. 以下是其中一種方法：

```
print reverse <>;
```

嗯，這很簡單！它可行是因為 print 會尋找字串串列來列印，也就是會取得在串列語境呼叫 reverse 的結果。而 reverse 會尋找字串串列來反轉，它會取得在串列語境使用鑽石運算子的結果。鑽石運算子會回傳使用者指定的所有檔案中每一行內容。這個串列內容就是 *cat* 印出的結果。現在 reverse 會將串列反轉，然後 print 會將結果印出來。

2. 以下是其中一種方法：

```
print " 請輸入數行內容，然後按下 Ctrl-D：\n";   # 或 Ctrl-Z
chomp(my @lines = <STDIN>);

print "1234567890" x 7, "12345\n";  # 到欄位 75 的尺規行

foreach (@lines) {
  printf "%20s\n", $_;
}
```

此處我們從讀取和 chomp 所有文字行開始。然後印出尺規行。因為它是除錯用的，所以程式完成後，我們通常會將它改成註解（comment out）。我們可以一次又一次輸入 "1234567890"，或甚至複製貼上讓尺規行到我們要的長度，但是我們選擇了上面的做法，因為這樣比較酷。

現在 foreach 迴圈迭代串列每一行，以 %20s 轉換後印出。你還可以選擇這麼做，你可以建立一個格式來一次印出全部的串列而不用迴圈：

```
my $format = "%20s\n" x @lines;
printf $format, @lines;
```

有個常見的錯誤會只取得 19 個字元的欄位。這發生在你對自己說：「嘿，如果我們最後會將換行字元加回去，那為什麼我們要在輸入時 chomp 呢？」所以你省略了 chomp，使用 %20s 格式（不含換行字元）。但是奇怪的是輸出結果少了一個空格。所以是哪裡出錯了呢？

當 Perl 試著計算填滿欄位所需要的空格時會發生問題。如果使用者輸入 hello 和一個換行字元，Perl 會看到六個字元，不是五個，因為換行字元也是一個字元。所以它會印出 14 個空格和 6 個字元的字串，這樣就符合你在 "%20s" 要求的 20 個字元。糟糕。

當然，Perl 不會去看字串的內容來決定長度；它只是檢查字元的數量。換行字元（或其他特殊字元，例如 tab 字元或 null 字元）反而會弄丟我們原來要的字元。

3. 以下是其中一種方法：

```
print "請輸入想要的欄位寬？";
chomp(my $width = <STDIN>);

print "請輸入數行內容，然後按下 Ctrl-D：\n";        # 或 Ctrl-Z
chomp(my @lines = <STDIN>);

print "1234567890" x (($width+9)/10), "\n";      # 所需的尺標行

foreach (@lines) {
  printf "%${width}s\n", $_;
}
```

如果不將寬度插入格式字串的話，可以這樣做：

```
foreach (@lines) {
  printf "%*s\n", $width, $_;
}
```

這和前一個例子很像，但是這次先詢問欄寬。我們之所以先詢問，是因為在檔案結尾指示符（end-of-file indicator）之後將無法再取得任何輸入，至少在某些系統是如此。當然，實際上讓使用者輸入時，你通常會用更好的方式當作檔案結尾指示符，我們在之後的習題解答中會看到。

另一個和前一習題答案的差異是尺標行。就如同習題加分條件建議的，我們使用數學方式來讓尺標行至少是我們所需長度。證明我們的數學公式正確是額外的挑戰。（提示：想想 50 和 51 這兩種寬度，記得 x 對右側的運算元是取整數，不是四捨五入。）

為了產生這次的格式，我們使用運算式 "%${width}s\n"，其中插入了 $width。大括號是必要的，來將名稱和其後的 s 隔離；沒有大括號，我們會插入 $widths，這是錯誤的變數。然而如果你忘記怎麼應用大括號來這樣做，你可以寫像 '%' . $width . "s\n" 這樣的運算式來取得相同的格式字串。

$width 的值是另一個顯示 chomp 很重要的例子。如果你沒有 chomp 欄位寬度，最後的格式字串會是 "%30\ns\n"。這樣是無法用的。

以前用過 printf 的人可能會想到另一個解法。因為 printf 是從 C 語言來的，沒有字串插入功能，所以我們也可以用 C 語言程式設計師會用的技巧。如果放數值的地方出現星號（*），就在該處使用參數串列的值代替：

```
printf "%*s\n", $width, $_;
```

第 6 章習題解答

1. 以下是其中一種方法：

```
my %last_name = qw{
  fred flintstone
  barney rubble
  wilma flintstone
};
print "請輸入名字：";
chomp(my $name = <STDIN>);
print "這個人叫做 $name $last_name{$name}。\n";
```

在這個程式，我們使用 qw// 串列（以大括號當分隔符）來初始化雜湊。對這種簡單的資料集而言，沒什麼問題，因為每個資料只是簡單的名字和姓氏，所以很容易維護。但是如果你的資料可能包含空格——例如，如果 robert de niro 或 mary kay place 要拜訪 Bedrock——這個簡單的方法可能就無法運作很好了。

你可能會選擇將每個鍵值對分開賦值，像這樣：

```
my %last_name;
$last_name{"fred"} = "flintstone";
$last_name{"barney"} = "rubble";
$last_name{"wilma"} = "flintstone";
```

請注意（如果你選擇以 my 宣告雜湊，可能是因為使用了 use strict）你必須在賦值任何元素前先宣告雜湊。你不能只對變數的某個部分使用 my，像這樣：

```
my $last_name{"fred"} = "flintstone";  # 糟糕！
```

my 運算子只能對整個變數作用，不能只用於陣列或雜湊的一個元素。談到語彙變數，你可能有注意到語彙變數 $name 是在 chomp 函式呼叫內被宣告的；這種「在你需要時才宣告」在 Perl 是很常見的。

這是另一個顯示 chomp 極其重要的例子。如果有人輸入五個字元的字串「fred\n」，而我們沒有 chomp 它的話，程式就會去尋找鍵為「fred\n」的雜湊元素——這是找不到的。當然,用 chomp 也不是萬無一失;如果有人輸入「fred \n」(後面多了一個空格),我們無法用目前學到的技巧來判斷他想要的其實是 fred。

如果你新增檢查,判斷指定的雜湊鍵是否存在(使用 exists),讓使用者拼錯名字時可以獲得明確的訊息,請給自己加分。

2. 以下是其中一種方法:

```
my(@words, %count, $word);      # 宣告變數 (可有可無)
chomp(@words = <STDIN>);

foreach $word (@words) {
  $count{$word} += 1;           # 或是 $count{$word} = $count{$word} + 1;
}

foreach $word (keys %count) {   # 或是 sort keys %count
  print "$word 出現 $count{$word} 次。\n";
}
```

在這個程式,我們在開頭宣告了全部的變數。有 Pascal 等其他程式語言背景的人,可能會覺得這比「需要時才宣告」的方法熟悉多了(Pascal 的變數一定要在程式的最前面宣告)。當然,我們是假設 use strict 正在作用中;Perl 在預設情況並不需要這樣宣告。

接下來,我們在串列語境下使用整行輸入運算子,<STDIN>,來讀取所有輸入行到 @words,然後一次 chomp 全部的輸入行。所以 @words 是來自輸入的單字串列(當然如果單字是如它們原先應該的自成一行排列。)

現在第一個 foreach 迴圈會處理所有的單字。該迴圈包含整個程式最重要的敘述,該敘述表示將 $count{$word} 加 1,並把結果再存回 $count{$word}。雖然你可以寫較短的寫法(使用 += 運算子),也可以寫較長的寫法,但是較短的寫法比較有效率一點,因為 Perl 只需要在雜湊裡查詢 $word 一次就好。第一個 foreach 迴圈的每個出現的單字都會加 1 存到將 $count{$word}。所以如果第一個單字是 fred,我們會加 1 存到 $count{"fred"}。當然,因為這是我們第一次看到 $count{"fred"},所以它的值是 undef。但是因為我們把它當作數字(使用 += 運算子,或是如果你用較長的寫法是使用 +),Perl 會幫我們自動將 undef 轉換為 0。總和是 1,會被存回 $count{"fred"}。

下一次執行迴圈時,當我們將 $count{"fred"} 加一,它已經是 1 了,所以會變成 2。然後又被存回 $count{"fred"},表示我們現在看過 fred 兩次。

當我們完成第一個 foreach 迴圈後,我們已經計算完每個單字出現過幾次。雜湊有來自輸入的每一個(獨特的)單字形成的鍵和相對應單字出現次數的值。

所以現在第二個 foreach 迴圈會處理來自輸入的每個獨特單字構成之雜湊鍵。在這個迴圈裡，我們會看到每個不同的單字一次。然後每次會印出像「Fred 出現 3 次。」的訊息。

加分題解答：你可以在 keys 之前加上 sort 來按照順序印出雜湊鍵。如果輸出結果超過十幾行時，將它們排序好通常是個不錯的主意，這樣可以讓要除錯的人快速找到想要找的項目。

3. 以下是其中一種方法：

```
my $longest = 0;
foreach my $key ( keys %ENV ) {
    my $key_length = length( $key );
    $longest = $key_length if $key_length > $longest;
    }

foreach my $key ( sort keys %ENV ) {
    printf "%-${longest}s  %s\n", $key, $ENV{$key};
    }
```

在第一個 foreach 迴圈，我們處理所有的鍵，並使用 length 取得它們的長度。如果我們取得的長度大於存在 $longest 的長度，我們就把這個較長的長度存入 $longest。

當我們處理完所有的鍵，就使用 printf 分兩欄將鍵和值印出。我們使用和第 5 章習題 3 相同的技巧，將 $longest 插入到模板字串裡。

第 7 章習題解答

1. 以下是其中一種方法：

```
while (<>) {
  if (/fred/) {
    print;
  }
}
```

這很簡單。這個習題最重要的部分是讓你用範例的字串去測試看看。它不會符合 Fred，表示正規表達式會區分大小寫。（我們之後會看到如何不分大小寫。）它會符合 frederick 和 Alfred，因為兩個字串都含有四個字母的字串 fred。（我們稍後會看到如何比對整個單字，frederick 和 Alfred 就不會相符。）

2. 以下是其中一種方法：修改第一個習題解答的樣式成為 /[fF]red/。你也可以試試
/(f|F)red/ 或 /fred|Fred/，但是這個字元集比較有效率。

3. 以下是其中一種方法：修改第一個習題解答的樣式成為 /\./。因為點號是特殊字元，
所以反斜線是必要的，或者你也可以用字元集：/[.]/。

4. 以下是其中一種方法：修改第一個習題解答的樣式成為 /[A-Z][a-z]+/。

5. 以下是其中一種方法：修改第一個習題解答的樣式成為 /(\S)\1/。\S 字元集用於比
對非空白字元，而圓括號讓你可以使用回溯參照 \1 比對緊接其後的相同字元。

6. 以下是其中一種方法：

```
while (<>) {
  if (/wilma/) {
    if (/fred/) {
      print;
    }
  }
}
```

這會在我們找到相符的 /wilma/ 後，才比對 /fred/，但是 fred 可以出現在 wilma 之
前，也可以出現在 wilma 之後；每個測試都是互相獨立的。

如果你想避免多的巢式 if 測試，可以像這樣寫：

```
while (<>) {
  if (/wilma.*fred|fred.*wilma/) {
    print;
  }
}
```

這樣可行，因為 wilma 不是出現在 fred 之前，就是 fred 出現在 wilma 之前。如果我
們只寫 /wilma.*fred/，樣式就不會相符於像 fred and wilma flintstone 的一行，即
使這行兩者都有提到。

知道邏輯 and 運算子（第 10 章會介紹）的人，可以在同一個 if 條件式中同時測試
/fred/ 和 /wilma/。這樣更有效率，也有擴展性，各方面都比這裡提到的方法好。但
是我們尚未介紹到邏輯 and：

```
while (<>) {
  if (/wilma/ && /fred/) {
    print;
  }
}
```

低優先順序的短路版本也可以運作：

```
while (<>) {
  if (/wilma/ and /fred/) {
    print;
  }
}
```

我們把這一題當作加分題，因為很多人在此有心理障礙。我們介紹過「or」運算（用豎線符號 |），但是沒有介紹過「and」運算。那是因為在正規表達式裡沒有「and」運算。《Masteriing Perl》再次討論這個範例時，使用正規表達式的往右旁觀比對（lookahead）功能，這對於《Intermediate Perl》的涵蓋範圍來說還太進階了。

第 8 章習題解答

1. 有一個簡單的方法，我們在章節內文介紹了。但是如果你的輸出不是應有的 before<match>after，那你選了難走的路了。

2. 以下是其中一種方法：

```
/a\b/
```

（當然，這是用於樣式測試程式的樣式！）如果你的樣式錯誤比對到 barney，你可能需要單字邊界錨點。

3. 以下是其中一種方法：

```
#!/usr/bin/perl
while (<STDIN>) {
  chomp;
  if (/(\b\w*a\b)/) {
    print " 比對成功：|$`<$&>$'|\n";
    print "\$1 contains '$1'\n";          # 新的輸出行
  } else {
    print " 比對失敗：|$_|\n";
  }
}
```

這是同樣的測試程式（樣式是新的），除了新增一行將 $1 輸出的程式碼。

這個樣式在圓括號內使用一對 \b 單字邊界錨點，不過就算將它們放在圓括號外也一樣可以運作。這是因為錨點只會對應到字串的某個位置，而不是字串中的任何字元：錨點的寬度是零。

不可否認，第一個 \b 錨點實際上不是必須的，這是和貪婪的特性有關，此處我們還不會深入介紹。但少了它對於效率有一點點幫助，但是它可以增加可讀性——最後，我們選擇了可讀性。

4. 本題解答和前一題解答一樣，除了正規表達式有一點不同：

```perl
#!/usr/bin/perl

use v5.10;

while (<STDIN>) {
  chomp;
  if (/(?<word>\b\w*a\b)/) {
    print " 比對成功：|$`<$&>$'|\n";
    print "'word' 包含 '$+{word}'\n";        # 新的輸出行
  } else {
    print " 比對失敗：|$_|\n";
  }
}
```

5. 以下是其中一種方法：

```
m!
  (\b\w+a\b)        # $1：結尾是 a 的單字
  (.{0,5})          # $2：後面接的字元不超過五個
!xs                 # /x 和 /s 修飾子
```

（不要忘記加上顯示 $2 的程式碼，現在你有兩個擷取變數。如果你又將樣式改為只有一個，那就將多餘的那行註解掉。）如果你的樣式無法再成功比對 wilma，或許你要將「一個以上字元」改成「零個以上字元」。你可以省略 /s 修飾子，因為資料裡應該沒有換行字元。（當然，如果資料裡有換行字元，那有沒有 /s 修飾子可能會有不同的輸出。）

6. 以下是其中一種方法：

```perl
while (<>) {
  chomp;
  if (/\s\z/) {
    print "$_#\n";
  }
}
```

我們使用井字號（#）當作標記符（marker character）。

第 9 章習題解答

1. 以下是其中一種方法：

```
/($what){3}/
```

一旦 $what 插入後，就會產生像 /(fred|barney){3}/ 的樣式。沒有圓括號的話，樣式會像是 /fred|barney{3}/，也就是 /fred|barneyyy/，所以圓括號是必要的。

2. 以下是其中一種方法：

```
my $in = $ARGV[0];
if (! defined $in) {
  die "用法：$0 檔名 ";
}

my $out = $in;
$out =~ s/(\.\w+)?$/.out/;

if (! open $in_fh, '<', $in ) {
  die "無法開啟 '$in'：$!";
}

if (! open $out_fh, '>', $out ) {
  die "無法寫入 '$out'：$!";
}

while (<$in_fh>) {
  s/Fred/Larry/gi;
  print $out_fh $_;
}
```

此程式一開始會先命名唯一一個命令列參數，如果沒有，就會告訴使用者。然後會將其複製到 $out，並將副檔名（如果有的話）改成 .out（然而只要在原來的檔名加上 .out 就可以了。）

$in_fh 和 $out_fh 這兩個檔案代號都開啟後，才是程式的主要部分。如果你沒有使用 /g 和 /i 這兩個選項，請自行扣半分，因為每個 fred 和 Fred 都應該被修改。

3. 以下是其中一種方法：

```
while (<$in_fh>) {
  chomp;
  s/Fred/\n/gi;        # 替換掉所有的 FREDs
  s/Wilma/Fred/gi;     # 替換掉所有的 WILMAs
  s/\n/Wilma/g;        # 替換掉所有的佔位符
  print $out_fh "$_\n";
}
```

當然這取代了前一題程式的迴圈。要做這種互換，我們需要某個「佔位符」字串，它不會出現在資料中。藉由使用 chomp（和最後輸出時補上換行字元），我們可以確保換行字元（\n）是可以當佔位符。（你可以選擇其他不太可能出現的字串當佔位符。NUL 字元（\0）也是另一個不錯的選擇。）

4. 以下是其中一種方法：

```
$^I = ".bak";           # 建立備份
while (<>) {
  if (/\A#!/) {          # 是否是 shebang 列？
    $_ .= "## Copyright (C) 20XX by Yours Truly\n";
  }
  print;
}
```

請以你想更新的檔名來調用此程式。例如：如果你的習題檔名都是 ex 開頭，像 *ex01-1*、*ex01-2*... 等等，你可以這樣使用：

```
./fix_my_copyright ex*
```

5. 要避免重複加上版權宣告，我們必須分兩次處理檔案。第一次，我們先建立一個雜湊，雜湊鍵是檔案名稱，值並不重要（不過為了方便，我們設為 1）：

```
my %do_these;
foreach (@ARGV) {
  $do_these{$_} = 1;
}
```

接下來，我們會檢查檔案並從當作待辦清單（to-do list）的雜湊中移除已經包含版權宣告的檔案。目前檔名可從 $ARGV 取得，所以我們可以將其當作雜湊鍵：

```
while (<>) {
  if (/\A## Copyright/) {
    delete $do_these{$ARGV};
  }
}
```

最後，和之前寫的程式一樣，但是我們已經在 @ARGV 重新建立了縮減過的清單：

```
@ARGV = sort keys %do_these;
$^I = ".bak";              # 建立備份
exit unless @ARGV; # 無法從標準輸入讀取到參數！
while (<>) {
  if (/\A#!/) {            # 是否是 shebang 列？
    $_ .= "## Copyright (c) 20XX by Yours Truly\n";
  }
  print;
}
```

第 10 章習題解答

1. 以下是其中一種方法：

```
my $secret = int(1 + rand 100);
# 除錯時可以將下一行的註解標記拿掉
# print "秘密數字是 $secret，不要告訴任何人喔。\n";

while (1) {
  print "請猜 1 到 100 的數字：";
  chomp(my $guess = <STDIN>);
  if ($guess =~ /quit|exit|\A\s*\z/i) {
    print "很遺憾你放棄了。數字是 $secret。\n";
    last;
  } elsif ($guess < $secret) {
    print "太小了，再猜一次！\n";
  } elsif ($guess == $secret) {
    print "That was it!\n";
    last;
  } else {
    print "太大了，再猜一次！\n";
  }
}
```

第一行會從 1 到 100 中挑出我們的秘密數字。運作方式如下。首先，rand 是 Perl 的隨機數字函式，所以 rand 100 會產生範圍從 0 到 100（但不含 100）的隨機數字。也就是該運算式最大的可能值會像是 99.999。將它加一後就會產生 1 到 100.999 的數字，然後 int 函式可以截去小數部分，而得到我們所需的 1 到 100 的結果。

註解掉的一行在開發和除錯階段或是你想作弊時很有用。這個程式的主體是 while 無窮迴圈。它會一直要你猜下去，直到執行 last 敘述。

測試數字前先測試字串很重要。如果我們不這麼做，你看得出如果使用者輸入 quit 會怎麼樣嗎？它會被當成數字解釋（如果我們開啟警告功能，可能會出現警告訊息），因為它被當成數字時將會是零，可憐的使用者會收到訊息說數字太小。這種情況下，我們可能永遠都無法執行到字串測試。

另一個在這裡建立無窮迴圈的方法是使用純區塊（naked block）和 redo。這樣並不會更有效率或更沒效率；只是另一種寫法而已。一般來說，如果大部分時候會繼續進行迴圈，用 while 是不錯的做法，因為它預設就是一直進行迴圈。如果只有在例外狀況才進行迴圈，那純區塊會是比較好的選擇。

2. 此程式是將上一題解答稍微修改一下。當開發程式時我們想要印出秘密數字，所以我們在變數 $Debug 的值為真時，print 秘密數字。$Debug 的值若不是我們已經在環境變數設定的值，就是預設值 1。藉由使用 // 運算子。除非 $ENV{DEBUG} 未定義，否則我們不會將它設為 1：

```
use v5.10;

my $Debug = $ENV{DEBUG} // 1;

my $secret = int(1 + rand 100);

print " 祕密數字是 $secret，不要告訴任何人喔。\n"
    if $Debug;
```

如果不用 v5.10 引進的功能，我們必須多費點力：

```
my $Debug = defined $ENV{DEBUG} ? $ENV{DEBUG} : 1;
```

3. 以下是其中一種方法，是從第 6 章習題 3 解答偷來的。

在程式開頭我們設定了一些環境變數。雜湊鍵 ZERO 和 EMPTY 的定義值為假，雜湊鍵 UNDEFINED 則沒有定義的值。

接下來，在 printf 的引數串列中，我們使用 // 運算子在 $ENV{$key} 的值未定義時選取 (undefined value) 字串：

```
use v5.10;

$ENV{ZERO}      = 0;
$ENV{EMPTY}     = '';
$ENV{UNDEFINED} = undef;

my $longest = 0;
foreach my $key ( keys %ENV ) {
  my $key_length = length( $key );
  $longest = $key_length if $key_length > $longest;
}

foreach my $key ( sort keys %ENV ) {
  printf "%-${longest}s  %s\n", $key, $ENV{$key} // "(undefined value)";
}
```

此處使用 // 運算子，我們就不用擔心像 ZERO 和 EMPTY 雜湊鍵的假值。

如果不用 v5.10 的功能，可以使用三元運算子代替：

```
printf "%-${longest}s  %s\n", $key,
    defined $ENV{$key} ? $ENV{$key} : "(undefined value)";
```

第 11 章習題解答

1. 此解答使用雜湊參考（你在《*Intermediate Perl*》才會讀到），但是我們提供你需要用到的部分。只要你知道它能運作，不用知道運作細節。 你可以先完成工作，之後再學習細節。

   以下是其中一種方法：

   ```
   use Module::CoreList;

   my %modules = %{ $Module::CoreList::version{5.034} };

   print join "\n", keys %modules;
   ```

   這裡是加分題。使用 Perl 的 postderef 功能，你可以這樣寫：

   ```
   use v5.20;
   use feature qw(postderef);
   no warnings qw(experimental::postderef);

   use Module::CoreList;

   my %modules = $Module::CoreList::version{5.034}->%*;

   print join "\n", keys %modules;
   ```

   更多資訊請參考部落格貼文「Use postfix dereferencing（*https://www.effectiveperlprogramming.com/2014/09/use-postfix-dereferencing/*）」。或是等我們發行《*Intermediate Perl*》第三版，這一版會更新此功能的介紹。在完成此書後，我們就會著手進行。

2. 一旦你從 CPAN 安裝 Time::Moment 模組，你只需要建立兩個日期，將它們彼此相減。記得日期的順序要正確：

   ```
   use Time::Moment;

   my $now = Time::Moment->now;

   my $then = Time::Moment->new(
       year      => $ARGV[0],
       month     => $ARGV[1],
       );

   my $years  = $then->delta_years( $now );
   my $months = $then->delta_months( $now ) % 12;

   printf "%d years and %d months\n", $years, $months;
   ```

第 12 章習題解答

1. 以下是其中一種方法：

```perl
foreach my $file (@ARGV) {
  my $attribs = &attributes($file);
  print "'$file' $attribs.\n";
}

sub attributes {
  # 報告指定檔案的屬性
  my $file = shift @_;
  return " 不存在 " unless -e $file;

  my @attrib;
  push @attrib, " 可讀取的 " if -r $file;
  push @attrib, " 可寫入的 " if -w $file;
  push @attrib, " 可執行的 " if -x $file;
  return " 存在 " unless @attrib;
  ' 是 ' . join " 、", @attrib;  # 回傳值
}
```

在這個解答，使用副程式仍然是比較方便的作法。主要的迴圈會用一行輸出每個檔案的屬性，或許會告訴我們「cereal-killer 是可執行的」，或「sasquatch 不存在」^{譯註}。

副程式告訴我們指定檔名的檔案屬性。當然，如果檔案根本不存在，就不需要做其他測試了，所以我們先測試它是否存在。如果沒有該檔案，我們就提早返回。

如果檔案存在，我們會建立一個屬性串列（如果你沒有使用 $file，而使用特殊的 _ 檔案代號來進行測試，以避免因為每個新屬性而重複呼叫系統，請給自己加分。）要新增額外的測試很簡單。但是如果沒有一個測試為真，怎麼辦呢？嗯，如果其他的都不能說，至少我們可以說該檔案存在，所以我們就這麼做了。這裡用 unless 子句是因為如果 @attrib 有任何元素的話，其值就為真（這是布林語境，是純量語境的一種特殊狀況。）

但是如果我們取得某些屬性，我們會以「、」連接它們，並將「是」置於前面，讓敘述看起來像是「是可讀取的、可寫入的」。然而這不完美，如果有三個屬性，它會說該檔案是「是可讀取的、可寫入的、可執行的」，有太多「的」，但我們勉強可以接受。如果你想增加更多屬性的測試，你或許應該將它修改成像「是可讀取、可寫入、可執行以及有內容的」。如果你會在意的話。

譯註　原文的 cereal-killer（麥片殺手）是 serial killer（連環殺手）的雙關語。executable（可執行的）是 excute（處決）的雙關語。sasquatch 是大腳怪。

請注意如果你剛好沒有在命令列輸入任何檔名的話，程式就不會有任何輸出。這很合理；如果你查詢零個檔案的資訊，你應該取得零行輸出結果。但是這個做法可以和下一個類似情況的程式之作法作比較。

2. 以下是其中一種方法：

```
die "沒有提供檔名！\n" unless @ARGV;
my $oldest_name = shift @ARGV;
my $oldest_age = -M $oldest_name;

foreach (@ARGV) {
  my $age = -M;
  ($oldest_name, $oldest_age) = ($_, $age)
    if $age > $oldest_age;
}

printf "最舊的檔案是 %s，上次修改是在 %.1f 天前。\n",
  $oldest_name, $oldest_age;
```

程式一開始會檢查檔名，如果沒有取得命令列的檔名就會顯示錯誤訊息。這是因為程式會告訴我們最舊的檔案——如果沒有任何檔案可以檢查，就沒有最舊的檔案。

我們再一次用了「高水位標記」演算法。第一個檔案當然是目前看過的檔案中最舊的，我們要追蹤它的「年齡」，並儲存在 $oldest_age 裡。

對於剩下的每個檔案，我們會用 -M 檔案測試來取得它們的年齡，就如同我們對第一個檔案做的一樣（除了在此我們是用預設引數 $_ 來做檔案測試）。一般所謂檔案的「年齡」是指最後修改時間，然而你也可以提出不同的理由。如果目前檔案的年齡大於 $oldest_age，我們會使用串列賦值來更新檔名和年齡。我們不一定要使用串列賦值的方法，但是它是一次更新數個變數的好方法。

我們把 -M 回傳的年齡存到暫存變數 $age 裡。如果不使用暫存變數，每次都用 -M 測試，會怎麼樣呢？嗯，第一，除非我們使用特殊的 _ 檔案代號，否則我們每次都要向作業系統詢問檔案的年齡，可能會花比較多時間（除非你有成千上百個檔案，不然你大概不會注意到，就算有可能也不一定會有影響）。然而更重要的是，我們應該考慮如果我們正在檢查時有人更新了檔案，該怎麼辦？也就是，當我們第一次看到某個檔案的年齡時，它是目前看過最舊的。但是當我們第二次回來使用 -M 之前，有人修改了該檔案而將時間戳記重設為目前時間。現在我們存進 $oldest_age 裡的檔案可能其實是*最年輕*的。這個結果使得我們取得的是測試那個時間點時最舊的檔案，而不是全部檔案裡最舊的。這是很難除錯的棘手問題！

最後，在程式的結尾，我們使用 printf 來印出檔名和年齡，年齡的日數會四捨五入到小數點後一位。如果你將年齡轉換成天數、小時數、分鐘數，請給你自己加分。

3. 以下是其中一種方法：

```
use v5.10;

say " 尋找我的檔案中可讀取和可寫入者 ";

die " 沒有指定檔案 \n" unless @ARGV;

foreach my $file ( @ARGV ) {
  say "$file 是可讀取和可寫入的 " if -o -r -w $file;
}
```

要使用疊加檔案測試運算子，我們需要使用 Perl 5.10 或之後的版本，所以一開始使用 use 敘述確保我們用的是正確版本的 Perl。如果 @ARGV 裡沒有元素就用 die 發出嚴重警告，否則就使用 foreach 迴圈處理它們。

我們必須使用三個檔案測試運算子：-o 檢查我們是否擁有它，-r 檢查它是否可讀取，-w 檢查它是否可寫入。將它們疊加成 -o -r -w 以建立複合測試，只有三者同時為真才能通過測試，檔案才是我們要的。

如果我們想在 Perl 5.10 之前的版本這樣做，就要用多一點程式碼。say 改成 print 加上換行字元，疊加檔案測試變成使用 && 短路運算子結合的個別測試：

```
print " 尋找我的檔案中可讀取和可寫入者 \n";

die " 沒有指定檔案 \n" unless @ARGV;

foreach my $file ( @ARGV ) {
  print "$file 是可讀取和可寫入的 \n"
    if( -w $file && -r _ && -o _ );
  }
```

第 13 章習題解答

1. 以下是其中一種方法，使用 glob 操作：

```
print " 請輸入目錄：(預設為你的家目錄 ) ";
chomp(my $dir = <STDIN>);
if ($dir =~ /\A\s*\z/) {          # 空白行
  chdir or die " 無法 chdir 到你的家目錄：$!";
} else {
  chdir $dir or die " 無法 chdir 到 '$dir'：$!";
```

```
  }

  my @files = <*>;
  foreach (@files) {
    print "$_\n";
  }
```

首先，我們顯示一個簡單的提示，讀取使用者想要的目錄，並 chomp 它。（如果沒有 chomp，我們將試著前往名稱結尾是換行字元的目錄——這在 Unix 是合法的，因此 chdir 不能假設它是無用的而幫你去除。）

然後，若目錄名稱不是空的，我們會切換到該目錄，遇到錯誤就會終止。如果目錄是空的，就用家目錄代替。

最後，「星號」的 glob 操作會回傳（新）工作目錄所有檔名，並自動依照字母順序排列，逐一列印出來。

2. 以下是其中一種方法：

```
  print "請輸入目錄：(預設為你的家目錄)";
  chomp(my $dir = <STDIN>);
  if ($dir =~ /\A\s*\z/) {          # 空白行
    chdir or die "無法 chdir 到你的家目錄：$!";
  } else {
    chdir $dir or die "無法 chdir 到 '$dir'：$!";
  }

  my @files = <.* *>;        ## 這次包含了 .*
  foreach (sort @files) {    ## 這次要自行排序
    print "$_\n";
  }
```

和前一題有兩項差異。第一，glob 操作這次包含了「.*」，它會和所有點號開頭的檔案比對相符。第二，我們現在要對取得的結果串列進行排序，因為以點號開頭的檔案必須和不以點號開頭的檔案適當地交錯排列。

3. 以下是其中一種方法：

```
  print '請輸入目錄：(預設為你的家目錄)';
  chomp(my $dir = <STDIN>);
  if ($dir =~ /\A\s*\z/) {          # 空白行
    chdir or die "無法 chdir 到你的家目錄：$!";
  } else {
    chdir $dir or die "無法 chdir 到 '$dir'：$!";
  }

  opendir DOT, "." or die "無法執行 opendir dot：$!";
```

```
foreach (sort readdir DOT) {
  # next if /\A\./; ##    如果我們要忽略點號開頭的檔案
  print "$_\n";
}
```

這個程式結構又和前兩題一樣,但是這次我們選擇開啟目錄代號。當切換工作目錄後,我們會開啟目前目錄,也就是 DOT 目錄代號。

為什麼要用 DOT 呢?嗯,如果使用者輸入絕對路徑目錄名稱,像是 /etc,那要開啟它並沒有問題。但是如果是相對路徑名稱,像是 fred,讓我們看看會發生什麼事。首先,我們會 chdir 到 fred,然後我們想用 opendir 開啟它,但是這樣會開啟新目錄的 fred,而不是原來目錄的 fred。唯一可以確定一定能表示「目前目錄」的只有「.」(至少在 Unix 或類似系統是如此)。

readdir 函式會取得目錄所有檔名,然後再用程式排序和顯示。如果我們在第一題這樣做的話,我們就會略過點號開頭的檔案——要這樣做,只要將 foreach 迴圈內註解掉的那行取消註解就好。

你可能會質疑:「為什麼要先 chdir 呢?可以在任何目錄使用 readdir 等函式,而不只在目前目錄。」主要是,我們想讓使用者很方便用一個按鍵就可以到他們的家目錄。這可以當作通用檔案管理公用程式的雛型;也許下一步可以詢問使用者此目錄的哪個檔案要搬移到離線的磁帶儲存裝置。

4. 以下是其中一種方法:

```
unlink @ARGV;
```

或如果你想在遇到任何問題時,都警告使用者:

```
foreach (@ARGV) {
  unlink $_ or warn " 無法 unlink'$_':$!,繼續處理 ...\n";
}
```

此處,命令列調用的每個項目都會分別放進 $_ 裡,當作 unlink 的引數。如果遇到問題,就發出警告並提供線索。

5. 以下是其中一種方法:

```
use File::Basename;
use File::Spec;

my($source, $dest) = @ARGV;

if (-d $dest) {
  my $basename = basename $source;
  $dest = File::Spec->catfile($dest, $basename);
```

```
  }

  rename $source, $dest
    or die "無法重新命名 '$source' 為 '$dest' : $!\n";
```

這個程式真正做事的只有最後一行，但是程式的其餘部分是有需要的，用於重新命名進目錄所需。首先，宣告我們所需的模組後，為命令列引數取有意義的名字。如果 $dest 是一個目錄，我們需要從 $source 取出主檔名（basename），並將它附加於 $dest 之後。最後，當 $dest 經過處理過之後（如果需要的話），rename 函式就會開始行動，

6. 以下是其中一種方法：

```
  use File::Basename;
  use File::Spec;

  my($source, $dest) = @ARGV;

  if (-d $dest) {
    my $basename = basename $source;
    $dest = File::Spec->catfile($dest, $basename);
  }

  link $source, $dest
    or die "無法將 '$source' 連結至 '$dest' : $!\n";
```

如同習題提示所描述的，這個程式和前一個很像。差別在這次使用 link，而不是 rename。如果你的系統不支援硬連結，最後一個敘述可以寫成這樣：

```
  print "將 '$source' 連結至 '$dest'。\n";
```

7. 以下是其中一種方法：

```
  use File::Basename;
  use File::Spec;

  my $symlink = $ARGV[0] eq '-s';
  shift @ARGV if $symlink;

  my($source, $dest) = @ARGV;
  if (-d $dest) {
    my $basename = basename $source;
    $dest = File::Spec->catfile($dest, $basename);
  }

  if ($symlink) {
    symlink $source, $dest
```

```
        or die " 無法建立從 '$source' 至 '$dest' 的軟性連結：$!\n";
} else {
  link $source, $dest
        or die " 無法建立從 '$source' 至 '$dest' 的硬性連結：$!\n";
}
```

頭幾行程式碼（在兩個 use 宣告之後）會查看第一個命令列引數，如果它是 -s 的話，就表示要建立符號連結，所以我們將 $symlink 註記為真值。如果檢查到 -s，還要將它去除（下一行執行的事）。接下來幾行是從前一個習題答案複製貼上的。最後，根據 $symlink 的值，程式會選擇建立符號連結或是硬連結。我們也更新錯誤訊息，讓它能清楚顯示我們要建立哪一種連結。

8. 以下是其中一種方法：

```
foreach ( glob( '.* *' ) ) {
  my $dest = readlink $_;
  print "$_ -> $dest\n" if defined $dest;
}
```

glob 操作回傳的每個項目都會逐一出現在 $_。如果該項目是符號連結，readlink 就會回傳一個已定義的值，並且顯示連結位置。如果不是，if 測試失敗，該項目就會被跳過。

第 14 章習題解答

1. 以下是其中一種方法：

```
my @numbers;
push @numbers, split while <>;
foreach (sort { $a <=> $b } @numbers) {
  printf "%20g\n", $_;
}
```

程式的第二行實在是會讓人混淆，不是嗎？嗯，這是故意的。雖然我們建議你寫清晰易懂的程式碼，但是有些人卻會儘可能寫出難懂的程式，所以我們希望也能做好最壞的準備。有一天你也會需要維護像這樣難懂的程式碼。

因為那一行使用 while 修飾子，所以和以下迴圈功能相同：

```
while (<>) {
  push @numbers, split;
}
```

這樣就比較好了，但是還是有點不清楚（然而我們並不會對這種寫法吹毛求疵，它不算是「太難懂而無法一目瞭然」。）while 迴圈會一次讀取一行輸入（從使用者選擇的輸入來源，由鑽石運算子提供），接著（在預設情況下）以空白字元將它 split 成單字串列——或是在這個例子裡，為數值串列。畢竟這裡的輸入只是由空白字元分隔的數值串列。無論哪種寫法，while 迴圈都會將輸入的所有數值放進 @numbers。

foreach 迴圈會將排序過的串列逐行印出，使用 %20g 數值格式讓它們靠右對齊。你也可以用 %20s 代替。這有什麼不同呢？嗯，後者是字串格式，所以它不會更改輸出的字串。你有注意到範例資料同時有 1.50 和 1.5，以及 04 和 4 嗎？如果你以字串印出它們，多餘的零仍然會留在輸出結果；但是 %20g 是數值格式，所以相同的數值在輸出結果會一模一樣。兩種格式都有可能是對的，取決於你想做什麼事。

2. 以下是其中一種方法：

```perl
# 別忘了加上雜湊 %last_name
# 無論是習題抄寫或是下載範例檔案

my @keys = sort {
  "\L$last_name{$a}" cmp "\L$last_name{$b}"   # 依姓氏排列
    or
  "\L$a" cmp "\L$b"                            # 依名字排列
} keys %last_name;

foreach (@keys) {
  print "$last_name{$_}, $_\n";                # Rubble,Bamm-Bamm
}
```

這一題沒什麼好解釋的；我們依題目要求排列雜湊鍵，然後將它們印出來。我們以姓氏、逗號、名字的順序印出來，只是為了好玩而已；習題讓你自由發揮。

3. 以下是其中一種方法：

```perl
print "請輸入字串:";
chomp(my $string = <STDIN>);
print "請輸入子字串:";
chomp(my $sub = <STDIN>);

my @places;

for (my $pos = -1; ; ) {                     # 三節式 for 迴圈的妙用
  $pos = index($string, $sub, $pos + 1);     # 尋找下個位置
  last if $pos == -1;
  push @places, $pos;
}

print "'$sub' 在 '$string' 裡出現的位置是 @places\n";
```

這個程式的開頭很簡單，會詢問使用者字串並宣告一個陣列以儲存子字串位置的串列。但是再次的，這個迴圈似乎是展現聰明技巧，這應該只為了好玩有趣，而不該在實際使用中出現。但是這其實展現了一種有效的技巧，在某些情況下很有用，所以讓我們來看看它如何運作。

my 變數 $pos 宣告於 for 迴圈的私有範圍，初始值為 -1。為了不讓你想破頭，就直接告訴你吧，它的作用是儲存在較長字串中子字串的位置。for 迴圈中測試條件和遞增的位置都是空的，所以這是一個無窮迴圈。（當然我們最後會跳出它，在此例是用 last。）

迴圈本體的第一個敘述會從 $pos+1 的位置開始尋找子字串第一次出現的位置。這表示在第一次迭代時，$pos 的位置仍然是 -1，搜尋會從位置 0 開始，即字串開頭處。子字串的位置會儲存回 $pos。現在，如果它是 -1，就不用再執行迴圈，所以在此例用 last 跳出迴圈。如果不是 -1，那我們就將該位置存進 @places，然後再次回到迴圈。這次 $pos+1 表示我們會從前一次找到子字串的位置開始尋找。所以我們會找到要的答案，世界又恢復和平了。

如果你不想要用這種奇妙的 for 迴圈，你可以用以下方法完成同樣的結果：

```
{
    my $pos = -1;
    while (1) {
        ... # 迴圈本體和上面的一樣
    }
}
```

外側的純區塊限制了 $pos 的作用範圍。你不必這麼做，但是這是在最小可能作用範圍宣告每個變數的好主意。這表示在程式碼的任何特定位置都有比較少的變數「活著」，這使我們減少不小心將 $pos 用在他處的可能性。由於相同理由，如果沒有在一個小的作用範圍內宣告變數，你通常應該為它取一個較長的名稱，比較不會不小心重複用到。在這個例子，像 $substring_position 就蠻適合的。

另一方面，如果你試著要混淆你的程式碼（你太不像話了！），你可以創造像這樣的怪獸（我們真不像話！）：

```
for (my $pos = -1; -1 !=
    ($pos = index
        +$string,
        +$sub,
        +$pos
        +1
    );
    push @places, (((((+$pos))))) {
```

```
            'for ($pos != 1; # ;$pos++) {
             print " 出現位置 $pos\n";#;';#' } pop @places;
        }
```

這個更捉弄人的程式碼，可以取代原來奇妙的 for 迴圈。現在你的知識應該能自己破解它的含義了，或是為了要嚇嚇你的朋友和讓敵人困惑而混淆你的程式碼。請務必將此力量用於為善，不要作惡。

喔，對了，如果你在「This is a test.」搜尋「t」的話，會有什麼結果呢？它會在位置 10 和 13。但是不會出現在位置 0，因為它會區分大小寫。

第 15 章習題解答

1. 以下是其中一種方法：

```
    chdir '/' or die " 無法 chdir 到根目錄：$!";
    exec 'ls', '-l' or die " 無法 exec ls：$!";
```

第一行切換目前工作目錄到根目錄，是特意寫死的目錄。第二行使用多引數的 exec 函式將結果傳送到標準輸出。我們也可以使用單引數形式，但是上面的做法也沒什麼不好。

2. 以下是其中一種方法：

```
    open STDOUT, '>', 'ls.out' or die " 無法寫入 ls.out：$!";
    open STDERR, '>', 'ls.err' or die " 無法寫入 ls.err：$!";
    chdir '/' or die " 無法 chdir 到根目錄：$!";
    exec 'ls', '-l' or die " 無法 exec ls: $!";
```

第一和第二行重新開啟 STDOUT 和 STDERR，導向至目前工作目錄的檔案（在我們切換工作目錄之前）。接著，在切換目錄後，執行目錄列表指令，並將資料傳送回開啟在原始目錄的檔案。

最後的 die 顯示的訊息會到哪裡去呢？嗯，當然，它會跑到 *ls.err*，因為那是當時 STDERR 被導向處。從 chdir 發出的 die 訊息也會到那裡。但是如果我們無法在第二行重新開啟 STDERR，錯誤訊息會到哪裡呢？當無法重新開啟三個標準檔案代號（STDIN、STDOUT 和 STDERR）時，舊的檔案代號仍然是開啟的。

3. 以下是其中一種方法：

```
    if (`date` =~ /\AS/) {
      print " 出去玩！\n";
    } else {
      print " 去工作！\n";
    }
```

嗯，因為週六（Saturday）和週日（Sunday）都是 S 開頭，而 *date* 指令輸出結果的開頭部分就是「今天是星期幾」，所以這題很簡單。只要檢查 *date* 指令輸出結果，看它是否是 S 開頭的就可以了。還有許多完成此程式的複雜做法，大部分我們之前在課堂上都看過了。

但是如果我們要實際應用此程式的話，我們或許會用 /\A(Sat|Sun)/ 樣式[譯註]。這樣會稍微慢一點點，但是幾乎沒什麼影響；此外，這樣對維護程式設計師來說好懂多了。

4. 要捕捉某些信號，我們要設定信號處理程式。使用本書介紹的技術，我們有些重複的工作要做。在每個信號處理副程式裡，要設定 state 變數讓我們可以計數呼叫該副程式的次數。我們使用 foreach 迴圈將正確的副程式名稱賦值給 %SIG 中的鍵。最後，我們建立一個無窮迴圈讓程式無限期一直執行下去：

```
use v5.10;

sub my_hup_handler  { state $n; say '捕捉到 HUP: ',  ++$n }
sub my_usr1_handler { state $n; say '捕捉到 USR1: ', ++$n }
sub my_usr2_handler { state $n; say '捕捉到 USR2: ', ++$n }
sub my_int_handler  { say '捕捉到 INT。結束執行。'; exit }

say " 我是 $$";

foreach my $signal ( qw(int hup usr1 usr2) ) {
    $SIG{ uc $signal } = "my_${signal}_handler";
    }

while(1) { sleep 1 };
```

我們需要另一個終端機工作階段（terminal session）來執行傳送信號的程式：

```
$ kill -HUP 61203
$ perl -e 'kill HUP => 61203'
$ perl -e 'kill USR2 => 61203'
```

輸出結果會顯示我們捕捉到的信號次數：

```
$ perl signal_catcher I am 61203
捕捉到 HUP: 1
捕捉到 HUP: 2
捕捉到 USR2: 1
捕捉到 HUP: 3
捕捉到 USR2: 2
捕捉到 INT。結束執行。
```

[譯註] 此程式運作適用英語語系，其他語系的 *date* 輸出結果會有所不同，請先了解該語系 *date* 的指令輸出結果。

第 16 章習題解答

1. 以下是其中一種方法：

```perl
my $filename = 'path/to/sample_text';
open my $fh, '<', $filename
  or die " 無法開啟 '$filename'：$!";
chomp(my @strings = <$fh>);
while (1) {
  print ' 請輸入樣式：';
  chomp(my $pattern = <STDIN>);
  last if $pattern =~ /\A\s*\Z/;
  my @matches = eval {
    grep /$pattern/, @strings;
  };
  if ($@) {
    print " 錯誤：$@";
  } else {
    my $count = @matches;
    print " 有 $count 行相符字串：\n",
      map "$_\n", @matches;
  }
  print "\n";
}
```

這個程式使用 eval 區塊來捕捉任何使用正規表達式可能發生的錯誤。在區塊內，grep 會從字串串列取出相符的字串。

當 eval 完成時，我們可以回報錯誤訊息或顯示相符的字串。請注意我們使用 map 在每個字串加上換行字元而沒有 chomp 要輸出的字串。

2. 這個程式很簡單。我們有許多方法可以取得檔案串列，但是因為我們只在意目前工作目錄的檔案，所以我們可以使用 glob 操作。因為我們知道 stat 會使用預設變數 $_，所以就使用 foreach 迴圈將每個檔名放進 $_。我們在進行切片前，使用圓括號括住 stat：

```perl
foreach ( glob( '*' ) ) {
  my( $atime, $mtime ) = (stat)[8,9];
  printf "%-20s %10d %10d\n", $_, $atime, $mtime;
}
```

因為我們事先查過 stat 的文件，所以知道使用索引值 8 和 9。文件作者很好心地提供一張索引值對映表格，所以我們不用自己計算。

如果我們不想使用 $_，可以用自己的控制變數：

```
foreach my $file ( glob( '*' ) ) {
  my( $atime, $mtime ) = (stat $file)[8,9];
  printf "%-20s %10d %10d\n", $file, $atime, $mtime;
  }
```

3. 這一題的解答是建構在上一題的解答之上。現在的訣竅是使用 localtime 來將 epoch 時間轉換回 YYYY-MM-DD 形式的日期字串。在我們將其整合進完整的程式前，讓我們看看是怎麼做的，假設時間是儲存在 $_（這是 map 的控制變數）。

我們從 localtime 的文件查詢到切片的索引值：

```
my( $year, $month, $day ) = (localtime)[5,4,3];
```

我們注意到 locatime 會回傳年數減去 1900 和月數減去 1（至少減 1 是我們人類的計數方式），所以我們必須做調整：

```
$year += 1900; $month += 1;
```

最後，可以將它們放在一起以取得我們要的格式，必要時在月數和日數之前補上零：

```
sprintf '%4d-%02d-%02d', $year, $month, $day;
```

要將其應用到時間串列，我們使用了 map。請注意 localtime 是其中一個沒有使用 $_ 的運算子，所以你要以引數的方式明確指定：

```
my @times = map {
  my( $year, $month, $day ) = (localtime($_))[5,4,3];
  $year += 1900; $month += 1;
  sprintf '%4d-%02d-%02d', $year, $month, $day;
  } @epoch_times;
```

然後，我們會用它來替換前一題解答中 stat 那一行，最後結果會是這樣：

```
foreach my $file ( glob( '*' ) ) {
  my( $atime, $mtime ) = map {
    my( $year, $month, $day ) = (localtime($_))[5,4,3];
    $year   += 1900; $month += 1;
    sprintf '%4d-%02d-%02d', $year, $month, $day;
    } (stat $file)[8,9];

  printf "%-20s %10s %10s\n", $file, $atime, $mtime;
  }
```

這一題的重點在使用第 16 章提到的特別技術。但是還有另一種簡單許多的做法。
Perl 隨附的 POSIX 模組有一個 strftime 副程式，它的引數是 sprintf 風格的格式字
串，而且時間部分的順序和 localtime 回傳的一樣。這讓 map 的使用簡單許多：

```perl
use POSIX qw(strftime);

foreach my $file ( glob( '*' ) ) {
  my( $atime, $mtime ) = map {
    strftime( '%Y-%m-%d', localtime($_) );
    } (stat $file)[8,9];

  printf "%-20s %10s %10s\n", $file, $atime, $mtime;
  }
```

駱馬書之後

本書已經涵蓋許多內容，但是難免仍有遺珠之憾。在此附錄中，我們會告訴你更多 Perl 能做的事，提供你學習更多細節的參考資料。此處提供的內容是最新的資料，可能當你閱讀本書時已有所改變。這正是我們常常要你查看文件了解全貌的原因。我們不期待每個讀者都詳讀本附錄，但是我們希望你至少略讀過標題，這樣當有人跟你說：「某某計畫你不能用 Perl，因為 Perl 沒有某某功能」時，你可以反擊回去。

有一件最重要的事要請你牢記在心（我們不再每段贅述），我們在此書未提及的最重要部分都涵蓋於《Intermediate Perl》中，也就是所謂的羊駝書（the Alpaca）。你應該讀一讀羊駝書，尤其是如果你想寫超過 100 行的程式時（不論獨立完成或和他人合作）。特別是當你厭倦聽到 Fred 和 Barney 的故事，想出發前往另一個幻想世界，那裡有七個人遇上船難在荒島生活的故事。

在《Intermediate Perl》之後，你將準備好前往《Mastering Perl》，也就是著名的小羊駝書（the Vicuña），它包含你進行 Perl 程式設計所做的日常工作，例如評量基準（benchmarking）、效能分析（profiling）、程式組態與紀錄功能。它也會探討要如何處理別人寫的程式碼，以及如何將它整合進你自己的程式。

在《Perl New Features》中，brian 涵蓋了自 Perl 5.10 至今所加入的新功能（*https://leanpub.com/perl_new_features*）。因為它是電子書，所以能很容易地隨著 Perl 的改版而更新。

還有許多其他好書值得探索。根據你的 Perl 版本，可以參考 perlfaq2 或 perlbook 提供的建議，避免花錢買到爛書或過時的書。

更深入的文件

Perl 隨附的文件，乍看可能眼花撩亂。還好，你可以用電腦搜尋文件中的關鍵字。當搜尋特定主題時，從 perltoc（目錄）和 perlfaq（常見問答集）這兩節開始是個不錯的起點。在大部分系統，*perldoc* 指令能查到 Perl 核心、已安裝模組和相關程式（包括 *perldoc* 本身）的說明文件。你可以在線上閱讀相同的文件（*https://perldoc.perl.org/*），但是提供的都是 Perl 最新版本的。

正規表達式

是的，正規表達式的功能比我們提過的還多。Jeffrey Friedl 的《精通正規表達式（*Mastering Regular Expressions*)》是我們讀過最棒的書之一。該書有一半討論一般的正規表達式，另一半是關於 Perl 的正規表達式，有許多其他程式語言支援 Perl 相容的正規表達式（Perl-Compatible Regular Expressions，簡稱 PCRE）。它深入了正規表達式引擎內部如何運作的細節，並解釋了為何某個樣式的寫法比其他寫法更有效率。任何想認真學習 Perl 的人都應該讀這本書。也請參閱 perlre 文件（和較新版 Perl 中它的相關文件 perlretut 與 perlrequick）。而在《*Intermediate Perl*》和《*Mastering Perl*》中也有更多關於正規表達式的相關內容。

套件

套件允許你劃分命名空間（namespaces）。想像你有 10 個程式設計師合作開發一個大型計畫。假如有人在他們開發的部分使用全域名稱 $fred、@barney、%betty 和 &wilma， 如果你也在你的部分使用這些名稱會怎麼樣呢？套件讓你可以將它們分開；我可以存取你的 $fred，你也可以存取我的，而不是不小心的。你需要套件來增加 Perl 的擴展性，以讓你能管理大型程式。我們會在《*Intermediate Perl*》探討更多關於套件的細節。

擴充 Perl 的功能

Perl 討論論壇中最常見的忠告之一就是——不應該重新發明輪子。你可以拿其他人寫好的程式碼去用。增加 Perl 功能最常用的方法是使用函式庫或模組。許多模組都會隨著 Perl 一起安裝，其他的模組則可以從 CPAN 下載。當然，你甚至可以寫自己的函式庫和模組。

像 Inline::C 這樣的模組讓你能輕易地將 C 程式碼掛接到 Perl。

撰寫你自己的模組

在一些罕見的情況下，你找不到需要的模組，那你可以自己寫一個，無論是用 Perl 或是其他程式語言（通常是 C 語言）。《*Intermediate Perl*》涵蓋了如何撰寫、測試和發佈模組。

資料庫

如果你有一個資料庫，Perl 也能和它合作。我們已經在第 11 章簡短介紹過 DBI 模組。

Perl 可以直接存取某些系統資料庫，但有時候需要模組的協助。像是 Windows 登錄資料庫（儲存了機器層級的設定）、Unix 密碼資料庫（列出使用者名稱對應的相關資訊）和網域名稱資料庫（讓你將 IP 位址轉譯成機器名稱，反之亦然）。

數學

Perl 能計算任何你想得到的數學式。PDL（Perl Data Language 的簡稱）模組提供強大的方法來處理棘手的數學運算。

Perl 內建所有基本的數學函式（平方根、餘弦、對數、絕對值 ... 等等），詳情請見 perlfunc 文件。有些雖然被省略（例如正切或以 10 為底的對數），但是它們能輕易地由基本函式建立或載入簡單模組達成。（請參閱 POSIX 模組文件，內有許多常見的數學函式說明）

雖然 Perl 的核心功能無法直接支援複數，但是有很多模組可以處理。這些模組會讓一般的運算子和函式多載（overload），讓你在處理複數時仍然可用 * 相乘和用 sqrt 取得平方根。詳情請見 Math::Complex 模組。

你可以用任意大的數值做數學運算而仍然保有正確的精確度。例如，你可以計算兩千的階乘，或計算 π 到小數點後一萬位。請參閱 Math::BigInt 和 Math::BigFloat 模組。

串列與陣列

Perl 有些功能可以讓你更容易處理整個串列或陣列。

在第 16 章，我們提到 map 和 grep 串列處理運算子。它們的功能比我們在此提及的還多更多；詳情與範例請見 perlfunc 文件。更多 map 和 grep 的用法也可以查閱《Intermediate Perl》。

位元與區段

你可以用 vec 運算子處理位元陣列（即位元字串，bitstring），設定第 123 位元的值、清除第 456 位元的值或檢查除第 789 位元的狀態。位元字串可為任意大小。vec 運算子也可以處理的大小為 2 的乘冪，當你要把字串視為半位元組（nybbles）所組成的陣列時會很有用。請參閱 perlfunc 文件或《Mastering perl》。

格式

Perl 的格式功能可以輕鬆做出固定格式、模板製作而有自動化頁首的報表。事實上，這是 Larry 當初開發 Perl 的原因之一：作為實用摘錄與報告語言。但是，哎，它們的功能有限。遺憾的是當發現需要的功能恰好格式無法提供時，實在是會讓人心碎。這表示程式的輸出功能要整個重寫，以不使用格式功能的程式碼替換。儘管如此，如果你確定格式功能符合你目前和未來的需求，那它還是一個相當酷的功能。請見 perlform 文件。

網路連線與行程間通訊（IPC）

如果你的系統能讓程式之間彼此溝通的話，Perl 或許都能支援。本節介紹幾個常見的方式。

System V IPC

Perl 支援所有 System V IPC（行程間通訊，interprocess communication）的標準函式，所以你可以使用訊息佇列（message queues）、旗號（semaphores）、共享記憶體（shared memory）等。當然，Perl 的陣列並不是儲存在一塊連續的記憶體內，和 C 語言不同，所以共享記憶體無法分享 Perl 裡的資料。但是有模組可以協助轉譯資料，讓你可以假裝你的 Perl 資料是存在共享記憶體裡。請見 perlfunc 與 perlipc 文件。

Socket

Perl 提供對 TCP/IP 的完整支援，這表示你可以用 Perl 寫出一個網頁伺服器、網頁瀏覽器、Usenet 新聞群組伺服器或用戶端程式、finger 伺服器或用戶端程式、FTP 伺服器或用戶端程式、SMTP/POP/SOAP 伺服器或用戶端程式，以及許多網際網路上使用之任何通訊協定的端點程式。你可以在 Net:: 命名空間找到支援這些協定的低階模組，以及隨附於 Perl 的許多模組。

當然，沒有必要自己深入低階的細節；有許多處理常見通訊協定的模組可用。例如，你可以用 LWP、WWW::Mechanize 或 Mojo::UserAgent 模組建立網頁伺服器或用戶端程式。

安全性

Perl 有許多強大的安全相關功能，能讓 Perl 寫的程式比以 C 語言寫的更安全。其中最重要的或許是資料流程分析，也就是著名的污染檢查（taint checking）。當此功能開啟時，Perl 會追蹤哪些資料來自使用者或環境（因此不值得信賴）。一般來說，當這些所謂「受污染的（tainted）」資料會影響其他行程、檔案或目錄時，Perl 會禁止該操作並中斷程式執行。這並不完美，但是它是一個預防安全相關錯誤的強大方法。這方面還有許多說不完的故事；請見 perlsec 文件或《Mastering Perl》。

除錯

Perl 附有很棒的除錯器，它支援斷點、監視點、逐步執行和所有命令列除錯器該有的功能。它其實是用 Perl 寫的（所以如果除錯器有 bug 的話，我們不知道他們要怎麼除錯）。但這表示除了所有一般的除錯器指令外，你還可以在程式執行到一半時，從除錯器執行 Perl 程式碼——呼叫副程式、更改變數，甚至重新定義副程式。最新細節請見 perldebug 文件。《Intermediate Perl》也有對除錯器詳細的解說。

另一個除錯策略是使用 B::Lint 模組，它甚至能發現 -w 選項遺漏的潛在問題，並提供警告。

命令列選項

Perl 提供許多命令列選項；有許多選項能讓你直接從命令列寫出有用的程式。請見 perlrun 文件。

內建變數

Perl 有一大堆內建變數（像是 @ARGV 和 $0）可以提供有用的資訊或控制 Perl 本身的運作方式。請見 perlvar 文件。

參照

Perl 的參照很像 C 語言的指標，但是實際運作上，反而比較像 Pascal 或 Ada 的類似功能。參照會「指向」一個記憶體位置，但是因為沒有指標運算或是直接記憶體配置和釋放，所以你可以確定任何參照都是有效的。參照可以用來實作物件導向程式設計和複雜的資料結構，或提供其他絕妙的技巧。請見 perlreftut 和 perlref 文件。「*Intermediate Perl*」也涵蓋更多參照的細節。

複雜的資料結構

參照允許你在 Perl 建立複雜的資料結構。例如，假設你想用二維陣列。你可以建立一個二維陣列，也可以做更有趣的東西，像是雜湊組成的陣列、雜湊組成的雜湊，或是雜湊組成的陣列再組成的雜湊。請見 perldsc（data-structures cookbook）和 perllol（lists of lists）文件。同樣的，《*Intermediate Perl*》也完整涵蓋這個部分，包含複雜資料操作技巧，像是排序與總結。

物件導向程式設計

是的，Perl 有物件；它是和其他程式語言相容的術語。物件導向（Object-oriented，簡稱 OO）程式設計讓你能以繼承（inheritance）、覆蓋（overriding）和動態方法查找（dynamic method lookup）來建立自己的使用者定義資料型別。然而不像有些物件導向程式語言，Perl 不會強迫你使用物件。

如果程式碼超過 N 行，那以物件導向的方式設計會比較有效率（雖然執行階段可能會慢一點點）。沒有人知道 N 的確切值，但是我們估計大概是幾千左右。請見 perlobj 和 perlootut 文件以作為入門；進一步資訊請參考 Damian Conway 所著作的《*Object Oriented Perl*》（Manning Press）（*https://www.manning.com/books/object-oriented-perl*）。《*Intermediate Perl*》也詳細的涵蓋了物件相關內容。

撰寫本文時，Moose 的元物件系統在 Perl 也非常受歡迎。它在 Perl 的低階物件上提供更好的介面。

匿名副程式與閉包

乍聽之下可能會覺得很奇怪,不過沒有名字的副程式也很有用。這樣的副程式可以被當成參數傳遞給其他副程式,也可以經由陣列或雜湊存取當作跳轉表使用。閉包是從 Lisp 世界引進的強大概念。閉包(大致來說)是具有私有資料的匿名副程式。同樣地,我們會在《Intermediate Perl》和《Mastering Perl》為你介紹。

連結變數

連結變數可以像一般變數一樣存取,但是在幕後使用的是你自己的程式碼。所以你可以建立一個實際上存在遠端機器上的純量變數,或是某個總是排列好的陣列。請見 preltie 文件或《Mastering Perl》。

運算子多載

你可以用 overload 模組來重新定義像是加法、連接、比較或甚至是字串到數值的自動轉換。這就是複數模組的實作方式,可以讓你將複數乘以 8,得到正確的複數結果。

在 Perl 中使用其他語言

經由 Inline 模組,你可以在 Perl 程式嵌入 C 或其他程式語言。此模組用一種你不會注意到的無縫方式將外部程式語言連接到你的 Perl 程式。當廠商提供其他程式語言的函式庫,而你想用 Perl 時,這個功能特別方便。

內嵌

動態載入(dynamic loading)的相對技術(從某種意義上來說)就是內嵌。

假設你想寫一個非常酷的文書處理程式,(假設)你以 C++ 開始實作。現在你決定要讓使用者可以用 Perl 的正規表達式以提供更強大的搜尋與取代功能,所以你將 Perl 內嵌到你的程式裡。接著你想到可以將 Perl 的某些威力開放給使用者。進階使用者可以用 Perl 寫副程式,讓它成為程式選單上的一個功能。使用者也可以寫小型 Perl 程式以客製化文書處理程式的操作。現在,你開放網站空間讓使用者分享和交換這些 Perl 程式片段,這樣就有上千位程式設計師為你的程式撰寫延伸功能,而不收你公司半毛錢。那你要付給

Larry 多少錢呢？完全免費——請看 Perl 隨附的授權條款。Larry 真是個好人。你至少應該寫封感謝信給他。

雖然我們沒聽過這樣的文字處理程式，但是有人真的用這種技術寫其他的程式。其中一個例子就是 Apache 的 mod_perl，它將 Perl 內嵌到已經十分強大的網頁伺服器。如果你想內嵌 Perl，你應該看看 mod_perl；因為它是完全開放原始碼，你可以瞭解它如何運作。

將命令列 find 指令轉換成 Perl 程式

系統管理員常見的任務之一就是遞迴地搜尋目錄樹以尋找特定項目。在 Unix，這通常是由 *find* 指令來達成。我們也可以直接從 Perl 這麼做。

Perl 直到 v5.20 提供的 *find2perl* 指令（現在在 App::find2perl 套件中），接受的引數和 *find* 指令相同。然而它不會實際去尋找要求的項目，而是輸出用來尋找它們的 Perl 程式。既然是程式，你就可以視需要自行編輯。

find2perl 有個有用的引數是標準 *find* 沒有的，就是 -eval 選項。它後面接的是實際的 Perl 程式碼，會在每次找到檔案時執行。當它執行時，目前目錄就是檔案所在目錄，$_ 會就是該檔案的名稱。

這裡有一個你可能會使用 *find2perl* 例子。假設你是 Unix 系統的管理員，你想尋找和移除 */tmp* 目錄裡所有舊的檔案。這裡是生成該程式的指令寫法：

```
$ find2perl /tmp -atime +14 -eval unlink >Perl-program
```

該指令會在 */tmp* 搜尋（在所有子目錄）atime 大於 14 天的項目。程式會對每個項目執行 Perl 程式碼 unlink，會將 $_ 當作要移除之檔案的預設名稱。輸出結果（重新導向到 *Perl-program* 這個檔案）就是做這些事的程式。現在你只需要將它安排在需要的時候執行就好了。

提供程式命令列選項

如果你想寫一個會接受命令列選項的程式（例如像 Perl 的 -w 警告選項），有一些模組能提供你標準做法。請見 Getopt::Long 和 Getopt::Std 模組的文件。

內嵌文件

Perl 的文件是以 pod（plain-old documentation）格式寫成。你可以將這種文件內嵌到你自己的程式，它可以被轉譯成純文字、HTML 或其他需要的格式。請見 perlpod 文件。《Intermediate Perl》也涵蓋了這個主題。

開啟檔案代號的更多方法

開啟檔案代號時，還有其他模式可以使用；請見 perloepntut 文件。open 內建函式的功能豐富，所以有單獨的說明文件。

圖形化使用者介面（GUIs）

有幾個提供 Perl 介面的 GUI 工具集。請見 CPAN 的 Tk、Wx 以及其他 GUI 工具集。

還有更多 ...

如果你查閱 CPAN 的模組清單，你會找到有更多不同用途的模組，從生成圖形和影像，到下載 email，從計算貸款攤銷，到計算日落時間。隨時都有新模組加入，所以 Perl 在今日比我們當初寫本書時更強大。我們無法一直跟上它們全部，所以我們會到此為止。

Unicode 入門

這不是對 Unicode 完整或全面的介紹；只會夠你了解我們在本書所呈現的 Unicode 部分。處理 Unicode 很棘手不只是因為它是一種思考字串的新角度，還有許多調整過的用語，也因為一般電腦程式語言對它的支援很差。Perl 自 v5.6 開始每一版都持續改進對 Unicode 的支援，至今已越來越接近完善。不過，Perl 可以說是你見過的最佳 Unicode 支援了。

Unicode

Universal Character Set（通用字元集，簡稱 UCS）是字元（*character*）對碼點（*code point*）的抽象映射（abstract mapping）。它和記憶體中特定的表示法無關，這表示我們可以用統一的方式談論字元，不用管我們目前是在什麼平台上。編碼法（*encoding*）會將碼點依抽象映射轉換成記憶體中的特定表示法，將它實際呈現在電腦裡。你或許會以位元組（bytes）來指稱這些儲存在記憶體的編碼，不過當我們談論到 Unicode 時，我們會用八位元組（*octets*）這個詞（請見圖 C-1）。不同的編碼法會以不同的編碼儲存字元。相反地，要將八位元組解譯為字元，你要對它們解碼（*decode*）。對於這些問題，你不必太過擔心，Perl 會幫你處理大部分細節。

當我們談論碼點時，我們指的是像這樣的十六進位數值：（U+0158）；這是字元 Ř 的碼點。碼點也有名稱，前面這個字元的叫做「LATIN CAPITAL LETTER R WITH CARON」。不只是這樣，碼點還知道它們自己的一些事情。它們知道它們是大寫還是小寫，是字母、數字還是空白……等等。它們知道自己相對應的大寫，首字母的大寫或小寫，如果存在的話。這表示我們現在不只可以處理特定字元，我們還有辦法談論字元的類型。所有這些屬性都定義在 *perl* 隨附的資料檔中。請查看你 Perl 函式庫目錄裡的 *unicore* 目錄；Perl 對字元所需要知道的一切都在其中。

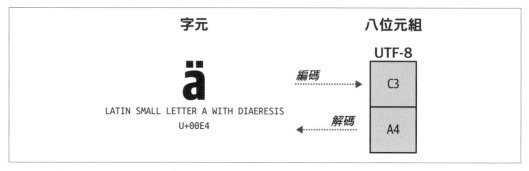

圖 C-1　字元的碼點不是儲存內容。編碼法會將字元轉換成儲存內容。

UTF-8 與其他編碼法

Perl 首選的編碼法是 UTF-8，這是 UCS Transformation Format 8-bit 的縮寫。Rob Pike 和 Ken Thompson 在紐澤西共進晚餐時，在餐墊紙背面定義了這個編碼法。它只是編碼法的一種，但是它沒有一些其他編碼法的缺點，所以它非常受歡迎。如果你使用 Windows，你可能是用 UTF-16。關於該編碼法，我們沒有任何什麼好說的，所以我們就如媽媽對我們的告誡──保持安靜。

 關於 UTF-8 的發明，可以閱讀 Rob Pike 自己的說明。

取得一致性

要將一切設定成使用 Unicode 可能會令人感到挫折，因為系統的每個部分都必須知道要使用哪一種編碼法，這樣才能夠正確顯示。只要任何一部份搞砸你可能就會看到亂碼，而且無法知道哪一個部分出問題。如果你的程式輸出是採用 UTF-8，你的終端機需要知道，才能正確顯示字元。如果的輸入是採用 UTF-8，你的 Perl 程式需要知道才能正確解譯輸入的字串。如果你將資料放進資料庫，資料庫伺服器需要正確儲存它且正確回傳它。如果你想要 *perl* 以 UTF-8 解譯你的輸入，還必須設定好編輯器才能將原始碼以 UTF-8 儲存。

我們不知道你使用哪一種終端機，也無法將每一種（或任何）終端機的說明條列於此。對於現代的終端機程式，你應該可以在偏好設定或屬性中找到關於編碼法的設定。

此外，許多程式需要知道你想要以哪一種編碼法輸出。有些會查看 LC_* 環境變數，有些則有自己的設定：

```
LESSCHARSET=utf-8
LC_ALL=en_US.UTF-8
```

如果你的分頁閱讀器（亦即 less、more、type）無法正確顯示，請閱讀它們的說明文件以了解如何設定編碼法。

很炫的字元

如果你習慣於 ASCII 的思維，那你要對 Unicode 有不同的思考方式。例如，請問你知道 é 和 é 有什麼差別呢？你或許無法藉由本書的印刷用看的來分辨出差異，即使你看的是本書的數位版本，出版過程可能已經「修正」了差異。你可能甚至不相信有我們說的差異，但是真的有。第一個是單字元，但是第二個是雙字元。怎麼會這樣呢？對人類來說，它們是一樣的。對我們來說，它們是一樣的字形（grapheme 或 glyph），因為不管電腦如何處理它們，意義都是一樣的。我們大部分只關心結果（即字形），因為那是我們要給讀者看的資訊。

在 Unicode 出現之前，一般的字元集將像 é 的字元定義為單一實體。這是我們前一個段落範例的第一個字元（請相信我們）。然而 Unicode 也導入了標記（mark）字元的概念——用於和另一個字元（稱為非標記字元）組成的重音、修飾或註解符號。第二個 é 實際上是由非標記字元 e（U+0065，LATIN SMALL LETTER E）和標記字元 ´（U+0301，COMBINING ACUTE ACCENT，也就是字母上方尖尖的部分）所構成。這兩個字元一起構成了字形。的確，這就是為何你應該不要稱這整體的表示法為字元（character）而要改稱字形（grapheme）的原因。一個以上的字元可以組成最後的字形。這似乎有點賣弄學問，不過能讓 Unicode 的討論更容易進行，而不會錯亂。

如果世界能重新開始，Unicode 或許也不用處理單字元版本的 é，但是單字元版本確實因歷史因素而存在，所以 Unicode 為某了某種回溯相容和處理既有文字的因素而必須面對它。Unicode 碼點有跟 ASCII 與 Latin-1 編碼法一樣的順序值，它們的碼點範圍都是從 0 到 255。這樣的話，你就可以將 ASCII 字串當作 UTF-8 來處理（但是 UTF-16 就不行，因為每個字元會佔用至少兩個位元組）。

單字元版本的 *é* 是一個組合（*composed*）字元，因為它把兩個（或多個）字元表示成一個碼點。它將標記字元和非標記字元組合成一個單一字元（U+00E9，LATIN SMALL LETTER E WITH ACUTE），具有自己的碼點。另一種則是分解（*decompose*）的形式，由兩個字元組成，有兩個碼點。

所以為什麼你要關心這些事呢？如果你認為是一樣的東西，實際上是不一樣的，那你要怎麼正確排序文字呢？Perl 的 sort 會關心字元，而非字形，所以字串 "\x{E9}" 和 "\x{65}\x{301}" 在邏輯上都是 *é*，不會排序在相同位置。在你排序這些字串前，你想要確認不論如何表達這兩個 *é*，它們的排序是緊接在一起的。你不在乎它們是組合或是分解字元。我們稍後會介紹解決方法，你也應該參考第 14 章的討論。

在你的原始碼中使用 Unicode

如果你想在你的原始碼中使用 UTF-8 字面字元，你需要告訴 *perl* 以 UTF-8 來讀取你的原始碼。可以用 utf8 指示詞來這麼做，它唯一的功能就是告訴 *perl* 如何解譯你的原始碼。這個例子在字串中有 Unicode 字元：

```
use utf8;

my $string = "Here is my ☕ résumé";
```

你也可以在變數或副程式名稱使用 Unicode 字元：

```
use utf8;

my %résumés = (
    Fred => 'fred.doc',
    ...
    );

sub π () { 3.14159 }
```

utf8 指示詞唯一個工作就是告訴 *perl* 以 UTF-8 來解譯你的原始碼。它不會為你做其他任何事。當你決定要處理 Unicode，在你的原始碼中引用此指示詞總是不會錯的，除非你有理由不這麼做。

 要輸入鍵盤上沒有的字元可能很困難。使用 r12a 的 Unicode 碼轉換器和 UniView 9.0.0，或像是 UnicodeChecker 的程式可能會有幫助。

更炫的字元

然而還有更糟糕的事，雖然不是每個人都在意這件事。你看得出 *fi* 和 *fi* 有什麼不同嗎？除非排版系統對此做了「最佳化」，不然第一個是 *f* 和 *i* 分開的形式，第二個則是將兩者結合在一起的連字（*ligature*）形式，通常會這樣設置字形以讓人容易閱讀。*f* 之上突出的部分看起來影響到 *i* 上方點號的個人空間，這有點醜。我們實際上不會讀單字中的每個字母，而是會將它當作一個整體來辨識；連字可以稍微改善樣式的辨識度。所以排版系統會將兩個字形連在一起。你可能從來沒有注意過，但是你會在本段落看到幾個例子，而且你會常常在排版的書籍發現它們（但是通常不會在電子書看到，電子書通常比較不講究好看）。

> 除非我們自己打成連字形式，不然 O'Reilly 的自動排版系統不會將我們的 *fi* 轉換成連字形式，這樣或許是比較快的文字處理流程，即使我們必須手動一些字形。雙手合十祈禱結果如我們預期！

其中的差別類似 *é* 的組合和分解形式的差異，但是有點不同。*é* 是標準等價（*canonically equivalent*），因為無論你用哪一個形式，結果都會是一樣的視覺外觀，一樣的意義。*fi* 和 *fi* 沒有一樣的視覺外觀，所以它們只是相容等價（*compatibility equivalent*）。你只需要知道，你能將標準等價和相容等價的形式分解成你可以用來排序的共同形式（圖 C-2）。相關細節請參考 Unicode Standard Annex #15，"Unicode Normalization Forms"。

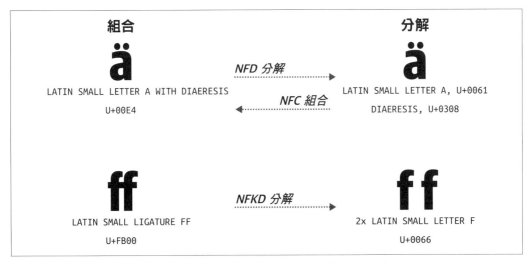

圖 C-2　你可以分解和重組標準等價形式，但是你只能對相容等價進行分解。

假設你想檢查一個字串是否有 *é* 或 *fi*，而你不在意它是什麼形式。要做到那樣，你可以分解字串以取得它們的共同形式。要分解 Unicode 字串，可以用 Perl 隨附的 `Unicode::Normalize` 模組。它提供兩個用於分解的副程式。你可以使用 NFD 副程式（*Normalization Form Decomposition*），它會轉換標準等價形式成相同的分解形式。你可以使用 NFKD 副程式（*Normalization Form Kompatibility Decomposition*）將表示相同事物、卻又不相同的相容等價形式轉換成相同的分解形式（例如，*ss* 之於 *ß*）。這個例子有一個含有組合字元的字串，你可以將它分解後，以各種方法進行比對。結果應該會印出「yay」訊息，不該印出「oops」訊息：

```
use utf8;
use Unicode::Normalize;

# U+FB01        - fi ligature
# U+0065 U+0301 - decomposed é
# U+00E9        - composed é

binmode STDOUT, ':utf8';

my $string =
    "Can you \x{FB01}nd my r\x{E9}sum\x{E9}?";

if( $string =~ /\x{65}\x{301}/ ) {
    print "Oops! Matched a decomposed é\n";
}
if( $string =~ /\x{E9}/ ) {
    print "Yay! Matched a composed é\n";
}

my $nfd  = NFD( $string );
if( $nfd =~ /\x{E9}/ ) {
    print "Oops! Matched a composed é\n";
}
if( $nfd =~ /fi/ ) {
    print "Oops! Matched a decomposed fi\n";
}

my $nfkd = NFKD( $string );
if( $string =~ /fi/ ) {
    print "Oops! Matched a decomposed fi\n";
}
if( $nfkd =~ /fi/ ) {
    print "Yay! Matched a decomposed fi\n";
}
if( $nfkd =~ /\x{65}\x{301}/ ) {
    print "Yay! Matched a decomposed é\n";
}
```

如你所見，NFKD 形式總是可以相符於分解的形式，因為 NFKD() 可以分解標準等價和相容等價形式。NFD 的形式無法相符於相容等價的分解形式：

```
Yay! Matched a composed é
Yay! Matched a decomposed fi
Yay! Matched a decomposed é
```

但是有一點請注意：你可以分解和重組標準等價形式，但是你不一定能重組相容等價形式。如果你分解連字形式的 *fi*，會取得獨立的 f 和 i 字形。重組程式無法知道它們是來自連字還是一開始就是獨立的。（這就是為什麼我們會忽略 NFC 和 NFKC。雖然這些形式可以分解和重組，但是 NFKC 不一定可以重組回原始的形式。）同樣的，這就是標準等價和相容等價形式的差異：不論哪種方式，標準等價形式都會得到一樣的結果。

在 Perl 中處理 Unicode

本節是在 Perl 程式中使用 Unicode 最常見方法的快速摘要。這不是最可靠的指南，我們甚至會忽略一些細節。這是一個很大的主題，我們不想把你嚇跑。一開始（本附錄）先學一點點，當你遇到問題時，再去看我們列舉在本附錄後的詳細文獻。

以名稱來指定更炫的字元

Unicode 字元也有名稱。如果你沒無法輕易地用鍵盤輸入字元，而且也記不住碼點，你可以使用它的名稱（雖然要打很多字）。Perl 提供的 charnames 指示詞讓你能存取這些名稱。在雙引號語境將名稱置於 \N{...} 內：

```
my $string = "\N{THAI CHARACTER KHOMUT}"; # U+0E5B
```

請注意比對和替換運算子的樣式部分也是在雙引號語境，但是也有叫做 \N 的字元集縮寫，它是表示「非換行字元」（請見第 8 章）。它通常運作的很好，除了遇到一些奇怪的狀況，Perl 通常不會搞混。對於 \N 問題的詳細討論，請參考部落格貼文「Use the /N regex character class to get 'not a newline'（*https://reurl.cc/Rr9XaG*）」。

從 STDIN 讀取或者寫入到 STDOUT 或 STDERR

從最低階來看，你的輸入和輸出都只是位元組。你的程式需要知道如何解碼和編碼它們。相關主題我們在第 5 章幾乎都已經介紹過了，但是這些有一些摘要。

你有兩種方法來讓檔案代號使用特定編碼法。第一種是使用 binmode：

```
binmode STDOUT, ':encoding(UTF-8)';
binmode $fh, ':encoding(UTF-16LE)';
```

當你開啟檔案代號時，也可以指定編碼法：

```
open my $fh, '>:encoding(UTF-8)', $filename;
```

如果你要設定所有你要開啟之檔案代號的編碼法，可以使用 open 指示詞。你可以讓設定影響所有輸入或所有輸出的檔案代號：

```
use open IN  => ':encoding(UTF-8)';
use open OUT => ':encoding(UTF-8)';
```

你也可以用一個指示詞同時設定輸入和輸出的檔案代號：

```
use open IN  => ":crlf", OUT => ":bytes";
```

如果你想在輸入和輸出的檔案代號都使用相同的編碼法，你可以同時設定它們，設定時可以使用 IO 或是省略也可以：

```
use open IO  => ":encoding(iso-8859-1)";
use open ':encoding(UTF-8)';
```

因為標準檔案代號已經開啟了，你可以使用 :std 次指示詞來應用之前指定的編碼法：

```
use open ':std';
```

除非你已經明確宣告一種編碼法，否則這個指令毫無作用。在那種情況，可以用第二匯入項目來新增編碼法：

```
use open qw(:std :encoding(UTF-8));
```

你也可以在命令列使用 -C 選項來設定這些值，它根據你提供的引數在標準檔案代號設定編碼法：

```
I    1    STDIN 被假定使用 UTF-8
O    2    STDOUT 將會使用 UTF-8
E    4    STDERR 將會使用 UTF-8
S    7    I + O + E
i    8    UTF-8 是輸入串流預設的 PerlIO 層
o   16    UTF-8 是輸出串流預設的 PerlIO 層
D   24    i + o
```

更多關於命令列選項的資訊（包含 -C 選項）請見 perlrun 文件。

讀取和寫入檔案

我們在第 5 章介紹過此議題，此處只是摘要。當你開啟一個檔案時，可以使用三引數形式並指定編碼法，這樣你可以明確知道你取得的是什麼：

```
open my( $read_fh ),   '<:encoding(UTF-8)',  $filename;
open my( $write_fh ),  '>:encoding(UTF-8)',  $file_name;
open my( $append_fh ), '>>:encoding(UTF-8)', $file_name;
```

但是，請記得不要挑選輸入的編碼法（至少不要從你程式內部）。除非你確定實際上輸入的編碼法，否則不要選擇輸入的編碼法。請注意雖然你真的在解碼輸入內容，但是你使用的仍然是 :encoding。

如果你不知道會取得何種輸入（程式設計的其中一個定律就是，執行得夠多次，你就會遇到各種可能的編碼法），你也可以只讀取原始串流並猜測其編碼法，或許可以用 Encode::Guess。其中有許多陷阱，我們在此不會提到。

一旦資料進入你的程式，你就不用再擔心編碼問題了。Perl 知道如何儲存和操作它。直到你想將它存入一個檔案（或將它送進 socket……等等），你才需要再次編碼它。

處理命令列引數

如之前所述，當你想要把任何資料當成 Unicode 處理時，你需要小心它的來源。@ARGV 陣列是一個特例，因為它的值來自命令列，而命令列使用的是語系設定（locale）：

```
use I18N::Langinfo qw(langinfo CODESET);
use Encode qw(decode);

my $codeset = langinfo(CODESET);

foreach my $arg ( @ARGV ) {
    push @new_ARGV, decode $codeset, $arg;
}
```

處理資料庫

我們的編輯告訴我們，我們已經用完篇幅了，已經幾乎到本書的尾聲了！我們沒有太多空間來介紹這個主題，但是沒關係，因為它實際上和 Perl 無關。儘管如此，他允許我們再說幾句話。這真是太可惜了，我們無法深入資料庫伺服器的各個面向。

最後你會想將你的某些資訊儲存在資料庫。Perl 最受歡迎的資料庫存取模組 DBI 是 Unicode 通透（Unicode-transparent）的，表示它會將取得的資料直接傳遞到資料庫伺服器而不會搞砸它。請查看不同的驅動程式（例如，DBD::mysql）以了解你需要哪些驅動程式特定的設定值。你也必須直接設定你的資料庫伺服器、綱要（schemas）、資料表（tables）和資料欄（columns）。現在你能瞭解為什麼我們很慶幸篇幅用完了吧！

深入閱讀

Perl 文件中能協助你了解語言特定之部分的有 perlunicode、perlunifaq、perluniintro、perluniprops 和 perlunitut 文件。別忘了查看任何你所使用的 unicode 模組所附文件。

Unicode 官方網站（*https://www.unicode.org/*）幾乎有所有你想知道關於 Unicode 的一切，它是一個好的起點。

《*Effective Perl Programming*》（Addison-Wesley）（*https://www.effectiveperlprogramming.com/*）也有 Unicode 章節，也是本書共同作者之一所著作的。

實驗性功能

你完全可以跳過本附錄和我們介紹的實驗性功能而不會怎麼樣。或是你盲目地跟著我們在章節中介紹的範例，而不用擔心會發生什麼事。但是我們認為你會想要使用並瞭解它們，因為我們也想要使用和瞭解它們。

許多 Perl 的新功能其實並不「新」。它們是實驗性的。你必須做些事來啟用它們，它們可能會變更，也可能會消失。事實上，v5.24 移除了兩個實驗性功能。

這相當聰明。人們能安裝最新版的 perl，並開始使用這些新功能。他們能測試它，看看它和其他功能如何互動。最棒的是為它們發展意想不到的慣用語法。或是可以完全忽略它，而不用擔心向後相容性。Perl 5 Porters（開發和維護 Perl 程式碼庫的人）在提交新功能成為永久功能前，需要了解人們如何使用以及對它的反應。

本書應該向你介紹使用 Perl 最好與最令人興奮的方法，但是我們也不希望你依賴可能在你購買本書一年後會消失的實驗性功能。我們會向你介紹一些新功能，但是當我們這麼做時，我們會指引你到本附錄，以讓你能取得我們不想每次解釋的背景知識。

feature 模組文件列出大部分的新功能並提供簡要的使用方法敘述。你也可以在每次 Perl 發布時閱讀 perldelta 文件以了解新的發展。我們會在表 D-1 介紹新功能的狀態。在我們探討那些之前，先提供你一些背景知識。

Perl 開發簡史

Perl 經歷了幾個開發時期，每個時期都有它的故事。了解以前發生過什麼事能幫助你了解現在 Perl 的情況。

Larry 在 1980 年代晚期創造了 Perl 語言（雖然這不是他一開始想用的名稱）。他大部分是獨自開發，並從 Usenet 社群取得一些意見回饋。現在的年輕人或許都沒有看到新聞群組，但是它可是當時社群媒體，也是他在 1987 年首次發布 Perl 的地方。

最後 Perl 的吸引力大到有好多本關於它的書籍（尤其是本書和《*Perl 程式設計*》（*http://www.programmingperl.org/*），在出版社將封面改成藍色之前，它們是粉紅色封面）。後來 Perl 升級到了第 4 版。那也是 Perl 大受歡迎的時期，當時很多人學習（或停止學習）Perl。坦白說，全世界就是在這個時期對 Perl 有許多的期待，也有很多 Perl 程式設計師感到失望。但是覆水難收。

但 Perl 4 沒有物件導向功能，這是一種建立複雜資料結構或語彙作用範圍的好方法。Larry 大約在 1993 年左右開始開發 Perl 5，這是目前的主要版本，也是本書探討的版本。

為了從 Perl 4 轉移到 Perl 5，一群 Perlers（Perl 程式設計師）成立了 Perl 5 Porters，以確保 Perl 5 能移植到數百個不同的平台。今日這個團體仍然存在，不過人員可能有所改變。你可以在 perlpolicy 讀到更多關於他們的運作過程。

perlhist 文件列出了每個 Perl 版本，包含發行日期和維護者。Larry 在 1994 發布 Perl 5 後，由其他人負責一些發行版本的工作。新版本發布後，其他人通常會來維護舊的版本。這有一點隨意和特別，但也順利運作了一段時間。

Porters 在 Perl 5.6 做了很大的改變，Perl 5.8 又發生了一次。Perl 經歷了一些成長的痛苦，包括處理 Unicode。從 Perl 5.004 到 5.005 大約是一年多一點，但從 5.005 到 5.6 幾乎是兩年。Perl 5.6 到 5.8 花了超過兩年。新版本發布的時間延長了。

請注意我們寫的版本編號 5.005 和 v5.6 的不同。有經驗的 Perl 程式設計師會將這兩個版本唸成「five double-oh five」和「five point six」。我們開始將第二個（或次要）編號說成版本編號。這是歷史的怪僻。

在 Perl 5.8 之後，人們瞭解到程式碼需要大幅改變才能繼續發展下去。Chip Salzenberg 在一個稱為「Topaz」的秘密計畫中嘗試將 Perl 以 C++ 重寫。雖然他在過程中吸取了一些有趣的教訓，但是沒有成功。大約在同一時間，Larry 和一些人有了著手開發 Perl 6 的想法，將程式碼庫（code base）完全改寫以讓開發更容易，並提供現代的功能。

Perl 5.10 和之後的版本

現在我們會忽略此時發生的另一半分支，不想引發歷史的爭論，我們只會寫 Perl 6（現在稱為 Raku）沒有成為 Perl 下一個主要版本。它成為一個獨立的程式語言，而有另一本書《*Learning Perl 6*》探討（*http://www.learningraku.com/*）。幾年來，它從 Perl 5 的開發吸引了一些人，但是後來，Perl 5 復活了。在上一個 Perl 5 版本發布五年後的 2007 年底，Rafael Garcia-Suarez 發布了 Perl v5.10。這個版本有一些從持續開發的 Perl 6 偷來的功能，主要是 say（第 5 章）、state（第 4 章）、given-when 和聰明比對（我們已經從本書移除了最後兩個實驗性功能）。

Larry 已經轉向 Perl 6 的開發。這是 Larry 首次沒有負責 Perl 5 的開發。Jesse Vincent 擔任了這個角色，並開始按照順序放上了後 Larry 時代的流程，包括開發版本的常規發布週期和穩定版本的年度發布週期。

Ricardo Signes 後來接替了 Jesse，並制定了更多政策。新功能會先從「實驗性功能」開始，直到它們證明了自己的能力。新功能會在兩個穩定版本後轉移到永久功能。如果你不開啟這些實驗性功能的話，它們不會干擾你的程式。或者，如果你想玩看看最新的東西，你可以開啟它們，但是風險自負。

Perl 5 Porters 應用同樣的流程移除實驗性功能。Perl 有一些缺點（沒錯，我們都知道它有缺點）和一些棄用的功能和變數。你知道有一個變數可以控制陣列的起始索引值嗎？你不知道？別擔心，它現在已經消失了（但也不完全是這樣，因為有一個實驗性功能恢復了它）。Perl 經由新的流程標記了棄用的功能，並在使用它時提出警告。經過兩個穩定版本（所以是兩年），Porters 可以安心地移除功能，因為他們已經提出了充分警告。他們現在真的移除了功能。他們仍然支援回溯相容性，但是在合理的範圍內。

你可以在 perlpolicy 文件閱讀官方的支援政策。基本上，Poters 會提供前兩個穩定版本的官方支援。如果 v5.34 是最新版本的話，他們就會對 v5.34 和 v5.32 提供官方支援。他們可能會自行決定更新 v5.30 或更早期的版本。

假設你有需要使用舊功能的東西。你該怎麼辦呢？簡單——繼續使用舊版的 *perl* 就可以了！這是你使用多年的 *perl*，沒有人會把它拿走。喔，你是使用系統的 *perl*，而你的系統要更新它了？嗯，現在你知道一個不應該依賴系統 *perl* 的原因了。升級是為了系統，不是你！為你的重要程式安裝你自己的 *perl*。

安裝你自己的 *perl* 不只是為了保護你不受系統更新的影響，也能讓它執行速度更快。系統 *perl* 無法依你的使用方式調整。它是以對每個人造成最少的影響來編譯的。如果你不想用像是除錯系統或執行緒之類的功能，你可以自己編譯沒有這些功能的 *perl*，以小幅度提升速度。你甚至可以為這些功能編譯另一個 *perl*。

安裝最新版的 Perl

在你想安裝新版的 Perl 之前，請先檢查你有的版本是否夠好了。-v 命令列選項會告訴你，你現在使用的是哪一個版本：

```
$ perl -v

This is perl 5, version 34, subversion 0 (v5.34.0)
```

如果你有夠新的版本，你就不必多費力了。接下來要做什麼取決於你想做多少工作。

如果你被困在沒有編譯器的系統上，你可以嘗試編譯好的版本，包含 Strawberry Perl（Windows）或 ActivePerl Community Edition（macOS、Windows、Linux 及其他作業系統）。

你可以編譯你自己的 *perl*。我們認為每個人一生中都應該嘗試自己編譯至少一次。身為程式設計師就是要了解電腦實際上如何運作的、編譯原始碼、管理函式庫 ... 等等。你可以從 CPAN 下載 *perl* 的原始碼。我們傾向將它們全部安裝起來，這樣我們就可以玩任何喜歡的版本。

 你可能必須安裝開發工具來編譯程式碼。因為系統管理它的方法太多了，所以我們無法確切告訴你該怎麼做。要弄清楚如何安裝 *gcc*（the GNU C compiler），或許還要取得你需要的其餘工具。macOS 的使用者要從 Apple 取得「Command Line Tools for Xcode」來安裝（*https://developer.apple.com/downloads/*）。Windows 使用者需要提供 Unix-like 環境的 Cygwin（*http://www.cygwin.com/*）。

原始碼一旦解壓縮後，你可以設定安裝組態來告訴它要安裝在哪裡。你不需要特殊權限就可以進行此項操作，因為你可以安裝到你所控制的任何目錄：

```
$ ./Configure -des -Dprefix=/path/where/you/want/perl
```

我們喜歡安裝好幾個 *perl*，所以我們為每一個版本建立專屬的目錄：

```
$ ./Configure -des -Dprefix=/usr/local/perls/perl-5.34.0
```

接著，要求 make 安裝它——這可能會花點時間：

```
$ make install
```

你可能會想在安裝前行測試結果如何。如果測試步驟失敗了，*make* 就不會執行安裝步驟：

```
$ make test install
```

一旦安裝完成，我們可以在 shebang 列指定它來使用新的 *perl*：

```
#!/usr/local/perls/perl-5.34.0/bin/perl
```

你也可以使用 *perlbrew* 應用程式來安裝和管理多個 Perl 版本。它和前幾個步驟做的是一樣的事，但是被自動化了。細節請見 *https://perlbrew.pl*。

實驗性功能

讓我們看看實際的功能和如何使用它們。我們不會列出每一個功能或徹底解釋我們強調的功能。我們想向你示範如何使用任何新功能，而不是特定的新功能。

你可以透過幾種方式開啟實驗性功能。第一種是 v5.10 導入的 -E 命令列選項。就像 -e 選項一樣，它將程式指定為引數，但是 -E 還會啟用所有新功能：

```
$ perl -E "say q(Hello World)"
```

在程式裡，你可以使用 use 和任何格式的版本編號來啟用新功能：

```
use v5.34;
use 5.34.0;
use 5.034;
```

請記得從 v5.12 開始，用 use 指定版本也會自動開啟 strict。

你也可以指定最低版本而不載入新功能；用 require 來這麼做：

```
require v5.34;
```

feature 模組讓你能在想用新功能時載入它。在這個 use 的例子，Perl 會暗自幫你呼叫該模組以載入與該版本相關的標記（tag）：

```
use feature qw(:5.10);
```

你不用載入特定版本全部的新功能，也可以個別載入它們。在第 4 章我們介紹了 state（一個 v5.10 的穩定功能）和 signatures（一個 v5.20 引進的實驗性功能）：

```
use feature qw(state signatures);
```

如果你想關閉所有新功能，或許因為你有不適用新版 Perl 的舊命令稿，你可以停用它們：

```
no feature qw(:all);
```

當然，你需要一個有 feature 模組的 Perl 版本來讓它運作。這或許表示你是在新版的 *perl* 執行舊程式，或你仍然在習慣新功能而不想不小心使用它們。

我們在本書沒有談到 no 的複雜性，但是它是 use 的相反。你實際上是在取消匯入的東西。

關閉實驗性警告訊息

開啟了一些實驗性功能後，當你使用那些功能時，會得到一些警告訊息。啟用這些功能時，*perl* 不會發出警告訊息。這個簡單的程式啟用了 signatures，但是沒有警告訊息：

```
use v5.20;
use feature qw(signatures);
```

這個程式使用副程式特徵（subroutine signature）：

```
use v5.20;
use feature qw(signatures);

sub division ( $m, $n ) {
  eval { $m / $n }
}
```

即使你沒有呼叫副程式，也會得到警告訊息：

```
The signatures feature is experimental at features.pl line 4.
```

要關閉這些警告訊息，可以在功能名稱前綴 experimental:: ，像這樣：

```
no warnings qw(experimental::signatures);
```

如果你想關閉所有的實驗性警告訊息，請不要使用功能的名稱：

```
no warnings qw(experimental);
```

自 v5.18 開始，使用 experimental 指示詞能用一個步驟啟用這些功能，並關閉警告訊息：

```
use experimental qw(current_sub);
```

從語彙上啟用或關閉功能

如果你對使用實驗性功能有些怯懦，你可以在語彙上啟用它們，給它們讓你感到舒服的最小（或最大）作用範圍。

下面的程式你定義了自己的 say 副程式。或許你是在 v5.10 版發布之前這麼做。你想增加一些新的程式碼來使用內建的 say。feature 指示詞可以讓你只在宣告它的區塊中開啟功能：

```
require v5.10;
sub say {
  print "Someone said \"@_\"\n";
}

say( "Hello Fred!" );

{ # 這裡使用內建的 say
use feature qw(say);
say "Hello Barney!";
}

say( "Hello Dino!" );
```

輸出結果顯示你在同一個程式裡使用兩種版本的 say：

```
Someone said "Hello Fred!"
Hello Barney!
Someone said "Hello Dino!"
```

這也表示你必須在每個檔案都開啟功能，因為 Perl 將每個檔案視為被虛擬大括號包圍的一個作用範圍。然而，你必須持續閱讀《Intermediate Perl》以學習更多關於跨檔案程式的知識。

不要依賴實驗性功能

實驗性功能閃亮、新穎，而且有吸引力。但是它們可能會消失，我們不知道它們在下個版本會何去何從。

對於不會進入外面世界的程式碼（即使這個外面的世界是在你的團隊之外，但仍然在你公司），你可以盡情地實驗。然而請記得，即使你試圖限制它，實際上所有的東西都會洩漏出去。當 Porters 決定移除那些實驗性功能時，你可能必須撕掉這些閃亮的部分。

如果你知道你的程式碼會進到外面的世界，請意識到實驗性功能需要最新版的 Perl。每個人都會希望每個人都會使用最新版的 Perl，但我們知道並不是這種情況。如果你的創作夠令人興奮，人們可能會有動力去使用最新版的 Perl。其他人則會抱怨他們受限於當地政策的限制。你贏不了的。

不管你是處於哪種情況，請嘗試這些實驗性功能。學習它們在做什麼，了解它們如何運作，告訴人們你的發現。這是為什麼會有這些功能的原因，意見回饋能幫助 Porters 修正或調整它們的行為。

表 D-1 提供主要新功能的分析和你需要的 Perl 版本。

表 D-1　Perl 的新功能

功能	導入版本	實驗性	穩定版本	說明文件	提到的章節
array_base	v5.10		v5.10	perlvar	
bitwise	v5.22		5.28	perlop	第 12 章
current_sub	v5.16		v5.20	perlsub	
declared_refs	v5.26	✓		perlref	
evalbytes	v5.16		v5.20	perlfunc	
fc	v5.16		v5.20	perlfunc	
isa	v5.32	✓		perlfunc	
lexical_subs	v5.18		5.26	perlsub	
postderef	v5.20		v5.24	perlref	
postderef_qq	v5.20		v5.24	perlref	
refaliasing	v5.22	✓		perlref	
regex_sets	v5.18	✓		perlrecharclass	
say	v5.10		v5.10	perlfunc	第 5 章
signatures	v5.20	✓		perlsub	第 4 章
state	v5.10		v5.10	perlfunc, perlsub	第 4 章

功能	導入版本	實驗性	穩定版本	說明文件	提到的章節
switch	v5.10	✓		perlsyn	
try-catch	v5.34	✓		perlsyn	
unicode_eval	v5.16			perlfunc	
unicode_strings	v5.12			perlunicode	
vlb	v5.30	✓		perlre	

索引

※ 提醒你：由於翻譯書排版的關係，部份索引名詞的對應頁碼會和實際頁碼有一頁之差。

G

關於作者

Randal L. Schwartz 是一位有數十年經驗的軟體業老兵。他專精於軟體設計、系統管理、安全、技術寫作與訓練。Randal 合著過許多「必讀」經典:《*Perl 程式設計*》、《*Perl 學習手冊*》與《*Learning Perl on Win32 Systems*》(都是 O'Reilly 出版的)和《*Effective Perl Programming*》(Addison-Wesley 出版)。 他是《*WebTechniques*》、《*PerformanceComputing*》、《*SysAdmin*》與《*Linux Magazine*》的專欄作家。

他也是 Perl 新聞群組的頻繁貢獻者,自 *comp.lang.perl.announce* 成立時就它的管理者。他另類的幽默感和技術實力已經達到世界性的傳奇等級(但是其中一些傳奇來自他本身)。Randal 渴望回饋啟發他的 Perl 社群,為 Perl Institute 建立和提供創立資金。他也是 Perl 推廣組(*perl.org*)創會理事,這是世界性的草根推廣組織。Randal 於 1985 年創立並發展 Stonehenge Consulting Services, Inc.。有任何意見可以寫信到 *merlyn@stonehenge.com*,要詢問 Perl 或其他相關議題也很歡迎。

brian d foy 是多產的 Perl 訓練師和作家,也主持 The Perl Review 網站,透過教育、諮詢、程式碼審查 ... 等等服務,來幫助人們使用和瞭解 Perl。他是《*Perl 學習手冊*》、《*Intermediate Perl*》與《*Effective Perl Programming*》(Addison-Wesley 出版)的共同作者,也是《*Mastering Perl*》和《*Perl 6 學習手冊*》的作者。他也為 Perl 學校著作了《*Learning Perl Exercises*》、《*Perl New Features*》與《*Mojolicious Web Clients*》。當他是物理研究所學生時,就是一位 Perl 使用者,而且從他有第一台電腦開始,就是一位死忠的 Mac 使用者。他建立了第一個 Perl 使用者社群《紐約 Perl 推廣組(New York Perl Mongers)》和推廣 Perl 的非營利組織 Perl Mongers, Inc.,其協助成立全球超過 200 個 Perl 使用者社群。

Tom Phoenix 自 1982 年起就在教育領域耕耘。有超過 13 年都在科學博物館從事解剖、爆破、與可愛動物為伍以及高壓火花的工作。此後,他自 1996 年開始為 Stonehenge Consulting Services, Inc. 教授 Perl 課程。從那時開始,他走訪許多有趣的地方,說不定你很快就會在 Perl 推廣組聚會上看到他。當他有空時,就會在 *comp.lang.perl.misc* 和 *comp.lang.perl.moderated* 等新聞群組上回答問題,並投身於 Perl 的實用性與開發。除了 Perl 的工作之外,Tom 還致力於業餘的密碼學與世界語(Esperanto)。他定居於奧勒岡州波特蘭市。

出版記事

本書封面動物是駱馬（llama，*Lama glama*），駱駝的親戚，原生於安地斯山脈。駱馬類家族還包括可馴養的羊駝（alpaca）和牠野生的祖先原駝（guanaco）以及小羊駝（vicuña）。在遠古人類棲息地找到的骨骸顯示羊駝和駱馬早在 4500 年前就已經被馴化了。當西班牙征服者在西元 1531 年蹂躪位於安地斯高地的印加帝國時，發現了大量的羊駝和駱馬。這些駱馬很適應高山生活；牠們的紅血球可以比其他哺乳類帶有更多的氧氣。

駱馬可以重達 300 磅，常被當作馱獸使用。一個馱隊可能有幾百隻動物，一天能前進 20 英里，駱馬會背負重達 50 磅的重物，但是脾氣不太好，常常會以吐口水或咬人來表達不滿。對安地斯山脈的居民來說，駱馬也可以提供肉、毛料、獸皮和燃油。牠們的毛也可以編成繩子和毛毯，乾燥後的糞便可以當作燃料。

本書封面的圖像由 Karen Montgomery 所繪，他參考了 Lydekker 在《*Royal Natural History*》的黑白雕刻版畫。

Perl 學習手冊 第八版

作　　者：Randal L. Schwartz, brian d foy, Tom Phoenix
譯　　者：俞瑞成
企劃編輯：蔡彤孟
文字編輯：江雅鈴
設計裝幀：陶相騰
發 行 人：廖文良

發 行 所：碁峰資訊股份有限公司
地　　址：台北市南港區三重路 66 號 7 樓之 6
電　　話：(02)2788-2408
傳　　真：(02)8192-4433
網　　站：www.gotop.com.tw
書　　號：A699
版　　次：2022 年 06 月初版
建議售價：NT$680

國家圖書館出版品預行編目資料

Perl 學習手冊 / Randal L. Schwartz, brian d foy, Tom Phoenix
　原著；俞瑞成譯. -- 初版. -- 臺北市：碁峰資訊, 2022.06
　　面；　　公分
　譯自：Learning Perl, 8th Edition
　ISBN 978-626-324-208-1(平裝)
　1.CST：Perl(電腦程式語言)
312.32P93　　　　　　　　　　　　　　　　111007815

讀者服務
● 感謝您購買碁峰圖書，如果您對
本書的內容或表達上有不清楚
的地方或其他建議，請至碁峰網
站：「聯絡我們」\「圖書問題」留
下您所購買之書籍及問題。(請
註明購買書籍之書號及書名，以
及問題頁數，以便能儘快為您處
理)
http://www.gotop.com.tw

● 售後服務僅限書籍本身內容，若
是軟、硬體問題，請您直接與軟
體廠商聯絡。

● 若於購買書籍後發現有破損、缺
頁、裝訂錯誤之問題，請直接將
書寄回更換，並註明您的姓名、
連絡電話及地址，將有專人與您
連絡補寄商品。